Thomas D. Zweifel · Aaron L. Raskin

•

Der Rabbi und der CEO

Thomas D. Zweifel · Aaron L. Raskin

Der Rabbi und der CEO

Was Führungskräfte von den Zehn Geboten lernen können

Aus dem Amerikanischen von Dr. Brigitte Döbert

Linde
international

Bibliografische Information der Deutschen Nationalbibliothek

Die Deutsche Nationalbibliothek verzeichnet diese Publikation in der Deutschen Nationalbibliografie; detaillierte bibliografische Daten sind im Internet über http://dnb.d-nb.de abrufbar.

ISBN 978-3-7093-0363-4

Umschlag: buero8
© LINDE VERLAG WIEN Ges.m.b.H., Wien 2012
1210 Wien, Scheydgasse 24, Tel.: 01/24 630
www.lindeverlag.de
www.lindeverlag.at
Druck: Hans Jentzsch u Co. Ges.m.b.H.
1210 Wien, Scheydgasse 31
1

Von Rabbi Bunam von Przysucha, einem der letzten großen Lehrer des Chassidismus, wird erzählt, dass er einmal zu seinen Schülern sprach: ‚Ich habe ein Buch verfassen wollen, das sollte Adam heißen, und es sollte darin stehen der ganze Mensch. Dann aber habe ich mich besonnen, dieses Buch nicht zu schreiben.' (Martin Buber: Das Problem des Menschen, 1943)

Wir waren nicht so weise. Die Autoren

Stimmen zum Buch

In einer Zeit, in der alles möglich ist und leider auch fast alles verwirklicht wird, tut es gut, einen vertrauten Anker wiederzuentdecken. Die hier versammelten Führungseinsichten sind zeitlos, wirksam und umsetzbar – und etwas anderes würde man von der Zusammenarbeit eines Rabbi und eines CEO auch nicht erwarten!

Scott A. Snook, Professor, Harvard Business School

Der Rabbi und der CEO ist wie ein Leuchtturm voller Erkenntnisse, die die Navigation in der dynamischen Welt von Führungsaufgaben und Management im 21. Jahrhundert erleichtern. Mehr denn je ist angesichts der heutigen Herausforderungen authentische Führung und ein starker moralischer Kompass unabdingbar, und dieses Buch liefert wichtige Erkenntnisse und Instrumente in den erfolgskritischen Bereichen.

Dr. Martin Cross, CEO, Novartis-Australia

Als CEO der UJA halte ich in der ganzen jüdischen Welt Reden über Führung, Werte und das Defizit in puncto Vision in unseren Organisationen und Gemeinden. Alle unsere Institutionen würden von einer besseren Verwaltung und Führung profitieren. *Der Rabbi und der CEO* ist packend, voller Erkenntnisse, Ausblicke und Weisheiten. Der Stil nimmt den Leser (oder wenigstens diesen einen Leser) gefangen. Ich empfehle den Band allen, ob Juden oder nicht, die Führungsaufgaben bekleiden. Kol ha'kavod.

Dr. John Ruskay, Executive Vice President und CEO, UJA

In meinen 30 Jahren an der Spitze von The Hunger Project war ich mit allen Herausforderungen konfrontiert, denen Führungskräfte im 21. Jahrhundert überhaupt gegenüberstehen können: eine wahrhaft globale Bewegung ins Leben rufen und auf eine nahezu unmögliche Vision einschwören, Führende in allen Gesellschaftsschichten befähigen, die Organisation trotz heftigen Gegenwindes im Sinn ihres Auftrags voranzubringen. Ich freue mich, dass heutige und künftige Führende *Der Rabbi und der CEO* als Leitfaden nutzen können. Es wird ihnen mit seiner beeindruckenden Wissensfülle und Menschlichkeit helfen, wann immer sie vor schier unüberwindlichen Schwierigkeiten stehen. Überdies ist es ein

Handbuch für die flüchtigste aller Führungseigenschaften: den menschlichen Geist entfesseln."

Joan Holmes, Gründungsvorsitzende des Hunger Project,
Mitglied der Hunger Task Force für die Milleniumsziele der UNO

Man sagt, den Wert der Religion einer Person erkenne man nicht daran, wie sie sich am Samstag in der Synagoge oder am Sonntag in der Kirche verhält, sondern was sie von Montag bis Freitag am Arbeitsplatz macht. Mit *Der Rabbi und der CEO,* einer höchst kreativen Anwendung der Zehn Gebote, haben Dr. Zweifel und Rabbi Raskin uns und einander viel zu dem Thema, wie man ein gottesfürchtiges und gleichzeitig auf allen Ebenen erfolgreiches Leben lebt, zu sagen.

Rabbi Joseph Telushkin, Verfasser von
Jewish Literacy und *A Code of Jewish Ethics*

Als Manager in Beruf und Leben brauchen wir Durchbrüche bei der Art, wie wir im nicht kartografierten Gelände der Zukunft denken und handeln. Dieses Buch gibt Anstöße, diese Fähigkeit in uns und anderen zu entwickeln. Handeln Sie jetzt.

Anne Griswold, Director Organizational Effectiveness,
LifeScan, eine Tochter von Johnson & Johnson

Ein moralischer Kompass von unschätzbarem Wert in der heutigen Zeit. Kaufen Sie dieses Buch, verkaufen Sie notfalls eine Niere dafür.

Rabbi Simcha Weinstein, Verfasser von
Up, Up and Oy Vey und *Shtick Shift*

Toda raba, Dr. Zweifel, *toda raba*, Rabbi Raskin! Ihr habt der Welt ein *sefer* gegeben, mit dem man in den moralischen und geschäftlichen Herausforderungen, die vor uns liegen, besser navigieren kann. Spitzenmanager und Aufsteiger können immer von soliden moralischen Empfehlungen profitieren, und *Der Rabbi und der CEO* zeigt zweifelsfrei, dass man ein moralisches Leben leben und gleichzeitig persönlich erfolgreich sein kann, ja, dass eben diese Kombination das zentrale Merkmal beispielhafter Führungsstärke und sicheren Erfolgs ist.

Marty Markowitz, Präsident, Brooklyn Borough

Das ist guter Stoff. Immer mehr Manager lassen sich in Japan und anderswo in turbulenten Zeiten von der Bibel inspirieren. Ich habe mein Unternehmen auf den hier dargelegten Prinzipien aufgebaut, angefangen bei der Hinterfragung eigener blinder Flecken und dem Zügel-locker-Lassen über effektive Kommunikation mit Mitarbeitern und Weltbürgertum bis hin zur Umwandlung von Einbrüchen in Durchbrüche. *Der Rabbi und der CEO* macht den Unterschied zwischen einem guten und einem herausragenden Unternehmen.

Mikio Uekusa, Chairman, Akebono Corporation, Japan

Gibt es heute überhaupt echte Führer, oder sind wir nicht alle Gefolgsleute? Als Reaktion auf die gegenwärtige Führungskrise haben Dr. Thomas D. Zweifel und Rabbi Aaron L. Raskin in einer faszinierenden Zusammenarbeit ein erhebendes, wichtiges Buch geschrieben, einen tiefgründigen, praktischen Ratgeber für aktive, ehrgeizige Führungskräfte. Auf der Basis der zeitlosen Zehn Gebote bietet *Der Rabbi und der CEO* ein zeitloses Modell für Manager des 21. Jahrhunderts.

Simon Jacobson, Verfasser von *Die Weisheit des Rabbi Schneerson*

Diesem Buch kommt das Verdienst zu, relevant und ehrwürdig zu sein. Es enthält maßgebliche, pragmatische und vernünftige Business-Richtlinien, die von der tiefen Verehrung der wichtigsten spirituellen Quellen des jüdischen Glaubens geprägt sind. Ich empfehle es allen, denen ethische Werte in unserer „globalisierten" Geschäftswelt wichtig sind.

Rabbi Dr. Tzvi Hersh Weinreb, Vorsitzender
der US-amerikanischen Dachorganisation
orthodox-jüdischer Gemeinden UOJCA

CEO und Rabbi empfehlen einfache Veränderungen, die schnell greifen und Ergebnisse generieren. Es ist ein Respekt einflößendes Projekt, es trifft ins Schwarze, und selbst ich kann es anwenden. Ein Muss für jeden CEO.

Lawrence Obstfeld, CEO, Image Navigation Ltd.

Die Autoren Raskin und Zweifel haben uns mit einer bitter nötigen Darstellung des neuen Führungsmodells versorgt, das auf dem Muster der Schöpfung, der Torah, beruht, also auf den jüdischen Weisheitslehren. Ihre zentralen Prinzipien und die wichtigsten Säulen werfen helles Licht auf das Ende des dunklen Tunnels des 21. Jahrhunderts. Das Geschick der Verfasser in ihren gesellschaftskritischen Anmerkungen wird gestützt von wissenschaftlichen Kenntnissen, die ihren Worten Wahrheit geben.

Führung ist der Schlüssel zur „neuen Welt". Führung ist aber nicht länger denen vorbehalten, die in Machtpositionen sitzen. Heute sind Meinungen und Ansichten durch das Internet demokratisiert worden, und dadurch entwickelt jeder und jede Einzelne Führungsqualitäten. Wir alle halten den Schlüssel zur globalen Zukunft in der Hand. Die Autoren haben uns einen großen Dienst erwiesen, weil sie uns diesen Schlüssel an die Hand gaben. Ob wir es wagen, die Tür der Torah aufzusperren, hinter der ein viel besserer Weg wartet? Wenn wir weiter auf Egoismus und Unsicherheit setzen, marschieren wir geradewegs in den Wahnsinn.

Rabbi Laibl Wolf, Australien;
Verfasser von *Practical Kabbalah*

Termingerechter als *Der Rabbi und der CEO* kann kein Buch erscheinen. Die Finanzbranche wird von einem Tsunami durcheinandergewirbelt, doch dieses Buch ist der Anker in der rauen See volatiler globaler Märkte mit ihren Korruptionsskandalen. Und ich persönlich verdanke den Lektionen dieses Buches finanzielle und berufliche Erfolge, die sonst sicher ausgeblieben wären. Lesen Sie es. Es ist die beste Investition in die Zukunft, die Sie tätigen können.

Michael S. Bromberg, Senior Vice President,
Global Wealth Management

Das jüdische Ideal sind Weisheit und Reichtum. Ein dynamischer CEO und ein Rabbi wie Dynamit tun sich zusammen und zeigen Ihnen zeitlose Grundsätze für Ihre Karriere, für Ihre Seele und für Ihren spirituellen wie materiellen Fortschritt.

Maggid Yitzhak Buxbaum, Verfasser von
The Light and Fire of the Baal Shem Tov

Zweifel und Raskin holen die Zehn Gebote aus der Synagoge und stellen sie dort auf, wo sie hingehören: auf dem Marktplatz. Es sind wichtige Lektionen für Führende und Entscheidungsträger von heute.

Professor Ari L. Goldman, Columbia University
Graduate School of Journalism; Verfasser von *The Search for God at Harvard*

Dr. Zweifel und Rabbi Raskin haben eine brauchbare Landkarte gezeichnet, um eins der größten Geheimnisse zu lüften: Was bedeutet und zeichnet wahre Führung aus? Für mein Gebiet, das Risikokapital, liefern sie eine große Vision. Risiken eingehen heißt im weitesten Sinn einen neuen, freieren Weg einschlagen, innovative Veränderungen vornehmen, die uns allen neue Lebensweisen ermöglichen. *Der Rabbi und der CEO* beweisen, dass die größten Kapitalquellen nicht Bankkonten, Aktiendepots oder Geldverleiher sind, sie liegen vielmehr in uns. Ich habe aus diesem Buch so viel gelernt, ich kann es gar nicht erwarten, all das Gelernte in neuen Risikokapitalgeschäften zu erproben.

George Weiss, Gründer, CEO, Beechtree Capital

Die überlieferte Weisheit der jüdischen Tradition ist spirituell und praktisch zugleich. *Der Rabbi und der CEO* übersetzt diese Richtschnur des Handelns für das 21. Jahrhundert und für Führende in allen Bereichen. Es spricht Manager an, die sich Prinzipien und Praktiken aneignen wollen, die seit Moses' Zeiten Gültigkeit haben. Und zeitgenössische Gemeindeleiter in den USA können daraus hochaktuelle Managementtools lernen. Wenn Sie es lesen, gewinnen Sie den Einfluss, der nur aus tiefgründiger Einsicht erwächst.

Rabbi Tsvi Blanchard, Ph.D., Director of
Organizational Development, CLAL

Moralische Werte sind die Überlebensbasis der Menschheit, Ethik ist das Fundament für jedwede Tätigkeit, auch für das Management. Selbstverständlich gibt es einen gemeinsamen Nenner für Führende in der Vergangenheit und im Geschäftsleben. *Der Rabbi und der CEO* ist ein interessanter Versuch, die Bedeutung der Zehn Gebote im ökonomischen Kontext heute zu analysieren. Eine aufregende Lektüre.

Dov Tadmor, Chairman, Aviv Venture Capital

Nahtlos antike Weisheit und Fallstudien des 21. Jahrhunderts verbindend bieten der beeindruckende Untersuchungshorizont und die erfrischenden Ideen von *Der Rabbi und der CEO* wertvolle Einsichten für jeden, der sich für Führungsthemen interessiert. Angesichts der Führungskrise in fast jedem Bereich des modernen Lebens entwickelt das Buch eine Landkarte, wie Führung gleichzeitig effektiv und ethisch sein kann, indem sie sowohl nach innen wie nach außen schaut. Das Buch lädt ein, innezuhalten und nachzudenken, und es gibt Instrumente an die Hand, die Sie voran bringen werden.

Oren Gross, Irving Younger Professor of Law,
Director des Institute for International Legal & Security Studies,
University of Minnesota

Im jüdischen Gebet gilt die Torah als „Anleitung zum Leben". Für jeden Lebensbereich enthält die Torah zeitlose und unbezahlbare Weisheit. Dieses Buch bringt das Licht der Torah zu den Menschen, die besonders große Verantwortung tragen: Führenden.

Shimon Apisdorf, Verfasser von *Beyond Survival*,
Rosh Hashanah Yom Kippur Survival Kit und
Kosher for the Clueless but Curious

Als Führungskraft an der Schnittstelle zwischen Judentum und Management habe ich *Der Rabbi und der CEO* als inspirierendes und unentbehrliches Referenzwerk empfunden. Es ist die perfekte Mischung aus antiker jüdischer Philosophie und hochaktuellen Managementtools, eine Mischung, die Führungskräften einen Wettbewerbsvorteil im heutigen komplizierten ethischen und globalen Umfeld verschafft. Jeder Manager von gemeinnützigen Organisationen, ja, jeder Manager überhaupt, der nicht nur am eigenen Fortkommen interessiert ist, sollte das Buch lesen.

Scott Richman, Executive Director, Dor Chadash

Das Buch konfrontiert uns mit den Folgen von Führungsversagen und ist doch sehr vergnüglich zu lesen. Die Verfasser laden uns ein, unsere eigenen Führungsqualitäten zu erforschen, und gleichzeitig transportieren sie für alle, die Führer sein wollen, den Sinn der Zehn Gebote in die Gegenwart.

Mel Toomey, Scholar in Residence,
Master of Arts in Organizational Leadership
at The Graduate Institute

CEO und Rabbi vermitteln ihre einmaligen, originellen Ideen zur Bibel und zu Führungsprinzipien und pochen auf die Verantwortung heutiger Führungskräfte.

Die Lektüre regt dazu an, die neuen Dimensionen der Selbsterkenntnis auf sich anzuwenden.

Malcolm Elvey, Chairman des Prüfungsausschusses,
The Children's Place Retail Stores Ltd.

Schon der Titel des Buches ist transparent, und Transparenz in Alltag und Geschäftsleben predigt es auch. Rabbi Raskin und Dr. Zweifel zeigen Ihnen die Zehn Gebote in neuem Licht. Die Gebote sind das Fundament der jüdisch-christlichen Religionen und Morallehren, sie sind von ihrer Natur her religiös. Die Verfasser schaffen es, jedes Gebot in neuem Licht erscheinen zu lassen, ohne ihren religiösen Ursprung zu leugnen. Durch Besprechung jedes Gebots und der zugehörigen zentralen Grundsätze ist das Buch ein praktischer Ratgeber zu persönlichem Wachstum auf einer ethischen Basis und zur Entwicklung von Führungsfähigkeit im privaten wie öffentlichen Raum, unabhängig von der eigenen religiösen Überzeugung.

Steven Z. Mostofsky, President, Young Israel

Das Unterfangen der beiden Autoren war an der Zeit: Man muss die Menschen daran erinnern, dass die Entfernung zwischen dem Berg Sinai und der Wall Street sehr groß oder sehr klein sein kann. Menschen daran zu erinnern, wo ihre Grenzen liegen, erfordert Mut. Die Hoffnung, dass die Menschen die Worte auf diesen Seiten beachten werden, ist ein Akt des Glaubens.

Hank Sheinkopf, politischer Berater, CNN-Kommentator

Der Rabbi und der CEO integriert zwei disparate Modelle wie die beiden Gesetzestafeln oder die beiden Gehirnhälften. Meisterlich verschränken die Autoren Objektives und Subjektives, Konkretes und Abstraktes, Strategie und Kunst. Das Ergebnis besticht durch seinen Mut und seine Kreativität und verdient Bestnoten, nicht zuletzt dank der Bewährung durch die Jahrtausende.

Rabbi Nilton Bonder, Verfasser von
Die Kabbala des Geldes. Einsichten aus jüdischer Spiritualität

Dr. Zweifel und Rabbi Raskin bringen für den Leser zwei Welten zusammen. Ihr Werk ist enthüllend im besten Sinn: eine Verbindung von Antike und Moderne, Summe von Himmel und Erde, eine Kompilation mit Stil und Substanz. Es ist der moderne Dekalog, der Berg Sinai des 21. Jahrhunderts, es steckt voller nützlicher Weisheiten.

Michael Skakun, Verfasser von *On Burning Ground: A Son's Memoir* und ehemaliger Berater des Holocaust Memorial Council

In meiner Arbeit mit CEOs rund um den Globus habe ich gemerkt, dass die Prinzipien und Praktiken aus *Der Rabbi und der CEO* zeitlos von Klienten wie innerhalb meines eigenen Unternehmens anwendbar sind. Die von Zweifel und Raskin vorgestellten Erkenntnisse waren für mich beim Aufbau eines lebensfähigen globalen Unternehmens, das moralisch und nach klaren Prinzipien arbeitet, sehr hilfreich. Unabhängig von unseren religiösen Überzeugungen bieten sie uns universelle, stets aktuelle Lehren. Es ist ein Buch, das Führungskräfte lesen und mit ihren Mitarbeitern diskutieren sollten.

Jay Greenspan, Gründer, JMJ Associates

Inhalt

Vorwort

Tradition heißt, der unbekanntesten aller Klassen
eine Stimme zu geben: unseren Vorfahren.
Tradition ist die Demokratie der Toten.
Sie sieht nicht ein, warum sie sich der kleinen,
arroganten Oligarchie jener unterwerfen soll,
die zufällig jetzt auf der Erde herumlaufen.

G. K. Chesterton

In meiner Zeit bei CNN habe ich mit unzähligen Führungskräften gesprochen und zusammengearbeitet. Bei den Interviews habe ich mich immer wieder gefragt, was eigentlich große Führungsqualität ausmacht. Wird man damit geboren? Oder lässt es sich lernen? Hilft Coaching wirklich, wie so viele Bücher in den Buchhandlungen der Flughäfen behaupten? Erweisen sich Führungsfähigkeiten erst in bestimmten Situationen? (Hätte Churchill ohne die Bedrohung durch Hitler je als großer Mann gegolten? Schließlich wurde er nach dem Zweiten Weltkrieg nicht wiedergewählt.) Oder ist es ein kulturelles Phänomen, bringen bestimmte Kulturen bessere Führungspersönlichkeiten hervor als andere?

Die Autoren von *Der Rabbi und der CEO* sind zu einer innovativen, eindrucksvollen Antwort gekommen. Sie verknüpfen jahrtausendealte Traditionen mit allerneuesten Managementmethoden und erhalten dadurch ein Amalgam, das Führungskräften (und solchen in Wartestellung) eine Art von Macht verleiht, die in den Vorstandsetagen oft genug fehlt. Eingebettet in die reiche, uralte Tradition des Judentums, bereitet dieses Buch epochale Weisheit für heutige Führungskräfte auf.

Die einmalige Synergie entspringt einer ungewöhnlichen Partnerschaft zwischen dem prominenten Rabbiner Aaron L. Raskin, einem eloquenten Fürsprecher des Judentums und Verfasser der *Letters of Light*, und Dr. Thomas D. Zweifel, CEO, Leadership-Lehrer und Unternehmensberater sowie Verfasser von sechs wichtigen Büchern über Führungsfähigkeiten und menschliche Macht, darunter *Communicate or Die* und *Culture Clash*.

Warum das Judentum? Bieten andere Überlieferungen nicht ebenso wertvolle, tiefgründige Prinzipien und Geschichten? Natürlich. Alle Wege führen nach Rom, es gibt zahlreiche Pfade zur essenziellen Wahrheit. Am Todestag einer geliebten Person feiern Katholiken einen Gedenkgottesdienst, Muslime lesen die 36. Sure des Koran, Protestanten singen gemeinsam Lieder wie das anfangs des 20. Jahrhunderts entstandene „Tell Mother I'll Be There", Hindus kochen das Lieblingsessen der Verstorbenen und bringen es den Mönchen im Tempel, Buddhisten verbrennen *míng bì* (chinesisch) oder *vàng mã* (vietnamesisch), das Totengeld, um den Ahnen ihre Freundlichkeit zu vergelten, Angehörige der Haida (einem Indianervolk in Kanada) stellen ein Essen auf den Tisch und verbrennen ihn komplett, und Juden beten zur *Jahrzeit* den Kaddisch. Am weitesten ist offenbar das Anzünden von Kerzen verbreitet.

Doch das Judentum wird nicht zufällig eine Buchreligion genannt. Das Buch der Juden, die Torah – die fünf Bücher Mose, nach dem griechischen Wort für „fünf" auch Pentateuch genannt – ist eine schier unerschöpfliche Quelle an Geschichten über Führende und ihre moralischen Dilemmata von Abraham bis Noah, von Eva bis Sarah, von Moses bis David. Die hebräische Bibel ist randvoll mit Prüfungen, Versuchungen und Triumphen von Führern und Führerinnen. Führung bedeutet auch, sich von den Fesseln der Vergangenheit zu befreien und eine ersehnte Zukunft zu erreichen, und Juden können auf eine der stolzesten kollektiven Emanzipationsbewegungen aller Zeiten zurückblicken: den Auszug aus Ägypten. Das hebräische Wort für Ägypten ist *mizrajim*, wörtlich Meerenge oder Schlucht. Ein zentrales Ziel der Torah ist, uns aus unserem inneren Ägypten zu befreien, wir sollen unsere Beschränkungen überwinden, den unbeherrschbaren menschlichen Geist entfesseln, alles realisieren, was in uns steckt. Darum dreht sich wahre Führung immer: Menschen helfen, sie selbst zu sein, ihr Leben selbst zu bestimmen und ihre kühnsten Hoffnungen zu verwirklichen.

Doch dabei ließen es Rabbi und CEO nicht bewenden. Durch die Vermählung der Lehren aus Torah und Talmud mit modernen Führungsmodellen gewannen sie wichtige Einsichten in die Herausforderungen, vor denen Führung heute prinzipiell steht – Prüfungen, die selbst Führern vom Schlag eines Churchill oder Kennedy Kopfschmerzen bereitet hätten –, und nützliche Werkzeuge, mit denen sich jedes Führungsproblem des 21. Jahrhunderts knacken lässt. Wie bewahrt man sich den moralischen Kompass, wenn man vor einem ethischen Dilemma steht? Wie behält man den Überblick im Kleinklein des Alltags? Wie bewegt man die extrem mobilen Knowledge-Worker zu bestimmten Ergebnissen? Wie koordiniert man Outsourcing, Offshoring oder virtuelle Teams durch Tele-Führung über die Grenzen von Ländern und Kontinenten hinweg? Wie hält man den Anteil an sinnlosem Smalltalk in Meetings klein, wie polt man Gejammer in Engagement um? Wie behält man das Wesentliche im Blick, wie unterscheidet man das Dringende vom Wichtigen? Wie behandelt man Gegner, die einen sabotieren? Und die Tugend schlechthin, die Führer von Nichtführern unterscheidet: Wie macht man aus sauren Zitronen Limonade?

Um diese Fragen zu beantworten, nimmt Sie *Der Rabbi und der CEO* mit auf eine Zeitreise durch die Geschichte und zeigt Ihnen anhand des Lebens vieler historischer Führungspersönlichkeiten, jüdischer wie nicht jüdischer, wie die aus den Zehn Geboten destillierten Prinzipien und Praktiken angewendet werden. Wandern Sie mit in die Wüste, begegnen Sie der Leitfigur der Juden, die in Bibel und Koran am häufigsten erwähnt wird: Moses. Sie erleben „live“, wie Moses die Führung seines Volkes übernahm, obwohl er stotterte (darin Gandhi vergleichbar), wie er das Rote Meer teilte, wie er ein frühes System des Delegierens entwickelte (dank seines Schwiegervaters Jethro, des ersten „Unternehmensberaters“ der Geschichte) und seinem Volk half, die Vision nicht zu verlieren, wegen der es einst aufgebrochen war, das gelobte Land zu suchen.

Deswegen versorgt Sie *Der Rabbi und der CEO* mit dem nötigen Instrumentarium, um ethisch und effektiv zu führen, jetzt und in Zukunft. Da diese Tools seit Jahrtausenden Bestand haben, werden sie auch weiterhin für Managementaufgaben aller Art gelten. Ein Werbeslogan hat es einmal sehr schön ausgedrückt: „Man muss kein Jude sein, um Levys Roggenbrot zu mögen." Sie müssen kein Jude, keine Jüdin sein, um jüdische Lehren anzuwenden und zu schätzen. Diese Grundsätze funktionieren: Dank ihnen entstammen einer kleinen Bevölkerungsgruppe (rund 0,2 Prozent der Weltbevölkerung, 2 Prozent der US-Amerikaner) 17 Prozent aller Nobelpreisträger in Naturwissenschaften und Medizin, 11 Prozent der Nobelpreisträger für Physik und 10 Prozent der US-Senatoren.

Es ist einfach: Wer von diesen Prinzipien abweicht, scheitert. Große Führungspersönlichkeiten, heißen sie nun Moses oder Mandela, wachsen immer über sich selbst hinaus. Sie lassen Partikularinteressen hinter sich, kämpfen für das Wohlergehen der vielen Menschen, für die sie Verantwortung tragen. Moses Maimonides, der große Gelehrte, der im 12. Jahrhundert in Ägypten lebte, verglich die Welt mit einer Waage, deren Schalen zu gleichen Teilen gefüllt sind. Jede Tat kann daher den Ausschlag geben, ob die Waage sich zum Guten oder zum Schlechten neigt. Eine selbstlose Führungsentscheidung kann der ganzen Welt Erlösung, Frieden und Harmonie bringen. Churchill sagte es so: „Wir leben von dem, was wir bekommen, aber wir schaffen Leben, indem wir geben." Wer es wirklich will, kann die Welt verbessern. Deswegen hoffe ich, Sie genießen dieses sorgfältig recherchierte und gut geschriebene Buch genauso wie ich und nutzen es, um aus dieser Welt einen besseren Ort zu machen.

Ali Velshi
CNN-Wirtschaftskorrespondent und Moderator von „American Morning"
New York, im August 2008

Was haben die Zehn Gebote Managern im 21. Jahrhundert zu sagen?

Da wacht immer wieder einer in der Menge auf,
der in ihr keine Ursache hat und dessen Erscheinen
sich in breiteren Gesetzen begründet. Er bringt fremde Gebräuche
mit und fordert Raum für unbescheidene Gebärden ...
Rücksichtslos redet Zukünftiges durch ihn ...

Rainer Maria Rilke

Dieses Buch wäre nicht entstanden, hätte ich (der CEO) nicht an einem wunderbar klaren Septembertag des Jahres 2001 – einem jener letzten warmen Tage im Altweibersommer mit ihren tiefblauen Himmeln –, allein bis auf einige Jogger und vereinzelte Hundebesitzer, an der Brooklyn Promenade gesessen und Michel Houellebecqs *Les Particules Élémentaires* gelesen. Um Viertel vor neun blickte ich auf und sah Unfassbares: Ein Flugzeug krachte ins World Trade Center. Rauch und ein metallischer Glimmer erfüllten die Luft, eine leichte Brise wehte sie in meine Richtung. Der Glimmer stellte sich als Abermillionen Papiere heraus, Dokumente, die über den East River schwebten. Ein Blatt war eine Seite aus dem Bürgerlichen Gesetzbuch, an allen vier Seiten angekohlt. Ein anderer Papierfetzen stammte von einem FedEx-Umschlag mit einem Vertrag, den jemand kurz zuvor unterzeichnet hatte.

Ungefähr eine halbe Stunde später flog eine zweite Passagiermaschine von Staten Island aus über die Freiheitsstatue. Sie flog niedrig und beschleunigte direkt auf die Menschengruppe zu, die inzwischen an der Promenade zusammengelaufen war. Sie raste wie ein Kampfjet, die dunkle Unterseite war deutlich sichtbar, ein schrecklicher Anblick, den man sonst nur in Kriegsgebieten oder im Kino hat. Plötzlich verschwand sie hinter einem Wolkenkratzer und schlug eine Sekunde später in den Südturm ein. Da standen gut ein Dutzend Menschen mit mir am Ufer, sprachlos, wie versteinert. Ich wollte meine Angehörigen und Freunde anrufen, konnte aber nur meinen Eltern in Sydney eine Nachricht auf dem AB hinterlassen, dann hatte mein Handy kein Netz mehr. Ich sah den ersten Turm einstürzen, dann den anderen. Meine Knie gaben nach, ich taumelte zu einer Bank und weinte. Das Atmen fiel schwer.

Das einzig Produktive, was ich wie so viele andere tun konnte, war Blut spenden, ein Tropfen auf den heißen Stein. Dieser schreckliche Tag und die darauffolgenden Tage und Jahre haben eines der dringendsten Probleme unserer Zeit enthüllt: Wir erleben eine Führungskrise, das Führen selbst ist in der Krise. Pentagon, FBI, CIA waren für terroristische Anschläge schlecht gerüstet, sie verstanden weithin sichtbare Zeichen nicht zu deuten. Doch die Führungskrise betrifft nicht nur die Politik, sondern alle Bereiche: Behörden, Hilfsorganisationen, internationale Institutionen, deren Leiterinnen und Leiter mit gigantischen Problemen wie wirtschaftliche Volatilität, Klimawandel, Armut oder AIDS kämpfen. Probleme, die einzelne Länder und Institutionen bei Weitem überfordern. Nicht zuletzt die Privatwirtschaft wird von Krisen geschüttelt: Enron, Anderson, WorldCom und Swissair gingen in dem Jahr nach 9/11 in Konkurs. Und das waren nur die Vorboten. Trotz einer Überfülle an Managementratgebern (eine Suche bei Google ergab fast 200.000 Treffer) ist kein Ende der Führungskrise abzusehen. Die Immobilienkrise in den USA drohte die Wirtschaft in eine Rezession zu stürzen und trieb Bear Stearns vom Rekordhoch von 171 Dollar je Aktie im Januar 2007 bis fast in die Pleite (2008 erwarb JP Morgan Chase mit massiver Unterstützung der Federal Reserve die waidwunde Investmentbank für 10 Dollar je Aktie). Erfolgsdruck, eine Gier, die viele korrumpiert hat, schlecht beratene Fusionen, ein Arbeitsmarkt, der sich seit dem Platzen der Internetblase nicht erholt hat, kulturelle Differenzen zu den immer stärker werdenden Konkurrenten China und Indien, fehlende strategische Ausrichtung, verlorener Kampfgeist, intellektueller Aderlass: Was ist diesen Problemen gemein? Wir (der Rabbi und der CEO) glauben: Sie verlangen eine neue Führungskultur. Mag sein, dass wir voreingenommen sind. Trotzdem: Für uns ist der dringende Bedarf an geeigneter Führung der gemeinsame

Nenner für die beispiellosen Herausforderungen unserer Zeit. Wir können Kenneth Boulding, Philosoph und Wirtschaftswissenschaftler, nur zustimmen: „Führung ist vor allem in dunklen Zeiten wichtig … immer dann, wenn sich das System so schnell verändert … dass alte Rezepte und Ansichten in die Katastrophe führen müssen und die Menschen an die Eigenart der neu entstehenden Welt herangeführt werden müssen."

Warum sprechen wir von Krise (und zwar ganz im Sinn des chinesischen Schriftzeichens, das Gefahr wie Chance bezeichnet)? Erstens weil moralische Begründungen für Entscheidungen offenbar in einen längeren Zwangsurlaub geschickt wurden. Da wird geschönt, was die Bilanzen hergeben; um treulose, wankelmütige Aktionäre an sich zu binden, ist manchen offenbar jedes Mittel recht. Ken Lay, Jeff Skilling, Andrew Fastow oder kurz Enron sind nur die krassesten Fälle. Weitere Namen: Maurice Greenberg, der selbstherrliche AIG-Chef, der nach vier Jahrzehnten an der Spitze des Versicherungsriesen von seinem eigenen Board verklagt und gefeuert wurde; Gary Winnick (Global Crossing), Bernie Ebbers (WorldCom), Lloyd Silverstein und seine Kollegen von Computer Associates, die gegenüber der Aufsichtsbehörde falsche Angaben zur Rechnungslegung lieferten; Adelphia, Tyco, Boeing, Putnam, HealthSouth, Prudential, Parmalat, Bank of Japan, Martha Stewart, Samuel Israel und, oh Wunder, Greenbergs leiblicher Sohn: Jeffrey Greenberg, der bei Marsh McLennan krumme Dinger drehte.

Einst unantastbare Größen wie Steve Case (AOL) oder Bob Nardelli (Home Depot) haben viel von ihrer Leuchtkraft verloren. Ähnliches gilt für die politischen Institutionen, aber auch für Hilfsorganisationen. Eliot Spitzer, der gefallene New Yorker Bürgermeister, gehört wohl zu den eklatantesten Beispielen von Politikern, die da Wasser predigen und Wein trinken. Mit flammenden moralischen Appellen verfolgte der selbst ernannte „Sheriff von New York" Prostitutionsringe und war doch selbst ihr bester Kunde. Und ein US-Bundesrichter verschwieg, dass er 1997/98 in einem ähnlich gelagerten Fall als Rechtsanwalt für Monsanto gearbeitet hatte und damit eindeutig befangen war. Wir können hier nicht sämtliche Korruptionsskandale in demokratischen Ländern aufzählen und erst recht nicht die der Autokraten im Nahen Osten oder auf ex-sowjetischem Gebiet, die schon mal zu Gift greifen, etwa um die Wahl eines Viktor Juschtschenko ins höchste politische Amt der Ukraine zu verhindern.

Hohe Würdenträger der katholischen Kirche und hohe Militärs bei der Armee haben sexuelle Vergehen von Priestern und Soldaten teilweise über Jahrzehnte gedeckt und vertuscht. Bürokraten der EU und der UNO haben Millionen Euro und Dollar veruntreut. Kofi Annans Sohn wurde vorgeworfen, zusammen mit dem irakischen Diktator Saddam Hussein Milliarden aus dem Öl-für-Lebensmittel-Programm gestohlen zu haben.[1] Und sein Vater war *die* moralische Instanz der Weltgemeinschaft!

Und nicht nur ganz oben wird gemauschelt. Wo Geld ist, da ist Korruption. Erinnern Sie sich, wie entsetzlich lange es gedauert hat, bis die Rettungskräfte nach dem Hurrikan Katrina mobilisiert waren? Die Profiteure waren deutlich schneller. Ein Pärchen aus Indiana lud einen Hänger voll mit Generatoren und verhökerte sie in Mississippi für 2600 Dollar das Stück (im Baumarkt hätten sie 700 Dollar gekostet). In Texas verlangte so manche Absteige von den Flüchtlingen aus Louisiana 300 Dollar pro Nacht, das Sechsfache des üblichen Tarifs.[2]

Auch im Sport macht Geld vieles möglich. Eine unbekannte Zahl Weltrekorde und Goldmedaillen wurde mit Doping erkauft. Jerome Young aus den USA errang 2000 in Sydney olympisches Gold für die Vierer-Staffel, 2003 wurde er Weltmeister über 400 Meter, 2004 wurde er gesperrt, weil er wiederholt illegale Substanzen geschluckt hatte. Obwohl Roger Clemens – Baseball-Pitcher, siebenfacher Gewinner des Cy Young Award – würdelos und unglaubwürdig vor dem Kongress und in einem Interview Anfang 2008 sämtliche Vorwürfe abstritt („niemals" schleuderte er Interviewer Mike Wallace wiederholt ins Gesicht), glaubt eigentlich jeder, dass er sich von seinem früheren Trainer Steroide und Wachstumshormone spritzen ließ. Young und Clemens sind keine Einzeltäter, erst ihr Umfeld – Wissenschaftler, Ärzte, Pharmavertreter – ermöglichte den Betrug in dieser Form. Richard Pound, Chef der weltweiten Anti-Doping-Agentur, spricht von organisierter Kriminalität: „Ich habe gelernt, dass die Leute lügen. Wenn sie erwischt werden, lügen sie."[3]

Die Regierungen versuchen, die moralischen Verfehlungen zu ahnden und abzuwenden. Nach den Skandalen bei Enron, Tycon International, Adelphia, Peregrine Systems und WorldCom, nachdem der Aktienwert dieser Unternehmen ins Bodenlose gefallen war und die Anleger Unsummen verloren hatten, verabschiedete der US-Kongress 2002 den Sarbanes-Oxley Act, ein US-Bundesgesetz, benannt nach den Initiatoren, Senator Paul Sarbanes aus Maryland, ein Demokrat, und dem Republikaner Michael G. Oxley, der Ohio im Repräsentantenhaus vertritt. Es verschärft die Vorschriften für Aufsichtsräte, Vorstände und Wirtschaftsprüfungsgesellschaften und betraut eine Aufsichtsbehörde mit der Überwachung. China griff zu drastischeren Maßnahmen: 2007 wurde der korrupte Chef der staatlichen Lebens- und Arzneimittelaufsicht hingerichtet. Aber das Problem lässt sich nur sehr bedingt auf juristischem Weg lösen. Natürlich können bessere Regeln und Richtlinien Verantwortungsbewusstsein und Transparenz fördern. Aber schnelle Lösungen sind nicht in Sicht, meint Robert Reynolds, COO von Fidelity Investments, die mit einem verwalteten Vermögen von 906 Milliarden Dollar größte Fondsgesellschaft der Welt. (Er muss es wissen: 2003 stand einer seiner Vertriebsmitarbeiter wegen unsauberer Machenschaften in Massachusetts vor Gericht.) Gesetze sind aber letztlich stumpf, wenn es am ethischen Bewusstsein mangelt und Führungskräfte moralische Probleme nicht in Angriff nehmen. Unzählige Manager irren ohne anständigen Kompass durch die von Globalisierung und Deregulierung aufgewühlte See. Nicht nur die amerikanischen Unternehmen, sondern auch die Organisationen weltweit müssen sich von innen heraus erneuern.

Dieses Buch will Führungskräften helfen, den moralischen Kompass wiederzufinden. *Der Rabbi und der CEO* thematisiert einen überfälligen Wandel, der alles andere als glamourös ist. Noch immer brüstet man sich lieber mit sichtbaren Erfolgen. Wer auf die Pauke haut, dem ist die Aufmerksamkeit der Medien gewiss, so wie Donald Trump mit seiner Reality-Show für Praktikanten *The Apprentice* (dem Gewinner oder der Gewinnerin winkt ein Einjahresvertrag). Ruhige Zeitgenossen verlieren sich im Hintergrundrauschen. Es ist ja auch viel lustiger, den Egomanen bei ihren spektakulären Bruchlandungen zuzuschauen. Dabei fehlen gerade diesen Bossen die primitivsten Voraussetzungen, um die Geschicke eines Unternehmens erfolgreich zu lenken.

Die Moral ist jedoch nur das eine Gesicht der janusköpfigen Krise. Das andere berührt ein völlig anderes Thema: Das traditionelle Führungsmodell ist bankrott. Warum? Weil es, historisch gesehen, nicht viele Führer – in Relation zur Bevölkerung – gegeben hat. Die große Masse hielt sich freiwillig heraus, begnügte sich mit ihrer Untertanenrolle, fügte sich Anweisungen und tat, was Beruf – meist Bauer oder Handwerker – und/oder Dienstherr verlangten. Auch wenn Descartes und die Philosophen des 18. Jahrhunderts die Vorstellung entwickelten, dass sich Menschen ihrer eigenen Verstandeskraft bedienen sollten, gelang es der Aufklärung nicht, tief verwurzelte Sitten vollständig auszurotten: Die meisten Menschen gehorchten den Eltern, Vorgesetzten oder Herrschern. Die industrielle Revolution ein Jahrhundert später hat diese Hörigkeit weiter verfestigt; Frederick Taylors „Effizienzsteigerungen" – die Erfindung von Fließband und standardisierten Arbeitsgängen – degradierten Männer, Frauen und Kinder zu einem Rädchen im Getriebe. Noch Mitte des 20. Jahrhunderts überließen selbst die Mitarbeiter, die vorrangig wegen ihrer geistigen Beiträge zum Unternehmen eingestellt worden waren, jegliche Karriereplanung der Personalabteilung des Arbeitgebers. Um das Stichjahr 1968 herum änderten sich die Verhältnisse allmählich. Junge Männer und Frauen fragten sich, was sie eigentlich selbst wollten.[4] Dank mehrerer Demokratisierungswellen entdeckten viele Bürger und Bürgerinnen, dass sie Rechte hatten, dass sie ihre Stimme erheben und – in Wahlen – abgeben konnten.

Und dann kam das Internet. Google und Wikipedia holen Wissen aus Bibliotheken und Universitäten auf die Bildschirme; Skype und LinkedIn ermöglichen weltweite Kommunikation zum Nulltarif oder zu sehr geringen Kosten. Blogs schaffen dem Journalismus ganz neue Möglichkeiten. Hatten die Verbraucher im letzten Jahrhundert noch ein paar Fernsehprogramme und Zeitungen zur Auswahl, gab es 2007 Hunderte von Kabelkanälen und zig Millionen Blogs im Web. MySpace und YouTube (dort werden täglich rund 65.000 Videos neu eingestellt) haben die Unterhaltungsbranche demokratisiert, jeder und jede kann sich als Musiker oder Filmregisseur versuchen. Mit Mac und Web 2.0 kann, wer will, in der Welt des Industriedesigns mitmischen.[5] Endverbraucher wissen oft genauer als der Hersteller, was sie von einem Produkt erwarten, ja, besonders pfiffige Verbraucher stehen bei der Innovation und Produktentwicklung an vorderster Front, ob nun im Bereich Software oder bei extrem leistungsfähigem Equipment fürs Windsurfen.[6] Patienten vertrauen nicht mehr ohne Weiteres ihren Ärzten, sie stellen Fragen, wollen über die Behandlung mitentscheiden – das wäre früher undenkbar gewesen, galten doch die Doctores als Halbgötter in Weiß.

Churchill hat gesagt: „Je höher einer steigt, desto eher hat er das Ganze vor Augen, desto klarer werden Vision und Strategie." (Er hat aber auch gesagt: „Je höher ein Affe klettert, desto besser sieht man seinen Hintern.") Stimmt das in unserer Zeit noch? Die Dame am Empfang, der Vertreter an der Haustür haben täglich Kundenkontakte und damit vielleicht mindestens so viel Marktkenntnis wie die Verantwortlichen an der Unternehmensspitze, oder? Selbst beim Generalstab hat sich herumgesprochen, dass die GIs in Sadr City oder Seoul oft den besseren Zugang zu strategisch relevanten Informationen haben als die Heeresleitung und in die Entscheidungsfindung einbezogen werden müssen. Je komplexer das Umfeld, desto obsoleter das alte Modell einer Befehlskette von oben nach unten. Das Gute daran ist, dass sich Führung nicht länger auf ein paar Köpfe beschränkt, sondern zum öffentlichen Gut wird. Immer mehr Menschen könnten mitreden.

Was nicht heißt, dass sie das auch tun oder dass Führungsaufgaben heute einfacher wären, ganz im Gegenteil. Viele Menschen wollen keine Verantwortung übernehmen. Leslie Gaines Ross (Burson-Marsteller) fragte CEOs in Fortune-1000-Unternehmen, ob sie sich um den Posten des Leithammels (oder der Leitkuh) gerissen hätten. Noch 2001 hatten 27 Prozent geantwortet, das Amt des CEO interessiere sie nicht, 2005 waren es bereits 64 Prozent in Nordamerika und 60 Prozent in Europa. Ross erklärt sich das mit dem Risiko, das ein Spitzenjob nun mal mit sich bringt.[7] Die Vermutung scheint von der Zahl der CEOs, die freiwillig oder unfreiwillig aus dem Amt schieden, bestätigt zu werden: 2005 war es 1322 Männer und Frauen, ein Rekord. 2006 nahmen etliche Spitzenmanager bekannter US-Unternehmen den Hut: Ford, Home Depot, Kraft, Nike, Pfizer, RadioShack, United Health und so weiter. Natürlich ist der Fall jeweils individuell gelagert. Doch der Umfrage zufolge schüren der scharfe globale Wettbewerb, die Forderungen der Aktionäre nach Gewinnsteigerungen und kampfesmutige Beamte in den Aufsichtsbehörden erhebliche Ängste. Viele Vorstände fühlen sich regelrecht umzingelt.

Denn Globalisierung und Demokratisierung, flachere Hierarchien und virtuelle Teams, Outsourcing und Offshoring, Internet und allgegenwärtige Medien verkomplizieren den Job in der Chefetage. So schwierig war es wahrscheinlich noch nie. Die großen Namen des 20. Jahrhunderts hätten es im 21. Jahrhundert vermutlich schwer: Roosevelt stünde mit seiner entstellenden Polio überall abrufbar im Netz, Kennedy hätte sich mit seinen Frauengeschichten viele Feinde gemacht und Churchill wäre in YouTube mit seiner Flaschennummer der Lächerlichkeit preisgegeben. Andrew Carnegie, Thomas Watson oder Alfred Nobel hätten sich ständig das Jammern ihrer Aktionäre wegen kurzfristiger Gewinneinbrüche anhören müssen, die Medien hätten unentwegt auf ihren Produkten herumgehackt. Der Chefsessel ist mehr denn je ein Schleudersitz und verlangt ein Maß an innerer Zentrierung, das keine frühere Generation für Führungspositionen mitbringen musste.

Welche Kompetenzen braucht ein Unternehmenslenker heute? Warren Buffett ist als Chairman der Berkshire Hathaway einer der ganz Großen und ein ausgebuffter Stratege. Er plante 2007 die Einstellung von mindestens einem jungen Mitarbeiter, der ihn im Fall des Falles ersetzen könnte. Als Auswahlkriterium nannte er weder Fingerspitzengefühl für die Finanzmärkte oder fachliches Wissen und noch nicht einmal strategische Fähigkeiten, sondern „unabhängiges Denken, emotionale Stabilität und einen scharfen Blick für das Verhalten von Menschen und institutionellen Anlegern“.[8]

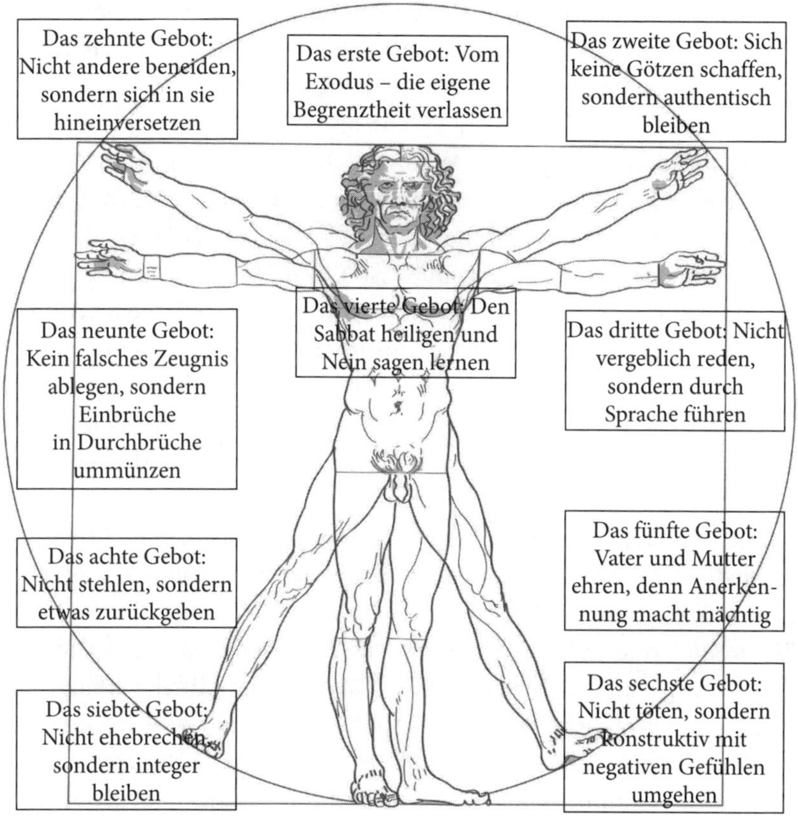

Die Zehn Gebote für das Management im 21. Jahrhundert

Keine Frage: Neue Führer braucht das Land. Doch woher sollen sie kommen? Vor 200 Jahren vermählte Michael Faraday Physik und Chemie – und geboren ward ein neues Phänomen: Elektrizität. Wir, der CEO und der Rabbi, wollen Judentum und Führung vermählen, um die Führungskrise zu überwinden. Diese Hochzeit ermöglicht: einen neuen Typus von Führung. Die Zehn Gebote sind – wie die zehn Gefäße (*sefirot*, wörtlich: Aufzählungen), durch die Gott gemäß kabbalistischer (das heißt mystischer) Auslegung der Torah die Welt erschuf – eng miteinander verbunden. Jedes Gebot hängt mit jedem zusammen, jedes ist ein holografischer Ausdruck aller Gebote, jedes verweist auf die neun anderen Gebote. Gehen wir sie in einem ersten Überblick der Reihe nach durch.

Das erste Gebot (Verlasst Ägypten!, also der Exodus) scheucht große Führer aus ihrem behaglichen Winkel, sodass sie sich und ihre Mitmenschen befreien und ihr Potenzial entfalten. Das zweite Gebot (Keine Götzen!) verlangt eine authentische Vision, die nicht auf äußeren Vorgaben beruht, sondern genuin eigenständig ist. Das dritte Gebot (Nicht vergeblich, das heißt keinen Unsinn reden) betrifft das wesentliche Instrument jeder Führung: Sprache. Führende inspirieren ihre Mitmenschen durch Zuhören und Reden zum Handeln.

Das vierte Gebot (Ehre den Sabbat) handelt vom Mut, sich auf das wirklich Wichtige zu konzentrieren, Nein zu Anfragen und Umständen sagen zu können und sich die Zeit zur Einkehr, zur Kontemplation zu nehmen. Gerade die überragenden Führungspersönlichkeiten von Moses bis Mandela zeichnet diese Fähigkeit in besonderem Maß aus. Das fünfte Gebot (Vater und Mutter achten) behandelt das Thema Respekt. Anerkennung, Wertschätzung und positive Bestärkung sind aus der Sicht eines Managers, einer Managerin extrem effiziente Mittel, verlangen jedoch, den Beitrag jedes Beteiligten und jedes Details zu würdigen. Das sechste Gebot (Nicht töten) gibt Anlass, sich mit der Beherrschung zerstörerischer Gefühle wie Wut, Zorn und Rachsucht zu befassen. Ihre negative Energie gilt es in konstruktive zu verwandeln.

Das siebte Gebot (das Verbot, fremdzugehen) enthüllt die eigentliche Quelle, aus der Führende ihre Macht schöpfen. Es ist nicht ein Büro von einschüchternden Dimensionen, es sind weder Rang noch Titel, es ist noch nicht einmal Autorität – sondern: Integrität, die Einheit von Wort und Tat. Nur wer lebt, was er lehrt, und sich ethischen Problemen stellt, nur der (oder die, das ist hier immer mitgedacht, auch wenn es nicht explizit da steht) führt. Das achte Gebot (Du sollst nicht stehlen!) erläutert die katalytische Wirkung des Führens, denn die Zukunft beeinflusst nur der, der sich selbst so einbringt, als wäre sie schon da. Das neunte Gebot (Nicht falsch Zeugnis ablegen) zeigt, wie furchtlos wirklich große Führungspersönlichkeiten mit Rückschlägen und anderen schlechten Nachrichten umgehen. Sie lernen aus dem Zusammenbruch, er ist der Steinbruch, aus dem sie bahnbrechende Neuerungen schaffen. Und das zehnte Gebot schließlich (Nicht begehren des Nachbarn Hab und Gut) heißt ins 21. Jahrhundert übersetzt: Sieh die Welt mit den Augen deiner Kunden, Wettbewerber und sogar deiner Feinde.

Die Zehn Gebote sind so grundlegend, dass sie gern übersehen werden. Scheinbar wichtigere Charaktermerkmale von Führenden drängen sich in den Vordergrund und verstellen den Blick. Trotzdem sind sie der Stoff, aus dem Führungspersönlichkeiten gemacht sind. (Wir hoffen jedenfalls, dass die Leserin und der Leser *Der Rabbi und der CEO* immer wieder als Referenzwerk konsultieren und immer neue Anregungen daraus schöpfen.)

Potenzial haben die Gebote in jedem Fall. Führung ist wie Feuer – nützlich, aber auch zerstörerisch. Wir gehen davon aus, dass Sie die im Folgenden diskutierten Tools zum Guten verwenden. Die Welt hat großen Schaden genommen, weil manche ihre führende Position missbraucht und für böse Ziele verwendet haben. Aus Gier, Intoleranz oder Rachsucht wurden Kriege entfacht, Hungersnöte provoziert, Unternehmen in den Konkurs getrieben, die Umwelt geschädigt und ganze Nationen in den Untergang geschickt. Große Leitfiguren hingegen haben Völkern geholfen, schier unlösbare Aufgaben zu bewältigen, Tyrannen abzuschütteln, Unterdrückung zu beenden, Armut zu überwinden, Hunger, Unwissenheit und Krankheiten zu besiegen. Durch ihren Einfluss konnten sich Begriffe wie Gleichheit, Freiheit und Würde im allgemeinen Bewusstsein verankern. Wirtschaftlich stehen sie für Innovationen, sie haben das Unmögliche möglich gemacht, sie haben zu Durchbrüchen motiviert. (Wie Herb Kelleher, der frühere Chef von Southwest Airlines, so schön sagte: „Menschlichkeit kann sich durchaus im Geschäft auszahlen. Und glauben Sie mir, ich habe nicht vergessen, meine Medikamente zu nehmen!“[9]) Die Entscheidung liegt bei Ihnen. Nutzen Sie Ihre Wahlfreiheit mit Bedacht!

Thomas D. Zweifel
Aaron L. Raskin   New York, im Juni 2008

Danksagungen

Ohne den 11. September 2001 hätten sich der CEO und der Rabbi wohl nie getroffen oder an diesem Buch gearbeitet. (Von jetzt an ist, wenn im Buch von „dem CEO“ ohne weitere Spezifizierung die Rede ist, Koautor Thomas D. Zweifel gemeint, und wann immer wir ohne weiteren Namen „Rabbi“ sagen, dann meinen wir Koautor Aaron L. Raskin. Vielleicht werden wir in einem anderen Leben die Rollen tauschen, aber im Augenblick sind sie eben so verteilt.)

Am Tag nach dem Anschlag betrauerten wir beide die Tausenden von Opfern und den Verlust der Unschuld, unserer eigenen wie der der Welt. Der CEO saß mit unzähligen Menschen da, hielt eine Kerze und starrte auf die schwelende, staubige Leere, an der einen Tag zuvor noch die Twin Towers gestanden hatten. Der Rabbi kam im vollen „Ornat“ – schwarzer Hut, Vollbart, Gebetsriemen (*tefillin*) – auf ihn zu, das jüdische Neujahrsfest stand kurz bevor – das *schofar*[10] in der einen, ein Gläschen Honig in der anderen Hand. „Sind Sie Jude?“, fragte er. Der CEO sah auf, er kannte den Rabbi nicht, nie gesehen, unter normalen Umständen hätte er den Fremden ignoriert oder sich abgewendet. Aber an diesem düsteren Tag sagte er: „Ja.“ Der Rabbi fragte weiter: „Wollen Sie die Gebetsriemen anlegen?“ Der CEO antwortete: „Das habe ich noch nie gemacht, aber heute ist wohl ein guter Tag, um damit anzufangen.“ Also befestigten wir zwei unter den Augen der Menge die *tefillin* am linken Arm des CEO und am Kopf, beteten, der Rabbi sprach immer nur ein paar heilige Worte vor, der CEO sprach sie zögerlich nach. An diesem Tag keimte eine große Freundschaft auf. Die beiden arbeiteten bald schon zusammen, coachten sich gegenseitig: Der Rabbi half und hilft dem CEO, Abstand zu den Herausforderungen des Berufs und des Lebens und einen Sinn darin zu finden, der CEO assistiert dem Rabbi bei der strategischen Ausrichtung und im Umgang mit Führungsproblemen.

Wir danken den Lesern unserer vorherigen Bücher, vor allem jenen, die an unsere Ideen glaubten. Wir sind den Mitgliedern der B’nai Avraham in Brooklyn Heights mit ihrem Vorsitzenden Stephen Rosen dankbar für ihre Großzügigkeit und menschliche Gesinnung, wir danken Rabbi Simcha Weinstein für seine Energie und Ideenfülle, Rabbi Samuel Weintraub und der Kane Street Synagoge, Cobble Hill, Brooklyn, sowie Rabbi Harold Swiss von der Kleinen Synagoge, weil sie als Erste die Tür öffneten, Rabbi Yitzchak Ginsburgh und Rabbi Dov Ber Pinson, weil sie uns wenig begangene Wege ebneten; Michael und Sarah Behrman, Jay Greenspan, Elyakeem Kinstlinger, Samuel Mann, Allan Scherr, Motti Seligson, Sam Shnider, Tom Steinberg und Michael Weinberger für nützliche Vorschläge und anregende Gespräche.

Wir danken Julie Schwartzman und Alexander Reisz für ihr ungeschminktes Feedback, Lynne Glasner und Nancy Sugihara für ihr akribisches Lektorat, Dr. Brigitte Döbert für ihre glanzvolle und flüssige Übersetzung, Marianne Burstin für ihre liebevolle und nächtelange Durchsicht des deutschsprachigen Manuskripts, Kenichi Sugihara für seine kreativen Marketingideen und Kenzi Sugihara für seine unerschütterliche Ruhe in der stürmischen See der Verlagswelt.

Wir danken den Klienten des CEO – Topmanager, Unternehmer, Regierungsbeamte, Mitarbeiter der UNO, Offiziere –, die mit den Zehn Geboten erfolgreich arbeiteten. Wir stehen in der Schuld der Freunde und Kollegen des CEO Lawrence Flynn, Florian Goldberg, Peter Spang und Nick Wolfson, die uns mit Konzepten und Best Practices versorgten, und Richard Klass und Lark Bryner, die uns zum Lachen brachten.

Wir danken Mina Kim und Yariv Nornberg für ihre Nachforschungen zu Perrier, Abril Alcala-Padilla, Jamie Ho, Mihyun Park; Ned Peterson und Chunyu Yu für die Recherchen zu General Electric; Robin J. Böhringer und Simon Koch für die zu Ford, sowie den über 500 anderen Studenten des CEO an der Columbia University, der Hochschule St. Gallen und der Haute Ecole de Gestion Fribourg, der Sydney University und dem interdisziplinären Zentrum Herzliya in Israel, die Fallstudien erarbeiteten und mit ihren fordernden Dialogen Ideen zu diesem Buch beitrugen.

Wir danken unseren Eltern sowie frühen Lehrern und Rollenvorbildern: Benzion und Bassie Raskin, Dr. Eva und Dr. Heinz Wicki-Schönberg, die uns zeigten, wie das Leben spielt. Wir danken Gabrielle Zweifel-

Wurmser und Shternie Raskin mit ihrer natürlichen Führungsbegabung und ihrem Managementtalent, ihrem strategischen Ansatz und ihrer Intuition, von denen der Rabbi und der CEO täglich profitieren und lernen. Wir danken Yankel, Eliyahu, Mendy, Chaya, Yehoshua und Schneur Salman sowie Tina Lea und Hannah, die uns immer wieder neu in unseren Führungsrollen herausfordern. Wir danken Rabbi Menachem Schneerson, dem Lubawitscher Rebbe, Mentor des Rabbi, weil er so hohe Ansprüche stellte. Wir danken Rabbi Jacob J. Hecht, dem Großvater des Rabbi, einem großen, anregenden Vorbild. Wir danken der Stadt Basel, der Heimatstadt des CEO, nicht nur für den dort geborenen Roger Federer, ein Meister im Umgang mit Wut (vgl. Kapitel 6), sondern auch als Gastgeberin des ersten Zionistischen Weltkongresses 1897, an dem der Urgroßvater des CEO, der Zürcher Rabbiner David Strauss, teilnahm. Nach dem Kongress notierte sich Theodor Herzl, Initiator der zionistischen Bewegung: „Fasse ich den Baseler Congress in ein Wort zusammen – das ich mich hüten werde öffentlich auszusprechen –, so ist es dieses: In Basel habe ich den Judenstaat gegründet.“[11]

Und last but not least sind wir dankbar, dass wir uns kennengelernt und unser Leben gegenseitig bereichert haben. Die Terroristen des 11. September wollten einen Keil in die Welt treiben, Tod und Verderben bringen. Doch König Salomon sagt: Je größer die Dunkelheit, desto heller leuchtet das Licht. In der Asche der Zwillingstürme haben sich unsere Zwillingsseelen gefunden, das Unglück brachte uns zusammen. Und so konnten wir unsere Begabungen gemeinsam zu einem höheren Ganzen verbinden. Voll Ehrfurcht und Demut stellen wir dieses Buch vor – in dem Wissen, dass wir niemals die unendliche Weisheit des Universums erfassen werden. Wir können nur ein Fenster aufstoßen und den Leser an die Hand nehmen.

Prolog: Wie schätzen Sie selbst Ihre Führungsfähigkeiten ein?

Bevor wir anfangen, möchten wir Sie zu einer Selbsteinschätzung einladen. Jedes der zehn Kapitel des Buchs befasst sich mit einem der Zehn Gebote und adaptiert es auf die heutige Berufswelt. Bevor Sie sich darauf einlassen, sollten Sie sich einige Minuten Zeit nehmen und Ihre Führungskompetenzen bewerten. Wir wissen natürlich, dass die meisten Leser solche Aufforderungen überblättern. Trotzdem: Wenn Sie sich der Übung unterziehen, kann dieses Buch Ihr Führungsverhalten verändern – zum Guten.

Der Test: Wie führen Sie?

Bewerten Sie Ihre Kompetenzen auf einer Skala von 1 bis 5 (1= nicht vorhanden; 2 = schwach, 3 = geht so, 4 = gut, 5 = sehr gut). Seien Sie ehrlich: Beschönigen Sie nicht, seien Sie aber auch nicht unnötig bescheiden. Es geht nicht darum, Eindruck zu schinden.

Das erste Gebot: Vom Exodus – die eigene Begrenztheit verlassen

_ Bereitschaft, Verantwortung für die ganze Organisation und deren Mission zu übernehmen

_ Regelmäßige Prüfung von Annahmen, blinden Flecken, versteckten Motiven und Werten, innerlich zentriert

_ Ewiger Anfänger oder Student im besten Sinne, aufgeschlossen für Ratschläge

_ Meisterschaft im Lösen ethischer Streitfragen

Das zweite Gebot: Sich keine Götzen schaffen, sondern authentisch bleiben

_ Menschen eine Zukunft schaffen, andere inspirieren
_ Visionen zurückholen, wenn sie im Alltagstrott auf der Strecke bleiben
_ Eine visionäre, schwungvolle, innovative Atmosphäre verbreiten

Das dritte Gebot: Nicht vergeblich reden, sondern durch Sprache führen

_ Unterscheidungen klarlegen (beispielsweise in Besprechungen), Chancen wahrnehmen, Lösungen heraushören
_ Wirksame Versprechen geben und einfordern (messbar, terminiert)
_ Beziehungen pflegen und vertiefen
_ Effektiv Feedback geben und anhören

Das vierte Gebot: Den Sabbat heiligen und Nein sagen lernen

_ Ruhe halten, sich zurückziehen, Zügel locker lassen
_ Prioritäten setzen, unwichtige Anfragen abweisen

Das fünfte Gebot: Vater und Mutter ehren, denn Anerkennung macht mächtig

_ Die Leistungen anderer würdigen
_ Teamfähigkeiten (Konsens suchen, alle auf eine Linie bringen usw.)
_ Beratungsfähigkeiten, Menschen aufbauen können
_ Kleinigkeiten im Blick behalten, nichts und niemanden auslassen

Das sechste Gebot: Nicht töten, sondern konstruktiv mit negativen Gefühlen umgehen

_ Emotionen im Griff haben (Wut, Angst usw.)
_ Verständnis für eigene Gefühle

Das siebte Gebot: Nicht ehebrechen, sondern integer bleiben

_ Klare ethische Werte hochhalten
_ Einheit von Wort und Tat, Leben und Lehre
_ Ethische Dilemmata bewusst angehen

Das achte Gebot: Nicht stehlen, sondern etwas zurückgeben

_ Einen Beitrag leisten; mehr geben als nehmen
_ Menschen und Organisationen bereichern

Das neunte Gebot: Kein falsches Zeugnis ablegen, sondern Einbrüche in Durchbrüche ummünzen

_ Strategisches Denken, Lücken und Blockaden erkennen
_ Stärke im Zusammenbruch beweisen, Zusammenbrüche als Steinbruch für Innovationen nutzen
_ Nie aufgeben, furchtlos sein, sich von einem Nein nicht einschüchtern lassen

Das zehnte Gebot: Nicht andere beneiden, sondern sich in sie hineinversetzen

_ Überzeugung: Bestehende Vorhaben der Mitmenschen einbinden
_ Kulturelle Vielfalt beherrschen, Einfühlungsvermögen
_ Fremde Kulturen entschlüsseln (Unternehmens- wie Landeskulturen)

Erstes Kapitel

Das erste Gebot: Vom Exodus – die eigene Begrenztheit überwinden

Fehlt es an einem Ort an Führern,
strebe danach, ein Führer zu sein.

Rabbi Hillel, Pirke Avot 2,6

Kein Mensch ist geeignet, einen anderen zu beherrschen,
der nicht sich selbst beherrschen kann.

William Penn

Das erste Gebot: „Ich bin der Ewige, dein Gott, der ich dich aus dem Lande Mizrajim geführt habe, aus dem Hause der Sklaven."[12] In letzter Konsequenz ist das Ziel jeder Menschenführung die Freiheit: den Menschen die Freiheit zu geben, ihr ganzes Potenzial auszuschöpfen. Wer andere führt, wagt den Schritt aus der Bequemlichkeit, aus der Komfortzone – und nimmt die anderen mit. In diesem Kapitel zeigen wir Ihnen die grundlegendste Führungskompetenz, die mit zu den schwierigsten Aufgaben zählt: der Auszug aus unserem persönlichen Ägypten. Wie befreit man die verborgenen Kräfte der Menschen? Dafür müssen Sie zunächst Ihre blinden Flecke erkennen und das Wesen der Macht verstehen.

Gertrude Boyle betrat eines Morgens im Winter das Familienunternehmen und befahl dem Vorarbeiter, die Webstühle abzustellen. Als sich die 40 Beschäftigten versammelten – in höchster Sorge um ihren Arbeitsplatz –, dröhnte die Stille lauter als die lauteste Maschine. Gertude Boyle überbrachte eine schlimme Nachricht: Der Inhaber der Fabrik, Neal

Boyle, seit 20 Jahren ihr Ehemann, war im Alter von 47 an einem Herzinfarkt gestorben; sie kam gerade von der Beerdigung. Und sie ließ unmittelbar danach die zweite Bombe platzen: Sie hatte beschlossen, die Firma weiterzuführen, und bat alle Mitarbeiter, nicht zu kündigen, bevor sie sich in die Abläufe eingearbeitet hatte.

„Damals studierte ich Journalismus und Politikwissenschaft an der University of Oregon", erinnerte sich ihr Sohn Tim Boyle später. „Ich hätte gern noch Jura draufgesetzt oder eine Zeitung gekauft." Stattdessen eilte er nach Hause, um seiner Mutter beizustehen. „Mein Vater hatte gerade einen Kredit aufgenommen und mit dem Haus meiner Eltern, dem meiner Großmutter und dem gesamten übrigen Vermögen der Familie besichert. Ich habe jeden Fehler gemacht, den man überhaupt machen kann. Es war ein kleiner Betrieb, 1970 lag der Umsatz bei 1 Million Dollar und der halbierte sich 1971 unter unserer Leitung."[13]

Kein Wunder: Tims Mutter war Hausfrau und hatte sich zu Lebzeiten ihres Mannes völlig aus dem Geschäft herausgehalten. Bis zu seinem Tod war ihr bedeutendster Beitrag eine Anglerweste, eine Idee, die Neil beim Abendessen gekommen war, und sie hatte ein Muster genäht. Die Mitarbeiter der Hausbank, der Rechtsanwalt der Familie und die Buchhalter zweifelten an ihrer Führungskompetenz und empfahlen, die Firma zu verkaufen.

Die Ereignisse gaben den Skeptikern recht. 1973 rutschte die Firma in die roten Zahlen, das Defizit lag bei 300.000 Dollar. Und die Bank setzte Gertrude und Tim unter Druck, sie sollten verkaufen. Die beiden willigten widerstrebend ein. Ein Defilee potenzieller Käufer („Käufer?", schnaubte Gertrude, „Geier trifft die Sache eher.") nahm die Bücher unter die Lupe. Nur einer gab überhaupt ein Angebot ab, ließ sich an einem verregneten Aprilmorgen zu einer letzten Verhandlungsrunde blicken und hatte eine ellenlange Liste mit Bedingungen dabei. Und dann rückte er mit seinem Angebot heraus: 1400 Dollar. In diesem Augenblick passierte etwas in Gertrude Boyle. Aus der sanften Hausfrau, die in Besprechungen den Mund nicht aufbekam, wurde die resolute Chefin von Columbia Sportswear. Sie warf den Kaufinteressenten hinaus und brüllte ihm hinterher:

„Warum sollte ich Ihnen den Spaß gönnen? Für 1400 Dollar richte ich den Laden lieber gleich selbst zugrunde."

Der Rest ist Geschichte. Natürlich hat Gertrude Boyle den Laden nicht an die Wand gefahren, ganz im Gegenteil. Unter ihrer Führung (und der ihres Sohnes, der inzwischen das Unternehmen leitet) mauserte sich der Betrieb zu einem der führenden Hersteller von Outdoor- und Skibekleidung. Columbia ist der Schuhhersteller und Sportausrüster mit den höchsten Wachstumsraten. Rund 10.000 Einzelhändler und Versandhäuser in Europa, Asien und den Vereinigten Staaten führen seine Jacken, Hosen, Stiefel und Hüte. Sogar eine Kette für erotische Unterwäsche, Victoria's Secret, warb mit den Bugaboo Boots von Columbia auf dem Titelblatt ihres Katalogs. 1997 wies das Unternehmen einen Umsatz von 535,5 Millionen Dollar bei 44,3 Millionen Dollar Betriebsergebnis aus, eine Steigerung von 30 Prozent respektive 35 Prozent gegenüber dem Vorjahr. 1998 brachten Gertrude Boyle und Tim Columbia an die Börse und verdienten auf dem Papier 350 Millionen Dollar. Jedoch blieben 75 Prozent der Aktien in Familienbesitz und im ersten Jahr schütteten die beiden an sich und die übrigen Führungskräfte in der Firmenspitze eine Dividende in Höhe von 95 Millionen Dollar aus.[14] 2006 verfehlte das Unternehmen eine Marktkapitalisierung von 2 Milliarden Dollar nur um Haaresbreite.

Rund 3300 Jahre vor Gertrude Boyle erhob sich ein anderer Mensch – in Ägypten. Moses trat aus dem Palast und wurde prompt Zeuge einer Ungerechtigkeit. Er „nahm wahr, dass ein Ägypter einen seiner hebräischen Brüder schlug. Da schaute er sich nach allen Seiten um, und als er sah, dass kein Mensch da war, erschlug er den Ägypter und verscharrte ihn im Sande." So die (dem heutigen Sprachgebrauch angepasste) Lutherübersetzung von Exodus 2,11f. In der historischen Übersetzung des Moses Mendelssohn klingt die Stelle so: „Mosche sah auch einen Mizrischen Mann, der auf einen Ibrischen Mann zuschlägt, von seinen Mitbrüdern. Er wandte sich hier und da um. Als er nun sah, dass niemand zugegen war, erschlug er den Ägypter und vergrub ihn in den Sand." Das hebräische Wort *isch* kann sowohl „Mensch", „Mann" als auch „Führer" heißen. Moses sah niemanden, der den Juden verteidigte, und handelte, ohne lange nachzudenken. Moses hatte in der ägyptischen Oberschicht ein gutes Leben,[15] doch dieser Vorfall zwang ihn, Farbe zu bekennen. Von einem Moment auf den anderen verzichtete er auf alles, was er war und hatte, auf sein Geld, seine Stellung, seine Beziehungen zur Elite der ägyptischen Gesellschaft. Warum? Im Kern war es seine Chance, über sich hinauszuwachsen und er selbst zu werden. Es war kein anderer da, der die Führung übernahm, ein anderer Mensch hing von ihm ab – und er sprang in die Lücke.

Woher nahm Gertrude Boyle die Energie für den unglaublich erfolgreichen Wechsel aus der Küche in den Chefsessel? Was veranlasste Moses, der unter ägyptischen Prinzen aufgewachsen war, mit Sklaven gemeine Sache zu machen und die überragende Figur zu werden, die ein ganzes Volk aus dem Joch Ägyptens befreite und ins Gelobte Land führte? Was gab Moses, was gab Gertrude Boyle die Kraft, sich zu erheben? Beide hatten ein Schlüsselerlebnis, für das Rainer Maria Rilke folgende Worte fand: „Da wacht immer wieder Einer in der Menge auf, der in ihr keine Ursache hat und dessen Erscheinen sich in breiteren Gesetzen begründet."[16] Es ist die Frage aller Fragen: Wie wird einer zum Führer?

Der Rabbi und der CEO sind sich einig – den Impuls gibt das erste Gebot: „Ich bin der Ewige dein Gott, der ich dich aus dem Lande Mizrajim geführt habe, aus dem Hause der Sklaven." Im hebräischen Namen Ägyptens, *mizrajim*, steckt die Wortwurzel *mezar*, und das bedeutet „eng, begrenzt, beschränkt". Demnach heißt „der dich aus Ägyptenland geführt hat" (so ein letztes Mal zum Vergleich der bekanntere Wortlaut der Luther-Übersetzung) in Wirklichkeit „der dich aus der Beengtheit geführt hat". Es ist die Pflicht der Führenden, die Menschen – allen voran sich selbst – aus der Enge ins Offene zu führen und Freiheit zu schaffen, wo immer Menschen gefangen sind.

Der Exodus ist ein prägendes Ereignis der jüdischen Geschichte. Seit Jahrhunderten feiern die Juden auf aller Welt – selbst wenn sie sich kaum noch ihrer jüdischen Herkunft erinnern – mit dem Pessachfest die Befreiung aus der Knechtschaft, selbst in Zeiten ärgster Verfolgung, etwa im

Spanien des 14. Jahrhunderts, im Polen des 17. Jahrhunderts, 1938 in Deutschland, 1960 in Russland. Der Exodus ist mehr als ein historisches Geschehen, das vor einigen Tausend Jahren stattgefunden hat, es bürdet jeder Generation die Verantwortung auf, Orte zu verlassen, an denen sie eingeengt werden, an denen sie nicht sie selbst sein, sich nicht frei äußern dürfen. Es ist ihre Pflicht, sich und andere zu befreien. Der Exodus ist tief in der jüdischen Seele verwurzelt und hat einen neuen Menschen geschaffen: einen Menschen, der auf seiner Freiheit besteht und sich niemals mit Unterdrückung abfindet.

Doch eine solche Freiheit ist ein realitätsfernes Ziel. Wer – gleichgültig, in welcher hierarchischen Position – im Berufsleben steht, kennt die ägyptische Knechtschaft. Führungskräfte suchen Rückendeckung, Untergebene geben den Schwarzen Peter weiter, Kollegen sind mit ihren Äußerungen auf der Hut, Menschen geben zwischen acht Uhr morgens und fünf Uhr nachmittags ihre Persönlichkeit ab und lassen sich herumkommandieren. Der CEO und in diesem Fall auch Coach – Koautor Thomas Zweifel – fragte den Geschäftsführer eines New Yorker Finanzinstituts nach seinen Zielen und bekam die Antwort: „Mein Chef verlangt eine Verdopplung der Einnahmen." Ob das seine Vision sei oder die seines Chefs? Die des Chefs, gab er zu. Ihm dämmerte, dass er ausschließlich innerhalb von Regeln handelte, die andere aufgestellt hatten. Er war folgsam, statt sich am Aufstellen der Regeln zu beteiligen. Dieser *modus operandi*, ein blinder Fleck, beeinträchtigte seine Führungsfähigkeit erheblich.

Nach chassidischer Auffassung (chassidisch leitet sich von *hesed* ab, einer jüdisch-orthodoxen Bewegung, die im 18. Jahrhundert von Rabbi Israel ben Elieser, auch Baal Schem Tow genannt, gegründet wurde) und der Kabbala (wörtlich übersetzt „empfangend", eine mystische Strömung im Judentum, die *Sohar* gilt als ihr Hauptwerk) lebt im Exil, wer sich nicht frei äußern kann: So lange sind Sie kein freier Mensch, sondern ein Sklave. Der Pharao, äußere Umstände, sinnlos gewordene Überzeugungen bestimmen über Ihr Leben. Erlösung und Befreiung haben im Grunde ein Ziel: das eigene Ägypten verlassen und volle Selbstbestimmung erlangen.[17] (Derselbe Sinn steckt im englischen Wort für Ausbildung, *education*, das sich aus dem lateinischen *educare* für „unterrichten" herleitet: Etymologisch bedeutet es „hinausführen".) Doch der Auszug aus dem eigenen Ägypten ist mitunter beängstigend, schmutzig und alles andere als ruhmreich. Moses hatte zunächst größte Bedenken, ob er seinen Auftrag erfüllen konnte. Er hatte viele Fehler. Er stotterte. Als Gott ihn rief, redete er sich damit heraus, er sei „ungeschickt zum Reden". Er fragte: „Wer bin ich?" Gott möge doch bitte einen anderen zum Führer bestimmen:

> *Wer bin ich, dass ich zu Pharao gehe und die Kinder Israel aus Mizrajim führen soll? … Sie werden mir aber gewiss nicht glauben, auch meiner Stimme nicht Gehör geben; denn sie werden sprechen: Der Ewige ist dir nicht erschienen … Um Verzeihung, mein Gott! Ich bin kein Mann von Worten (das heißt: kein guter Redner), sowohl seit gestern, als seit vorgestern, als auch seit dem du mit deinem Diener zu sprechen angefangen, denn ich bin ein Mensch von schwerem Munde und schwerer Zunge (das heißt: der Mund und Zunge nicht brauchen kann, wie er will.) … Um Verzeihung, mein Gott! Sende doch, durch welchen du sonst senden willst.*[18]

In diesem Augenblick bereute Moses seine Entscheidung, die Führung zu übernehmen. Er hätte alles gegeben, um diese Last wieder abzuschütteln. Doch Gott ließ es nicht zu. Er sagte zu Moses:

> *Also sage zu den Kindern Israels: Ich bin das allgegenwärtige, ewige Wesen, ich will euch hervorziehen unter den Lasten der Mizrajim, euch von ihrer Dienstbarkeit erretten, euch mit ausgestrecktem Arme, und mit großen Strafgerichten erlösen. Euch mir zum Volke, (nämlich zu meinen Untertanen,) nehmen, und euer Gott sein. Ihr sollt es erfahren, dass ich das unendliche ewige Wesen, euer Gott sei, der euch unter den Lasten der Mizrajim hervorzieht.*[19]

Moses war vollkommen zu Recht besorgt. Wenn Sie Ihr eigenes Ägypten verlassen, wo gehen Sie hin? Es gibt ein altes jüdisches Sprichwort, das einige dem Rabbi Menachem Mendel von Kotzk, dem Kotzker Rebbe, zuschreiben: „Es ist eins, die Juden aus dem Exil zu holen, es ist etwas völlig anderes, das Exil aus den Juden zu holen.“ Woher nehmen Sie die Kraft, ins Unbekannte voranzugehen?[20]

Die Antwort steht am Anfang des Sefer Torah (das sind die fünf Bücher Moses, die mit dem Pentateuch, dem Anfang des Alten Testaments identisch sind), dem Leseabschnitt *Lech Lecha*, der im ersten Buch Moses die Sätze 12,1-17,27 umfasst und (nach der Übersetzung von Mendelssohn) mit den Worten „Ziehe hinweg ...“ beginnt. Was soll das heißen? Sind wir nicht gerade über uns hinausgewachsen? *Lech Lecha* bedeutet, dass Sie Ihr Leben lang damit beschäftigt sind, Ihr innerstes Wesen zu entfalten. Martin Buber gibt eine chassidische Erzählung über Rabbi Sussja wieder, der kurz vor seinem Tod 1800 gesagt haben soll: „In der kommenden Welt wird man mich nicht fragen: ‚Warum bist du nicht Moses gewesen?‘ Man wird mich fragen: ‚Warum bist du nicht Sussja gewesen?‘“[21] Eine ähnliche Geschichte über den schon alten und erblindeten Rabbi Simcha Bunam legt dem weisen Mann in den Mund, er wolle nicht mit Stammvater Abraham tauschen. Und damit wäre auch Gott nicht gedient, wenn Abraham wie der blinde Bunam und der blinde Bunam wie Abraham wäre. Er sollte wohl lieber mehr er selbst werden.[22] Ein Vorbild ganz anderer Art hat diesen Gedanken einige Jahrhunderte später so ausgedrückt: „Ich wurde nicht dort geboren, wo ich hingehöre, sondern weit weg, also bin ich auf dem Weg nach Hause.“ Wer das gesagt hat? Bob Dylan, einer der wichtigsten Erneuerer der Musik unserer Zeit. „Ich hatte den Ehrgeiz, auszuziehen, und wollte dieses – wie eine Odyssee, die irgendwo heimführt –, ich wollte dieses Zuhause finden, das ich vor einiger Zeit verlassen hatte, und ich wusste nicht mehr genau, wo es lag, aber ich war unterwegs dahin ...“[23]

Das Streben, ein Leben lang nach seinem Zuhause zu suchen – seinem wahren Selbst –, gab Dylan (dessen bürgerlicher Name Robert Zvi Zimmermann lautet[24]) den Mut und die Kreativität, die Musik in neue Sphären zu bringen. In den Augen seiner Fans war es Häresie, dass er 1965 auf dem Newport Folk Festival E-Gitarre spielte. Er sprengte die Grenzen seiner Musik, und es regnete keine Rosen. Ein Drittel der Zuhörer pfiff ihn aus, für sie zerstörte er den Folk, den sie kannten und liebten. Während er auf der Bühne hin- und herrannte und die Gitarre stimmte, rief einer: „Verräter, du kannst dich ja selbst nicht hören!" Andere brüllten: „Bobby, go home!" Noch vier Jahrzehnte später rang Dylan um Worte, um den Moment zu schildern: „Ausgebuht werden hat nicht richtig … nicht richtig … wissen Sie, ich interpretiere Pfiffe und Buhrufe anders, weil man auch mit Nettigkeit töten kann."[25] Damals, 1965, ließ er sich nicht beirren. Er grinste wie ein ungezogener Schuljunge, zuckte die Achseln, wie wenn ihn der Aufruhr nichts anginge, als wäre der ganz normal. Unbeeindruckt wie ein Null-Bock-Jugendlicher begann er unvermittelt mit seiner rauen, schnarrenden Stimme einen Song, drehte dem Publikum den Rücken zu und beugte sich über seine E-Gitarre wie über ein Baby, das es vor der Wut des Publikums zu schützen galt.

Jahrzehnte später erklärte Dylan im Rückblick auf den Vorfall: „Ich wollte nicht auf etwas verzichten, das mir lieb war oder so." (Vor dem Wort „lieb" schwieg er lange, wie um zu prüfen, ob er es aussprechen sollte.) Er zog sein Ding durch, trotzte seiner Popularität, die ihm zum Hindernis geworden war, und erfand einen Stil, der die Möglichkeiten der Musik beträchtlich erweiterte. „Ich hatte viele Songs in kurzer Zeit geschrieben", sagte Dylan. „Es war ein Gefühl, etwas zu entdecken, das noch niemand entdeckt hatte, als sei ich in einem Gebiet, in dem bisher niemand war. Aber da", fügte er rasch beschwichtigend hinzu, „kann ich mich natürlich irren." Bewusst oder unbewusst wurde Dylan Vorbild einer ganzen Generation, weil er ihr eine Stimme gab, weil er sang, was sie hören wollte. Am Anfang aber stand der Auszug aus seinem Ägypten – der brennende Wunsch, selbstbestimmt zu leben, nach einer Bestimmung, die sich weder auf Titel noch auf Reichtum noch auf Ruhm stützt.

Kein Mensch ist wie der andere. Dylans Aufgabe war ebenso wenig wie die von Rabbi Sussja und Rabbi Bunam, historischen Helden oder Weisen nachzueifern. Vielmehr war und ist es seine Aufgabe, sich selbst kennenzulernen, seinen einmaligen Lebenssinn zu entfalten und diesen niemals zu verraten. Dieses Konzept, die eigene einmalige Persönlichkeit zu entfalten und etwas zu tun, das kein anderer zuvor getan hat, ist das entscheidende Merkmal des jüdischen Verständnisses von Führung. Der *Sohar* (eines der größten kabbalistischen Werke) sagt, die *neschama*, die menschliche Seele, sei so groß, dass sie älter als die Schöpfung sei.[26]

Dylan wurde für seinen Mut, er selbst zu sein, reich belohnt. Er wurde zum Star und schrieb Musikgeschichte. Auch im Geschäftlichen lohnt es sich, das eigene Ägypten zu verlassen und sich auf unbekanntes Terrain vorzuwagen. Mit Menschen, die über sich hinauswachsen, kann man – wie Sergey Brin und Larry Page – ein ganzes Unternehmen aufbauen. Schon der Name ihres Unternehmens zeigt, wie spielerisch sie den Weg zu Freiheit und Innovation gegangen sind. Sie nahmen ein Wort: *Googol* (zehn hoch hundert), schrieben es falsch: *Google* und hefteten diesen Namen an ihr Projekt, suchten sich Kapitalgeber und bauten sehr schnell eine der weltweit bekanntesten Marken auf. Um ihren Wettbewerbsvorteil nicht zu verlieren, blieben sie bei ihrem persönlichen Führungsstil und ihrer einmaligen Strategie. Sie engagierten die fähigsten Programmierer, die sie finden konnten – darunter Köpfe wie Rob Pike, einer der Schöpfer des Betriebssystems Unix, Adam Bosworth, Pionier der Programmiersprache XML, und Louis Monier, Erfinder der in den 1990er-Jahren beliebten Suchmaschine Altavista, danach Leiter der Advanced Technology Research bei eBay –, und belohnten Originalität: Jeder durfte, ja sollte im Rahmen der Arbeitszeit einen Tag pro Woche an seinem persönlichen Lieblingsprojekt arbeiten, nicht an Google-Projekten. Es ist eine ungewöhnliche Unternehmenskultur, aufgebaut auf dem Auszug aus dem persönlichen Ägypten und der Einmaligkeit jedes Menschen.

Einen solchen Exodus schaffen nicht nur Rockstars oder Mathegenies. Herb Kelleher hat es in einer Branche vorgemacht, die nicht gerade für die Förderung von Originalität bekannt ist: Bei Southwest Airlines werden Bewerber nach ihrem Kampfgeist und dem Sinn für Humor ausgewählt. Und um sicherzugehen, dass neue Mitarbeiter die Southwest-Kultur erfassen, überlässt Kelleher das Bewerbungsverfahren nicht allein der Personalabteilung, sondern bittet vorbildliche Mitarbeiter, die Neuen zu interviewen, und Spitzenmanager, sie in die Menschenführung einzuarbeiten. „Wir fragen: Haben Sie sich einmal mit Humor aus einer brenzligen Situation gerettet? Wie? Da hört man die abgefahrensten Geschichten … Wir stellen Leute ein, die sie selbst sind, keine Roboter."[27] Der Fokus liegt bei Southwest auf Menschen, die sich selbst aus den Fesseln der Angestelltenexistenz befreien, und das zahlt sich auch finanziell aus. Von 1972 bis 2002 hat die Airline die höchste Kapitalrendite von allen bei Standard & Poor's gelisteten Unternehmen erwirtschaftet, sie wuchs durchschnittlich jährlich um 76 Prozent. Wer 1972 für 1000 Dollar Southwest-Aktien kaufte, hätte sie 2002 für 1 Million Dollar verkaufen können. Auch heute noch ist die Fluggesellschaft ein Topperformer und fliegt in einer krisengeschüttelten Branche Gewinne ein, weil sie Menschen ermöglicht, über sich hinauszuwachsen.

Solange wir unsere blinden Flecke nicht aufdecken, also die bewussten wie die unbewussten persönlichen Motive, die unsere Handlungen bestimmen, solange wir uns selbst, unser Ich nicht kennen, sind wir Sklaven unserer selbst und laufen Gefahr, wie ein kopfloses Huhn im Kreis zu rennen, getrieben von fremden Forderungen oder Umständen jenseits der eigenen Kontrolle.

Aber wie können wir das schaffen? Wie schaffen wir den Exodus aus unserem Ägypten? Der Rabbi – Koautor Aaron Raskin – und der CEO empfehlen dreierlei: Übernehmen Sie erstens die volle Verantwortung, hinterfragen Sie zweitens die eigenen Überzeugungen, Annahmen und blinden Flecke und analysieren Sie drittens Ihre Art, Macht einzusetzen.

Verantwortung heißt antworten können

Im Extremfall sind Menschen so sehr Sklaven (letztlich ihrer selbst), dass sie wie Roboter ausführen, was immer der befiehlt, der die Herrschaft über ihren Geist erlangt. Um die Folgen einer völlig fehlenden Selbstbestimmung zu erkennen, muss man sich nur die Deutschen in Erinnerung rufen, die vor und während dem Zweiten Weltkrieg Hitler, ihrem Führer, massenhaft folgten. Vor allem durch ihre individuelle wie kollektive Weigerung, selbstständig zu denken, wurden sie zu Komplizen eines Monsters auf seinem absurden Marsch in den Untergang. Ein solcher

Mangel an unabhängigem Denken wäre im Judentum undenkbar, denn dort ist jeder Mensch ganz allein seinem Gott Rechenschaft schuldig. Juden haben einen direkten Draht zum Göttlichen. Es gibt keinen Papst, keinen Stellvertreter Christi auf Erden; kein Mensch hat die Autorität, einem anderen vorzuschreiben, was er zu denken hat; zwei Juden, drei Meinungen – im Guten wie im Schlechten. (Richard Nixon soll zu Golda Meir gesagt haben: „Ich bin der Präsident von 200 Millionen Amerikanern", woraufhin sie, so wird kolportiert, zurückgab: „Ich bin Premierminister von vier Millionen Premierministern.") Verantwortung ist ganz buchstäblich die Fähigkeit, zu antworten, beide Wörter haben nicht umsonst einen Wortstamm (und Verantwortung ist eben nicht automatisch Schuld, auch wenn das oft gleichgesetzt wird).

Nach der jüdischen Lehre wird ein Mensch zunächst sein eigener Führer, dann der der Familie, der Gemeinde, der Nation und schließlich der Welt. Um andere zu befreien, müssen Sie sich selbst beherrschen können, Sie müssen sich selbst kennen und volle Verantwortung für Ihre Handlungen übernehmen. Verantwortung bedeutet, wie gesagt, nicht zusätzliche Schuld, sondern die grundsätzliche Bereitschaft, sich als Ursache von allem, was im eigenen Leben geschieht, und niemals als Opfer zu sehen. Menschen, so sagte einst George Bernard Shaw, reden sich gern mit den Umständen heraus, warum sie so geworden sind. Aber er glaube das nicht: Vielmehr würde, wer auf diese Welt kommt, aufstehen und sich die Umstände suchen, die zu ihm passen, und wenn er sie nicht findet, dann schafft er sie sich.[28]

Mit dem zuversichtlichsten ihrer täglichen Gebete, *Amida* oder auch Achtzehnbittengebet genannt, gehen Juden drei Schritte vorwärts und wenden sich ohne jeden Mittler an Gott. Sie stellen sich vor ihn hin und stellen sich damit zugleich der eigenen Verantwortung. (*Amida* bedeutet „stehend"; wer Gott schaut, wächst über sich hinaus, steht für sich selbst ein und hält den Kopf hoch.) Natürlich voller Demut, in manchen Fassungen heißt es: „Meine Seele soll ruhig ertragen, wenn mich einer verflucht, meine Seele soll Staub sein für alle."[29] Trotzdem übernehmen sie Verantwortung.

Manche Juden übernehmen in so extremem Maß Verantwortung, dass es an Ketzerei grenzt, etwa als Adam mit Gott feilschte. Gott und Adam, so geht die Geschichte, hätten im Paradies gespielt und viel Spaß gehabt – zumindest eine Zeit lang. Irgendwann wurde es Gott langweilig, deswegen unterbreitete er Adam ein Angebot: „Ich schenke dir ein Wesen, wie du es noch nie gesehen hast: Sie wird Eva heißen. Sie wird wunderschön und klug sein, sie wird ein Leben lang deine Partnerin sein, sie wird dir hübsche Kinder schenken und dich für den Rest deiner Tage zum Lachen bringen." „Das klingt gut", sagte Adam. „Was willst du dafür?" Gott antwortete: „Deinen rechten Arm und dein rechtes Bein." Adam dachte nach, kam dann wieder und sagte: „Es klingt wirklich gut, aber ein Arm und ein Bein sind ein bisschen viel, meinst du nicht? Was bekomme ich für eine Rippe?"

Klar, das ist ein Witz, Adam hat mit Gott gefeilscht, genau wie viele Generationen später Abraham, der Stammvater und erste Führer der Juden. Er wurde wegen Gottes Plänen für Sodom und Gomorrha vorstellig. Es gibt eine Geschichte, nach der Gott Abraham vorgehalten haben soll: „Ohne mich gäbe es dich nicht." Abraham antwortete schlagfertig und auf Augenhöhe mit seinem Schöpfer: „Das weiß ich, Gott, aber ohne mich wüsste keiner von dir."[30] Das ist so offenherzig, dass es schon fast impertinent wirkt. Doch zurück zu der Torah-Geschichte von Sodom und Gomorrha: Abraham forderte, selbst wenn nur 50 anständige Menschen – 50 Gerechte in der Übersetzung Luthers ebenso wie in der von Moses Mendelssohn – in den Ortschaften lebten, sollten beide Städte verschont werden. Und er feilschte mit Gott wie ein Teppichhändler im Souk von Tunis.

> *Da antwortete Abraham und sprach: Ich habe nun einmal angefangen, meinem Herrn vorzustellen, da ich doch Staub und Asche bin. Wenn nun vielleicht an 50 Gerechten fünf fehlen, wirst du wohl um fünf willen die ganze Stadt verderben? Er sprach: Ich werde nicht verderben, wenn ich 45 daselbst finden werde. Jener fuhr fort ihm vorzustellen, und sprach: Wenn sich nun 40 daselbst finden? Worauf der*

Ewige antwortete: So werde ich es nicht ausführen um der 40 willen. Jener sprach weiter: Mein Herr! Erzürne nicht, wenn ich abermals vorstelle: Vielleicht werden nur 30 daselbst gefunden werden?[31]

Abraham gab nicht auf, bevor Gott ihm gewaltig entgegenkam: Sollten auch nur zehn Gerechte in Sodom und Gomorrha leben, wären beide Städte gerettet. (Allerdings fanden sich keine zehn anständigen Männer und Gott zerstörte die „Sündenpfuhle", einzig Lot und Familie wurden verschont.)[32]

Tipp

Sie haben immer die Wahl. Sie tragen die Verantwortung für sich, niemand kann Ihnen sagen, wie Sie Ihr Leben leben sollen. Es heißt nicht umsonst: „Es liegt nicht bei dir, das Werk zu vollenden, aber du bist auch nicht frei, davon abzulassen."[33] Es ist ein Paradoxon der menschlichen Existenz: Sie sind frei, aber die Freiheit hat ihren Preis. Sie müssen sich Ihrem Ich und Ihrem Lebenssinn stellen. Die Entscheidung liegt bei Ihnen.

Doch Verantwortung reicht tiefer. Verantwortung ist die Bereitschaft, zu 100 Prozent für die eigenen Handlungen und Entscheidungen einzustehen. Bedenken Sie die Geschichte von Rabbi Schneur Salman von Liadi, genannt Alter Rebbe.[34] Anfang des 19. Jahrhunderts warf ihn die russische Regierung in St. Petersburg ins Gefängnis, weil ihn die *mitnagdim* („Gegner", in *mitnagdim* steckt die Wortwurzel *neged* für „gegen") von Vilnius denunziert hatten. Der Rebbe wartete auf sein Gerichtsverfahren, als der Polizeichef in seine Zelle trat. Das majestätische, stille Gesicht des *zaddik,*[35] der so tief in Meditation versunken war, dass er seinen Besucher zunächst nicht bemerkte, verriet dem Polizeichef, mit was für einem Mann er es zu tun hatte. Er kannte dessen Schriften und stellte im Lauf des Gesprächs mehrere schlaue Fragen. Die schlaueste hob er sich für den Schluss auf: „Wie sollen wir verstehen, dass der allwissende Gott zu Adam sagte: Wo bist du?"

Es war eine Fangfrage, eines jener Paradoxa, für die es keine Lösung gibt. Wenn Gott unendlich und allwissend ist, musste er Adam nicht fragen, wo er sich versteckt hielt. Und wenn er nicht alles weiß und Adam tatsächlich fragen musste, dann ist er kein allwissender Gott, oder?

Gemäß der jüdischen Tradition antwortete der Rebbe mit einer Gegenfrage: „Glaubst du, dass die Schriften ewig sind und jede Epoche, jede Generation und jeden Menschen umfassen?"

„Ja", antwortete der Polizeichef.

„Gut", sagte der Alte Rebbe lächelnd. „In jeder Generation ruft Gott jedem Menschen zu: Wo bist du? Du hast so viele der dir zugemessenen Jahre und Tage verstreichen lassen, wie weit hast du es gebracht? Gott sagt zum Beispiel: Du bist jetzt 46 Jahre alt. Was hast du erreicht?"

Der Polizeichef hörte sein eigenes Alter, zuckte überrascht zusammen und rief „Bravo!" Doch sein Herz zitterte.[36] Wie Adam, der erste Mensch, erkannte er, dass er für sein Leben selbst verantwortlich war.

Selbstverständlichkeiten und blinde Flecke hinterfragen

Die antiken Besucher des Orakels von Delphi wurden mit den Worten „Erkenne dich selbst" empfangen. Sie waren über dem mächtigen Steintor eingemeißelt. Selbsterkenntnis ist die Grundlage jeder moralischen, effektiven Führung; ohne diese Grundlage wäre es frivol, über die großen Führungsthemen wie Charisma oder Visionen oder Empowerment zu reden. Ohne Selbsterkenntnis ist Führung so solide wie eine Sandburg. Doch wie können Sie Selbsterkenntnis erlangen und kultivieren? Wenn Sie beispielsweise in einem schwierigen Meeting sitzen und einer der Teilnehmer Sie innerlich auf die Barrikaden treibt, gelingt es Ihnen dann, Ihre Vorurteile mit zu reflektieren?

Wir müssen wissen, aus welchem Blickwinkel wir etwas betrachten. Wir müssen unseren Standpunkt kennen. Wissenschaftler berücksichtigen das selbst bei mechanischen Berechnungen immer (oder sollten es zumindest), sonst wäre das Ergebnis verfälscht. Wenn Physiker die Geschwindigkeit der Erde ermitteln, können sie das nur innerhalb eines gegebenen Rahmens, genannt Sonnensystem, das sich seinerseits im Weltraum bewegt. Noch wichtiger wird das Prinzip, wenn Menschen im Spiel sind. Hirnforscher können ein Lied davon singen, wie schwer es ist, dem menschlichen Gehirn bei der Arbeit zuzusehen, ohne es zu beschädigen. Anthropologen und Soziologen erlegen sich eine ähnliche Disziplin wie die Naturwissenschaftler auf, denn der bloße Akt der Beobachtung eines bestimmten Systems kann das beobachtete System beeinflussen und verändern. In einer recht bekannten Versuchsreihe zum Einfluss der Beleuchtung auf die Produktivität zwischen 1924 und 1932 in den Hawthorne-Werken der Western Electric Company in Illinois wurde das überdeutlich: Drei Organisationspsychologen sorgten für mehr Licht in der Fabrikhalle – und schon stieg der tägliche Ausstoß. Sie sorgten für weniger Licht – und der tägliche Ausstoß stieg weiter. Das Phänomen wurde nach diesen Versuchen benannt: Der Hawthorne-Effekt bedeutet, dass die Produktivität nicht aufgrund der veränderten Luxzahl oder sonstiger Parameter steigt, sondern ausschließlich deshalb, weil sich die Arbeiter und Arbeiterinnen beobachtet fühlten.[37]

Was Wissenschaftlern gut ansteht, sollten auch Sie beherzigen. Sie sollten berücksichtigen, wo Sie stehen und aus welcher Blickrichtung Sie die Dinge sehen. Das ist unentbehrlich, wenn Sie andere Menschen führen wollen: Dann müssen Sie Ihren Standpunkt, Ihre Perspektive, Ihre Werte kennen. Sie müssen sich Fragen beantworten: Warum wollen Sie überhaupt die Führung übernehmen? Sind Sie am Ende ein Kontrollfreak, der andere nicht selbstständig Erfahrungen machen lassen kann? Können Sie es nicht vertragen, von anderen geführt zu werden? Menschen entwickeln ganz erstaunlich komplizierte Strategien, nur um nicht beherrscht zu werden. (Lesen Sie dazu *Spiele der Erwachsenen* von Eric Berne.) Der CEO hatte einst einen Chef, dessen Stuhl im Vorstandszimmer ein klein wenig höher war als die anderen Stühle am Besprechungstisch. Insofern ist die Frage berechtigt, ob Sie gegenüber Ihren eigenen Charakterzügen blind sind. Bedenken Sie, um es mit Martin Heidegger zu sagen, das „in seinem Sagen Ungesagte“ eines Denkers (so in den Anfangszeilen des Aufsatzes *Platons Lehre von der Wahrheit*)? Wo haben sich in Ihrem Denken Automatismen eingeschlichen?

Tipp
Gewöhnen Sie sich am besten an, bei jeder Beobachtung sich selbst einzubeziehen. Was nehmen Sie für selbstverständlich hin? Wie sieht Ihre „Wirklichkeit" aus? Was, wenn das Gegenteil Ihrer Annahmen richtig wäre? Wenn Ihnen ein Kollege arg zugesetzt hat, woher wissen Sie, dass Sie das richtig sehen? Wie können Sie sicher sein, dass Ihnen Ihre blinden Flecke keinen Streich spielen und Ihre Wahrnehmung verzerren?

Ihre Weltanschauung hat Einfluss auf Ihre Wahrnehmung der Wirklichkeit; was Sie „wirklich" nennen, ist nichts Feststehendes, es ist im Fluss. (Diese Sichtweise beruht auf der Vorstellung der Konstruktivisten, Realität sei ein intersubjektiv vereinbartes Konstrukt, eine Arbeitshypothese, auf die sich eine Gruppe oder Gesellschaft verständigt.) Im Kalten Krieg war beispielsweise die Sowjetunion für viele Europäer und Amerikaner so „böse", dass alles Sowjetische diese „Tatsache" nur weiter belegen konnte. Ein anderes Beispiel: Das California Institute of Technology fand heraus, dass eine Flasche Wein für 90 Dollar besser schmeckt als eine für 10 Dollar – selbst wenn beide Flaschen den gleichen Wein enthalten. Weintrinker fanden Wein aus einer Flasche, die angeblich 45 Dollar kostete, viel schmackhafter, als wenn ihnen der tatsächliche Preis (5 Dollar) bekannt gewesen wäre. Ein höherer Preis steigert die Erwartung und täuscht die Menschen in ihrer Wahrnehmung. „Menschen glauben, dass Wein umso besser schmeckt, je teurer er ist", erklärte Antonio Rangel, Neurobiologe und Wirtschaftswissenschaftler. „Erwartungen beeinflussen die tatsächliche Erfahrung."[38] Anders gesagt: Das Denken bestimmt die Realität.

Dagegen hilft nur, dass Sie sich fragen, welche Grundüberzeugungen die Ursache für bestimmte Wahrnehmungen, Gedanken und Gefühle sind sowie für die automatisierten Abläufe, die Sie täglich gedankenlos ausführen. So können Sie ungeprüfte Annahmen aufspüren, an denen Ihr Denken und Handeln wie eine Marionette an ihren Fäden hängt. Einer der Klienten des CEO – Geschäftsführer eines internationalen Energiekonzerns – war ein schlechter Zuhörer. Seine Mitarbeiter, ihrerseits allesamt Führungskräfte, hörten ihm gern zu, fanden, er habe wirklich etwas zu sagen, klinkten sich aber aus: Sie sahen keinen Grund, die eigenen Führungsaufgaben selbstständig wahrzunehmen, und überließen sie ganz und gar ihm. Im Beratungsgespräch wies ihn der CEO auf den blinden Fleck hin: Innerlich war der Mann davon überzeugt, dass er sowieso der hellste Kopf im Raum sei und er nur seine Zeit verschwende, wenn er anderen zuhöre. Der CEO nannte ihn den „Prediger". Nachdem ihm seine unbewusste Überzeugung klar war, änderte er diese: „Zuhören ist für die Menschen eine Kraftquelle." Er zwang sich, Fragen zu stellen, statt sofort eine Antwort parat zu haben.

Tipp

Ihre blinden Flecke oder Verteidigungsmechanismen können Sie erkennen, wenn Sie an einen Vorfall denken, der Sie verletzt hat, nicht physisch, sondern psychisch: Wann haben Sie sich zum letzten Mal gedemütigt, übergangen oder unbehaglich gefühlt? Nehmen wir an, Sie sind mit einer hervorragenden Idee beim Managementteam abgeblitzt und dachten automatisch: „Die können mich mal, ich schmeiß alles hin." Warum sind Sie so gekränkt? Welcher Knopf wurde da gedrückt? Wie alt ist der Verteidigungsmechanismus, wann hat das angefangen? Welche Grundsatzentscheidung haben Sie damals getroffen? Die meisten Verteidigungsmechanismen sind sehr alt und tief verwurzelt, sie begleiten uns ein Leben lang, sind unseren heutigen Problemen aber vielleicht nicht mehr angemessen.

Es gibt Menschen, die Selbstkritik mit Führungsschwäche, Meinungsänderungen mit Charakterschwäche gleichsetzen. Doch nur wer seine eigenen Überzeugungen hinterfragen kann, ist innovativ. Der britische

Wirtschaftswissenschaftler John Maynard Keynes formulierte es so: „Wenn sich Tatsachen ändern, ändere ich meine Meinung. Und Sie, Sir?“[39] Für den Nobelpreisträger und Physiker Richard Feynman steht fest: Wenn wir keine Zweifel haben, haben wir auch keine neuen Ideen. Also sollten wir, so Feynmans Botschaft, vor Zweifeln keine Angst haben, sondern sie willkommen heißen, weil sie uns neue Potenziale erschließen. „Solange du weißt, dass du unsicher bist, kannst du deine Lage verbessern. Diese Freiheit verlange ich für spätere Generationen.“[40] Und der französische Philosoph Voltaire empfand vor etlichen Jahrhunderten Zweifel als unangenehm, Gewissheit jedoch als absurden Zustand.[41]

Tool 1.1: Die fünf Irrtümer des ungenauen Denkens

Wenn wir nicht entsprechend sensibilisiert sind, fällt uns normalerweise nicht einmal auf, wie automatisiert unser Denken ist; und selbst wenn wir es in der Theorie verstanden haben, wiegen wir uns in der irrigen Annahme, wir hätten es mit den Dingen an sich zu tun und diese objektiv erfasst. Es gibt fünf weitverbreitete Irrtümer des ungenauen Denkens:[42]

„Es stimmt, weil ich es glaube.“

(Egozentrik) Ich gehe davon aus, dass meine Überzeugungen richtig sind, auch wenn ich deren Berechtigung nie überprüft habe.

„Es stimmt, weil wir es glauben.“

(Soziozentrismus) Ich gehe davon aus, dass die gängigen Überzeugungen meiner sozialen Gruppe richtig sind, auch wenn ich deren Berechtigung nie überprüft habe.

„Es stimmt, weil ich es glauben will.“

(Wunschdenken) Ich glaube beispielsweise alles, was mich (oder die Gruppe, der ich angehöre) in ein positives Licht rückt, auch wenn ich nie ernsthaft nach Belegen für weniger günstige Sichtweisen gesucht habe. Ich glaube alles, was sich „gut anfühlt", zu meinen Ansichten passt, keine wesentlichen Einstellungsänderungen verlangt und mich nicht zwingt, Fehler zuzugeben.

„Es stimmt, weil ich es schon immer gedacht habe."

(Selbstbestätigung) Ich möchte lang gehegte Überzeugungen nicht ablegen müssen, auch wenn ich nie ernsthaft überlegt habe, in welchem Umfang sie sich mit Fakten belegen lassen.

„Es stimmt, weil es in meinem Interesse ist."

(Egoismus) Ich halte an Überzeugungen fest, die meine Machtansprüche stützen, mir Geld oder persönliche Vorteile verschaffen, selbst wenn sie vernünftiger Betrachtung oder objektiven Beobachtungen nicht standhalten.

Die wenigsten Menschen können und wollen solche für sie bequemen Überzeugungen überwinden: Der Homo sapiens ist tatsächlich das sich selbst täuschende Tier. Wer jedoch führen will, sollte autark sein und in der Lage, die eigene Sichtweise zu hinterfragen. Also fragen Sie sich beim nächsten Problem: Wie sehe ich das? Auf welchen Annahmen beruht diese Sichtweise? Gründet sich mein Urteil auf Informationen, die ich nicht überprüft habe? Könnte eine Überprüfung mein Urteil ändern?

Wenn Sie in Ihrer Führungsrolle die Menschen in Ihrer Umgebung stärken wollen – ihnen Kraft geben wollen –, dann sollten Sie sich der cleveren, doch häufig offensichtlichen und zerstörerischen Spielchen bewusst sein, mit denen Menschen andere Menschen beherrschen oder sich selbst deren Beherrschung entziehen wollen. Das kann trotz bester Absichten geschehen. Dem Vorstand einer international tätigen Bank war nicht bewusst, wie massiv sich seine Worte auf die ihm unterstellten Menschen auswirkten. Kraft seines Amtes hingen sie an seinen Lippen, eine unbedachte Bemerkung konnte einen regelrechten Dominoeffekt auslösen. Machen Sie sich Ihre Macht bewusst, nur dann können Sie sie klug einsetzen. Es gibt fünf verschiedene Arten von Macht; sehen wir uns diese einmal genauer an.

Tool 1.2: Die fünf Arten der Macht

Die Macht der Belohnung

Die Macht der Belohnung, sei es in Form von Geld, Statussymbolen oder Beförderungen, setzt offizielle Autorität voraus. Vorgesetzte können ihren Mitarbeitern und Mitarbeiterinnen Vergünstigungen, Gehaltserhöhungen oder beispielsweise einen Dienstwagen gewähren. Die Regierung eines Landes kann unter Umständen die Regierung eines anderen Landes belohnen oder auch mit wirtschaftlichen oder diplomatischen Sanktionen abstrafen. Sie sollten sich diese Macht bewusst machen, damit Sie erkennen, ob man Ihnen lediglich schmeichelt und Sie einen brillanten Denker nennt, obwohl im Grunde lediglich Begehrlichkeiten dahinterstehen. (Vor allem wenn Sie zufällig Professor sind …) Oder schlimmer noch, man erzählt Ihnen nur das, von dem man annimmt, dass Sie es hören wollen, und verschweigt Dinge, die Sie wissen müssten. Das kann schnell in einer Katastrophe enden.

Fachwissen und Informationsmacht

Beide Formen der Macht beruhen auf Wissen, Kenntnissen und dem Zugang zu Informationsquellen, die anderen verschlossen bleiben. Professoren und Lehrer haben gegenüber ihren Studenten und Schülern einen Wissensvorsprung, Finanzanalysten verfügen im Gegensatz zu ihren Klienten über Analysen und Kennzahlen (ihre Kunden können nur Stoßgebete zum Himmel schicken, dass sie diese nicht missbrauchen). Es gibt Mitarbeiter mit Spezialkenntnissen, die für ihre Vorgesetzten ein Buch mit sieben Siegeln sind, und sie nehmen dieses Wissen jeden Abend mit nach Hause.

Legitime Macht

Legitime Macht wird von der Organisation zugewiesen, nicht von einer Person, die eine bestimmte Position innehat. Ein gewählter Vertreter hat sie, solange seine Wahl nicht angefochten wird. Doch nicht nur in Demokratien gibt es Legitimationsmacht. Der Papst wird von Kardinälen gewählt, nicht von allen Katholiken, trotzdem gilt seine Macht als legitim. Ein CEO wird bestellt, nicht gewählt, dennoch ist seine Macht rechtmäßig, solange die Bestellung klaren Regeln folgt und nicht durch illegale Machenschaften entsteht.

Macht durch Gewalt

Kommt ein Machthaber nicht durch definierte Regeln, sondern durch einen Umsturz an die Macht, ist er ein Gewaltherrscher. Jerry Rawlings, der frühere Präsident von Ghana, beispielsweise putschte sich 1981 an die Macht (ließ später allerdings freie und faire Wahlen abhalten und legitimierte sein Amt auf diese Weise). Gewaltherrschaft gibt einem Führer die Möglichkeit, andere Menschen zu Dingen zu zwingen, die sie freiwillig nicht tun würden. Das schrillste Beispiel wäre die Mafia, aber sie ist bei Weitem nicht das einzige. Auch Regierungen haben Gewalt über ihre Bürger, können ihnen Steuern auferlegen, sie in den Krieg oder ins Gefängnis schicken und in manchen Staaten sogar zum Tod verurteilen. Und Manager können Mitarbeiter zu bestimmten Aufgaben zwingen oder sie entlassen, wenn sie bestimmte Funktionen nicht zur Zufriedenheit ausfüllen.

Macht durch Identifikation

Identifikation heißt, dass ein Mensch in anderen Menschen ein Gefühl der Verbundenheit und Wertschätzung auslöst. Ein Star (Bono, Justin Bieber) oder ein Supermodel (Kate Moss, Heidi Klum) genießen diese Form von Macht, sie bringen Menschen auf Ideen, auf die diese nicht von sich aus verfallen würden, etwa sich merkwürdig anzuziehen oder teure Klamotten zu kaufen. Mahatma Gandhi wirkte ebenfalls, weil sich die

Menschen mit ihm identifizierten: Er hatte nie ein Amt inne, sein Einfluss beruhte ausschließlich auf seinem Charisma und der Macht, die ihm die Menschen durch ihre Verehrung für ihn verliehen. Im Geschäftsleben hat zum Beispiel die Assistentin des Chefs nominell kaum Befugnisse, aber unter Umständen viel Macht: Sie kennt sich genau in der Firma aus, kennt den Terminkalender des Chefs und kontrolliert, wer zu ihm Zugang hat.

Sie haben wahrscheinlich schon bemerkt, dass die verschiedenen Typen der Macht sich überlappen können. Bill Gates hat zum Beispiel Expertenmacht und Belohnungsmacht. Staaten haben legitime Macht und Gewaltmacht. Arnold Schwarzenegger genoss die Macht der Identifizierung als Bodybuilder und Filmstar, aber er gewann in jüngerer Zeit auch die legitime Macht eines Governators (pardon, Gouverneurs) von Kalifornien hinzu.

Die Sonne geht auch ohne Ihre Hilfe unter

Wir haben das Gefühl, dass hier ein Wort zur Warnung nötig ist. Menschen sollen für sich Verantwortung übernehmen und über sich hinauswachsen, aber sie sollen sich nicht an ihrer eigenen Machtfülle berauschen, es sei denn, sie wollen unbedingt in Schwierigkeiten geraten. So wie Leona Helmsley (geborene Leona Mindy Rosenthal), die als Model Reklame für Chesterfield-Zigaretten machte und zusammen mit ihrem Mann ein Immobilienimperium aufbaute, das in den besten Zeiten 50 Milliarden Dollar wert war und New Yorker Spitzenadressen wie Empire State Building, Flatiron Building, 1 Penn Plaza und sechs Nobelhotels umfasste. Die Helmsleys reisten im Privatjet mit 100 Sitzplätzen und bewohnten mehrere Luxusvillen neben einem Häuschen mit zehn Schlafzimmern und Hallenschwimmbad auf dem Dach des Park Lane Hotel, einem Herrenhaus in Connecticut und einer Eigentumswohnung in Palm Beach – und in jedem Zimmer standen oder hingen mindestens zwölf Fotos der Hausherrin. Ein livrierter Butler stand mit einem Silbertablett und frisch zubereiteten Garnelen parat, wenn sie ihre morgendlichen Bahnen im Pool schwamm, und am Ende jeder Bahn reichte er ihr eine Garnele. Es war maßlos und das Vermögen kollabierte unter ihrer Habgier und Tyrannei. Als 1982 ihr einziger Sohn starb, klagte sie seinen Besitz ein und ließ die vier Enkelkinder mit je 423 Dollar stehen; ihr Ehegatte prozessierte sogar wegen der Überführungskosten der Leiche nach New York. Schluss mit lustig war 1989, als das Paar wegen Steuerhinterziehung in 235 Fällen verurteilt wurde, die Gesamtsumme lag bei 4 Millionen Dollar. Unter anderem sollen sie private Anschaffungen wie einen Mahagonitisch für 210.000 Dollar bis hinunter zu einem Gürtel für 8 Dollar als Geschäftsausgaben deklariert haben.[43] Angeblich soll sie gesagt haben: „Wir zahlen keine Steuern, das machen nur kleine Leute." Helmsley zahlte 7,1 Millionen Dollar Strafe, saß 18 Monate im Gefängnis und wurde in der Öffentlichkeit als „böse Königin" verunglimpft.

Ein weiteres abschreckendes Beispiel ist Maurice „Hank" Greenberg, Ex-Vorstandsvorsitzender des Versicherungsgiganten AIG, der mit Vorliebe Aktienanalysten zusammenstauchte. „Mit Hank ist nicht gut Kirschen essen", sagte einer unter der Bedingung, dass sein Name nicht genannt würde – um sich nicht Greenbergs Zorn zuzuziehen: „Er würde mich wie ein Insekt zerquetschen."[44] Einmal im Monat zitierte der herrische Vorsitzende seine Bereichsleiter zum sogenannten Chairman's Meeting, und wenn alle am viereckigen Tisch in einem lang gestreckten, schmucklosen Raum im 16. Stock des Firmensitzes saßen, ließ Greenberg seinen Blick schweifen – wie ein strenger Juraprofessor, der seine Studenten zur Ordnung ruft – und schließlich auf einem Manager ruhen, der dann ungefähr eine Minute Zeit hatte, die aktuellen Umsatzzahlen, Einnahmen, Ausgaben, Gewinne sowie außerordentliche Vorfälle herunterzurasseln. Es knisterte, so angespannt war die Atmosphäre. Selbst das Gremium, das ihn kontrollieren sollte, behandelte Greenberg von oben herab. „Die Frage ist lächerlich", soll er einem Aufsichtsratsmitglied gesagt haben, der die Dreistigkeit besaß, wegen der Rechnungslegung der AIG nachzuhaken. „Sie haben keine Ahnung vom Versicherungsgeschäft." Greenberg glaubte, er könne mit Aufsichtsrat und Finanzaufsicht umspringen, wie er wolle. „Diese Art, Leute auflaufen zu lassen und herumzuschubsen, hat ihm 40 Jahre lang gute Dienste erwiesen", sagt David Schiff, der Herausgeber des Branchenblatts *Schiff's Insurance Observer.*[45] Noch zur Jahrtausendwende zog die *New York Times* Greenbergs Ansatz dem von Warren Buffet vor und jubelte ihn zum Vorbild für unternehmerische Integrität und Philanthropie hoch: In all den Jahrzehnten seiner Laufbahn habe er stets persönliche Werte wie Ehrlichkeit, Vertrauen und Offenheit in die Wirtschaft und die intrigante Welt um ihn herum zu tragen versucht. Doch Greenbergs Arroganz fiel auf ihn zurück: 2005 stellte ihm der eigene Aufsichtsrat den Stuhl vor die Tür, warf ihn aus dem Unternehmen, das er aufgebaut hatte, und die Finanzaufsicht ermittelte erneut wegen des Verdachts, die AIG habe die Bücher frisiert. Innerhalb weniger Wochen war Greenbergs Ruf ruiniert und der Börsenwert seiner Gesellschaft um 1,77 Milliarden Dollar gefallen.

Und auch sein Sohn Jeffrey Greenberg, bis 1995 Papas Thronfolger bei der AIG, der dann jedoch als CEO zu Marsh & McLennan wechselte, stolperte über drei Verfahren wegen abgesprochener Ausschreibungen, Irreführung von Kunden und überhöhter Versicherungskosten. Die Gewinne auch dieses Versicherungsriesen waren nicht nur mit legalen Mitteln erwirtschaftet worden. Die einst wohl mächtigste Familie der internationalen Versicherungswirtschaft hatte abgedankt, die *New York Times* revidierte ihre einstige Lobhudelei und behauptete das Gegenteil.[46]

Greenberg und Helmsley waren sicher nicht die einzigen, die sich an ihrem überdimensionierten Ego verschluckten, wir könnten noch viele Beispiele anführen. Die Vorstellung eines individuellen Ich[47] ist erst im 18. Jahrhundert durch die Aufklärung entstanden, nachdem Descartes mit seinem „Cogito ergo sum" („Ich denke, also bin ich") den Weg frei gemacht hatte. Fortan musste man sich nicht mehr bloß als Untertan eines Königs oder Dienstherrn betrachten, sondern war ein Individuum, das zu eigenständigem Denken in der Lage war. Dank dieser Neuerung konnte der Adel seiner Privilegien beraubt werden. Heute ist das Ego außer Kontrolle geraten. Authentisch Führende müssen ihr Ego in Schach halten können. Der Aufstieg zur Größe, die Möglichkeit, sich zu erheben und den höchsten Herrschern und Herrscherinnen und sogar Gott Auge in Auge gegenüberzustehen, ist ein zweischneidiges Schwert. Es bedeutet viel Macht, aber auch eine große Verpflichtung, *noblesse oblige*, sagen die Franzosen.

Schon in der Zeit des Exodus sagte Gott: „Ihr aber sollt mir ein priesterliches Reich sein, und ein heiliges Volk."[48] Der direkte Draht, den jeder Mensch zu Gott hat, hat seinen Preis. Führende haben die Pflicht, mit ihrem Leben maximal viel zu bewegen und alles zu tun, was sie für andere Menschen tun können. Große Führende achten weniger auf sich selbst denn auf andere und das Gute, das sie für diese bewirken können. Der Auszug aus dem eigenen Ägypten sollte mit Demut vermischt sein, denn die Selbstverwirklichung bleibt lebenslang ein Projekt. Geben Sie nicht vor, jemand zu sein, der Sie nicht sind. Denken Sie an die Rede, die ein alter britischer Philosoph vor seiner Abreise in den Vereinigten Staaten von Amerika hielt: „1776 habt ihr Amerikaner euren Vater besiegt. 1861 habt ihr euren Bruder besiegt. 1918 und 1945 habt ihr eure Nachbarn besiegt. Jetzt müsst ihr nur noch euch selbst erobern."[49] Selbstbeherrschung ist der größte aller Siege und im Grunde der einzige Sieg, den wir erringen können. Kein Sterblicher sollte über einen anderen herrschen. Deswegen lehnt die jüdische Tradition Herrschaft ab, es gibt nur einen Herrn im Universum. Der hebräische Begriff *lehischtamesch* bringt dies sehr schön zum Ausdruck: Es ist ein reflexives Wort, sowohl aktiv als auch passiv, es bedeutet „benutzen" und „benutzt werden". Wir nutzen das Leben und das Leben nutzt uns.

Das Hebräische erinnert noch tiefsinniger an die Demut. Das Wort für „ich", *ani*, ist dem Wort für „nichts", *ajin*, sehr ähnlich. „Ich" bin „nichts". Demut ist für die chassidische Philosophie die Erinnerung daran, dass wir nichts durch uns selbst sind. Gleichgültig, was wir erreicht haben, welche Verdienste wir uns erworben haben – unsere Begabungen und Eigenschaften haben wir auf unseren Weg mitbekommen, nicht selbst erlangt. Ob wir kreative Köpfe sind oder ein Talent für Sprachen haben, wir bekamen es in die Wiege gelegt. Begabungen sind Gottes Gaben. Und man sollte davon ausgehen, dass ein anderer, hätte er dieselben Gaben mitbekommen, viel mehr daraus gemacht hätte. Bescheiden sein heißt letztlich, sich des Göttlichen bewusst zu sein: Es allein ist die Quelle unseres Lebens und unserer Erfolge. Wir sind nichts als ein Staubkorn im Universum. Die großen Führenden wussten das. Winston Churchill sagte: „Jeder Mensch ist ein Wurm, aber ich bin ein Glühwürmchen." Golda Meir formulierte es noch trockener: „Sei nicht demütig, so groß bist du auch wieder nicht."

Demut im 21. Jahrhundert

Selbst Raschi, ein großer Torah-Kommentator des 11. Jahrhunderts, dessen Erläuterungen heute noch hoch geschätzt werden, war sehr wohl zu einem bescheidenen „Ich weiß es nicht" in der Lage. Dass er sich zu seinen Grenzen bekannte, stärkte lediglich seine Glaubwürdigkeit. Bescheidenheit ist eine zeitlose, von der chassidischen Philosophie gepriesene Tugend[50] und bis heute die bessere Wahl. Wir stehen am Ende des Zeitalters der überlebensgroßen Führungspersönlichkeiten, der Churchills und Roosevelts, der Baal Schem Tows und Lubawitscher Rebbes, der Greenbergs und Welchs, die ihre Nachfolger haushoch überragten. Künftig wird Führung in den Händen vieler liegen. Zudem ist in einem globalen Markt, in dem man über Ländergrenzen hinweg Gewinne erzielen und die Werte anderer Kulturen respektieren muss, ein gerüttelt Maß Bescheidenheit unabdingbar. Wir werden eine demokratischere Welt mit flachen Hierarchien erleben, in der die Mitarbeiter im Verkauf und Soldaten an der Basis die Realität besser kennen als die, die an den Schalthebeln der Macht sitzen, in der Aktionäre und Patienten mehr Mitspracherechte einfordern, in der hochgebildete Mitarbeiter produktionswichtige Kenntnisse einfach mitnehmen, sollte ihnen ein besserer Arbeitsplatz angeboten werden, und in der sich die Menschen nicht länger vorschreiben lassen, was sie tun sollen.

Genug Selbstvertrauen entwickeln, um das Ego zu zügeln, das wäre die vermutlich beste Investition in Menschenführung und vor allem auch in Ihren eigenen Seelenfrieden. Moses Maimonides war Rabbi, Arzt, Philosoph, einer der ersten Weltbürger überhaupt und seiner Zeit weit voraus.

Er lebte ungefähr von 1135 bis 1204 im goldenen Zeitalter der jüdisch-muslimischen Verständigung in Spanien, Marokko, Israel und Ägypten. Hebräisch heißt er Rabbi Mosche ben Maimon (kurz Rambam), auf Arabisch Abu Imran Mussa bin Maimun ibn Abdallah al-Kurtubi al-Israili, am bekanntesten ist er in der griechischen Variante seines Namens, Moses Maimonides, und alle drei bedeuten „Sohn des Maimon". Maimonides war die wohl einflussreichste Figur der mittelalterlichen jüdischen Philosophie. Einem hübschen Spruch zufolge, der sich auch auf seinem Grabstein findet, gab es zwischen Moses und Moses keinen wie Moses. Obwohl (oder weil) er selbst ein so großartiges Vorbild ist, warnte Maimonides: Stolz, Arroganz und ein aufgeblasenes Ego verhindern das Glück. Er zitierte Sätze aus dem *Buch der Sprichwörter* wie: „Brüste dich nicht vor dem König."[51] Bilde dir nichts auf deinen eigenen Ruhm ein. Es wird dir keine Ehre einbringen. Nur wenn du dein Ego hintanstellst, öffnest du dich für göttliche Inspiration und Weisheit. Große Freude erwächst aus dem spirituellen Schoß der Nichtigkeit. Wer das eigene Ego aufgibt, um anderen zu dienen, um andere glücklich zu machen, dem wird Freude zuteil.

Tipp

Demut lässt sich als Bereitschaft verstehen, infantile Machtfantasien aufzugeben, den Glauben, mir stehe alles zu, was ich will. Unkontrolliert werden maßlose Wünsche schnell zur Quelle von Ärger und psychischen Leiden. Yitzchak Ginsburgh, Chabad-Rabbiner und Kabbalist, sagte 2003 in einer Rede: „Depression ist Ego. Wenn ich mein Ego zurücknehme, wenn mir nichts zusteht, dann verschwindet die Sorge."[52]

Aber es gelingt keinem Menschen ganz, sein verhätscheltes Ego aufzugeben. Das Schöne am ersten Gebot – dem Auszug aus Ägypten – ist, dass es den Prozess, die Reise zur Selbstbefreiung thematisiert. „Irgendwo musst du begreifen, dass du permanent im Stadium des Werdens bist", so hat es Dylan formuliert. „Und solange du dich da aufhalten kannst, bist du gewissermaßen okay."[53] Doch das Ich ist ein ernst zu nehmender Gegner, beinhart und tief verwurzelt, und es schon dem ersten Menschen, Adam, ist das Ego zu Kopf gestiegen. Er dachte, ihm als Geschöpf Gottes könne nichts Schlimmes geschehen, und diese Hybris führte zur Vertreibung aus dem Paradies. Eins hat er nicht bedacht: Dass *adam*, hebräisch für Mensch, dieselbe Wurzel hat wie das hebräische Wort für Erde (Lehm, Staub ...), *adama*. Wir Menschen sind aus Erde gemacht und täten gut daran, nie die Worte König Salomons zu vergessen: „Beide gehen an ein und denselben Ort. Beide sind aus Staub entstanden, beide kehren zum Staub zurück."[54]

Demut erlangt man nicht ein für alle Mal, es ist kein Vorhaben, das man auf seiner Projektliste abhaken kann; die Hoffart muss wieder und wieder in die Schranken gewiesen werden. Und das Ego ist so raffiniert, dass es sich sogar in der Pose der Bescheidenheit gefällt! Einst kamen zwei berühmte chassidische Rabbis in eine Stadt und wurden begeistert von den Menschen empfangen, die zu Tausenden herbeiströmten. Einer der beiden Männer war von dem Trubel um ihre Person so angewidert, dass er sich übergeben musste. Der andere sagte zu ihm: „Warum ärgerst du dich? Wenn du *ain* bist, bist du nichts. Es geht nicht um dich." Er sah ganz klar, dass Selbstüberschätzung auch die Form annehmen kann, Huldigungen abzulehnen.

Demut ist weder falsche Bescheidenheit noch fordert sie, dass Sie sich als Schuhabstreifer vor die Tür legen, damit alle auf Ihnen herumtrampeln. Demut hat nichts mit Selbstaufopferung zu tun. Im Gegenteil, in der Demut erkennt man sein innerstes Selbst, seine einmaligen Eigenschaften. Man lässt sich nicht herumschubsen. Man ist eine Autorität, mit der die anderen rechnen müssen, man ist im Vollbesitz seiner Kraft – aber eben nicht mit egoistischer Arroganz. Das ist die eigentliche Bedeutung des Auszugs aus Ägypten.

Anders als Adam war Moses ein lebendes Beispiel für diese Kombination aus Selbstlosigkeit und Zuversicht. Die Torah sagt: „Denn Mosche selbst war ein sehr geduldiger Mann, mehr als irgendein Mensch auf dem

Erdboden."[55] Als Gott Moses sagte, er würde sterben, sobald er das Gelobte Land erblickt habe, es selbst aber nicht mehr erreichen, nahm Moses es hin und war bereit, seine Führungsrolle abzugeben: „Der Ewige, Gott aller Geister, alles Fleisches, geruhe, einen Mann über die Gemeinde zu setzen, der vor ihnen her aus- und eingehe, und sie aus- und einführe, damit die Gemeinde des Ewigen nicht wie Schafe ohne Hirten bleiben möge."[56]

Zum Glück müssen wir nicht ganz so weit in die Vergangenheit zurückgehen, um Demut zu finden, Beispiele bieten auch moderne Führende in Wissenschaft, Kunst, Bildung, Politik und Wirtschaft, etwa Albert Einstein, einer der einflussreichsten Gedankenführer unserer Zeit. Er soll eines schönen Nachmittags mit Freunden Kammermusik gespielt haben, vergeigte sich aber ständig. Nach mehreren Fehlstarts fragte ihn der Dirigent frustriert, ob er nicht zählen könne.[57] Der berühmteste Wissenschaftler des 20. Jahrhunderts, ein Mann, den man mit Fug und Recht als Genie beschreiben kann, war wie wir alle ein Mensch mit vielen Schwächen.

Für Physiker ist das Jahr 1905 Einsteins Wunderjahr, weil er in diesen zwölf Monaten Unvorstellbares geleistet hat: Er veröffentlichte vier Artikel, von denen jeder einzelne unser Verständnis des Universums zutiefst veränderte. Einer handelt von der Quantenmechanik und stellt nicht nur wie die anderen drei (zwei behandeln die Relativitätstheorie, der dritte beweist die Existenz der Atome) physikalische Gesetzmäßigkeiten infrage, sondern das ganze System der Physik, vor allem ihre Fähigkeit zu exakten Vorhersagen. Durch Einstein wurde klar, dass die Physik nur Wahrscheinlichkeiten angeben kann, dass dieses, jenes oder ein ganz anderes Ereignis eintreten wird. Doch weit davon entfernt, sich auf seinen Lorbeeren auszuruhen und seinen Platz im Pantheon der größten Denker der Menschheit zu genießen, wurde Einstein von Zweifeln an seiner eigenen Entdeckung geplagt. Solange er lebte, war sie ihm nicht geheuer.[58] Er war intellektuell zu bescheiden dafür.

Unter Künstlern ist Bescheidenheit selten, so viele Stars sonnen sich im eigenen Glanz. Doch nicht jeder Star ist eine Diva. Sonny Rollins, einer der innovativsten, originellsten Jazzmusiker unserer Zeit, wurde 2005 nach seinem Auftritt am Montreal Jazz Festival gefragt und er antwortete mit seiner quäkenden Stimme: „Da müssen Sie jemand anders fragen, ich stecke ja viel zu sehr drin." Seine Sätze sind oft mit Bescheidenheit geimpft. „Ich will nicht überheblich klingen", sagte er. „In den späteren Jahren habe ich mich mehr und mehr zurückgenommen, ich habe erfahren, was Größe bedeutet, und wollte mich nicht in diese Kategorie einordnen." Gefragt, ob er beim Hören älterer Aufnahmen darüber nachdächte, was er hätte besser machen können, zögerte er. „Schwer zu sagen", meinte er schließlich. „Ich habe mir meine Sachen schon lange nicht mehr angehört. Das mache ich nur, wenn sie im Radio laufen und ich nicht weglaufen kann." Und dann fügte er etwas hinzu, in dem der nicht zu unterdrückende Geist der Menschheit aufblitzt, um den es in diesem Kapitel geht: „Das ist Jazz: Jazz ist Freiheit."[59]

Fachleute und Lehrer sind besonders gefährdet, sich für allwissend zu halten, zu glauben, sie hätten die Antworten und seien ihren Schülern meilenweit voraus. Doch es gibt auch Gegenbeispiele. Etwa den Arzt und Pädagogen Henryk Goldszmit, der unter dem Pseudonym Janusz Korczak veröffentlichte, den manche den Dr. Seuss von Polen nennen und der heute buchstäblich vergessen ist. Seine Bestseller (u.a. *Wie man ein Kind lieben soll*, 1919) und seine Radiosendung 1935/36 (die aufgrund der Beschwerden polnischer Antisemiten eingestellt wurde) haben in einer Gesellschaft, die noch immer viktorianischen Idealen verhaftet war, den Umgang von Eltern mit ihren Kindern verändert. In den 1930er-Jahren gründete er ein Waisenhaus im Warschauer Ghetto und war ein Licht im Herzen der Finsternis. Er war berühmt. Und seine Freunde boten ihm mehr als eine Möglichkeit an, vor den Nazi-Schergen zu fliehen. Sie bestachen die Wachen und beschafften ihm gefälschte Papiere. Doch er ließ die Kinder nicht im Stich. „Wenn ein Kind krank ist, lässt man es nicht mitten in der Nacht allein", sagte er zu seinen Freunden. Korczak war ein Held, wie es zu seiner Zeit nur wenige gab. Doch er mochte den Gedanken an Helden nicht. Überdimensionierte Personen, lehrte er, lassen unsere Einbildungskraft verkümmern und uns vergessen, dass auch ganz gewöhnliche Menschen zu außergewöhnlichen Taten fähig sind.

Während der Zeit des Warschauer Ghettos erschien in einer polnischen Tageszeitung ein Artikel, der Korczak für seine Anstrengungen lobte, das Waisenhaus in Betrieb zu halten. In der nächsten Ausgabe wurde ein Brief an den Herausgeber abgedruckt: „Das Waisenhaus war nie Korczaks Waisenhaus und wird es auch nie sein. Der Mann ist zu klein, zu schwach, zu arm und zu dumm, um 200 Kinder unterzubringen, zu ernähren und zu kleiden. Die große Aufgabe wird von Hunderten von Menschen bewältigt."

Unterschrieben war der Brief von Janusz Korczak.[60]

Und es gibt sogar bescheidene Politiker. Nachdem Abraham Lincoln die Präsidentschaftswahlen gewonnen hatte, traf er eine beispiellose Entscheidung. Er kannte sich gut genug, um zu wissen, dass er nicht alle für eine erfolgreiche Regierungsarbeit erforderlichen Eigenschaften besaß, und so hatte er die Demut und den Mut, die brillantesten politischen Köpfe seiner Generation in sein Kabinett zu holen, darunter auch erbitterte Konkurrenten um das Präsidentenamt, die den hinterwäldlerischen Anwalt aus dem Nirgendwo offen verachteten. Später verehrten sie Lincoln als einen der größten Führer, der ihnen begegnet war.

Fünf Generationen nach Lincoln, 1994, traf der CEO einen anderen frisch gewählten Präsidenten und war sofort von der Bescheidenheit des südafrikanischen Staatsoberhaupts beeindruckt. Nelson Mandela sprach nicht gern über sich. Gefragt, was er für seine größte Errungenschaft halte, antwortete er schroff: „Das ist eine wichtige Frage, die ich eigentlich schriftlich beantworten müsste." Aber so oder so seien es nicht seine Errungenschaften: „Alles, was ich tat, hing mit dem ANC zusammen. Ich entscheide nicht allein, und wenn ich handle, dann immer in Absprache. Ich halte es für einen Fehler, in Mandela-Jahren zu denken. Es ist die Zeit der Befreiungskräfte." Das ist keine vorgeschobene Bescheidenheit. Nach seiner Wahl überließ er die Präsidentenvilla seinem Vize (und früheren Erzrivalen) Frederik de Klerk. Nach nicht ganz einem Jahr im Amt lud er die Witwen früherer Präsidenten, die ihn für 27 Jahre ins Gefängnis gesperrt hatten, zum Tee, auch Betsy Verwoerd, deren Gatte Hendrik F. Verwoerd einer der wichtigsten Architekten der Apartheid gewesen war. Die 94-Jährige war zu gebrechlich, also begab sich der Präsident in die einst den Weißen vorbehaltene Enklave und besuchte die frühere First Lady in ihrem Haus.[61]

Auch im Geschäftsleben trägt Bescheidenheit reiche Früchte. Paul Flessner übernahm die Abteilung für Serveranwendungen bei Microsoft mit einem Jahresumsatz von 50 Millionen Dollar und baute das Geschäft mit den Datenbanken auf über 1 Milliarde Dollar aus. Ihm unterstehen etwa 2500 Menschen, doch er bleibt offenbar auf dem Teppich, scheut die Öffentlichkeit und besteht normalerweise darauf, dass auf Fotos immer auch Mitarbeiter zu sehen sind und nicht nur er. „Gute Manager sind rar", sagte Barry Goffe, der Flessner als Group Manager zugearbeitet hat, „und gute Manager, die lauter Überflieger mit ihren Empfindlichkeiten und Meinungen beaufsichtigen, sind noch rarer."[62]

Beim finnischen Handyhersteller Nokia ist Bescheidenheit kulturelle Norm. Auf allen Hierarchieebenen werden die wichtigen Aufgaben von Gruppen übernommen. Selbst die Unternehmensführung obliegt einem Team von fünf Personen: CEO, President, Bereichsleitung Mobilfunkgeräte, Bereichsleitung Netztechnik und Finanzvorstand. Gemeinsam leiten sie den Telekommunikationsgiganten schon so lange, dass sie unzertrennlich wirken. „Ob es ein intriganter Laden ist, in dem jeder eigene Ziele verfolgt? Meiner Meinung nach hatten wir all die Jahre und besonders in den 1990ern eine sehr starke Kultur, in der dieser ganze Quatsch keinen Platz hatte."[63] Egozentriker und Superstars haben bei Nokia keinen Raum, das Unternehmen hat das Teamwork systematisch kultiviert. Dieser Geist wirkt noch über die Unternehmensgrenzen hinweg: Die Führungskräfte engagieren sich mit fast religiösem Eifer für offene Standards und die Kompatibilität kabelloser Geräte und unterschreiben immer wieder Verträge mit Konkurrenten, um gemeinsame Betriebssysteme und Normen zu entwickeln.

Die finnische Telekom ist damit nicht allein. Das Judentum weiß schon lange um die Bedeutung von Gruppen, um Führungsansprüche auszutarieren. Gott sagte Moses, er solle 70 alte Männer suchen. Ein jüdisches Gericht besteht aus 23 Rabbis (die Mindestzahl liegt bei drei), denn nur Gott kann allein herrschen. Auch in vielen Unternehmen wurden die Autokraten von Führungsteams abgelöst. Eine Untersuchung von 277 der im Fortune Service 500 und Industrial 500 vertretenen Firmen zeigt, dass 1960 nur 8 Prozent von mehreren Personen geleitet wurden (die Speerspitze des modernen Teamworks war vor allem die Schweizer Pharmabranche). 1980 waren es bereits 25 Prozent, ein Anstieg um Faktor 3.[64] Heute ist das Gruppenmodell eine starke Alternative zur herkömmlichen Doppelspitze aus CEO und COO, weil es die zunehmend komplizierteren Anforderungen von außen und innen ebenso wie die uralte Frage der Nachfolge besser löst. In vielen Firmen hat das Gruppenmodell zudem die Koordination zwischen den Abteilungen und Funktionen verbessert. Die daraus erwachsenden Synergien steigern die Produktivität; die Wertschöpfung des Teams überwiegt den höheren Koordinierungsaufwand. Nachforschungen in über 2000 britischen Unternehmen Ende der 1990er-Jahre ergaben, dass die finanzielle Performance sich eindeutig verbessert (allerdings auch, dass autonome Teams nicht besser abschneiden als Teams, die an der kurzen Leine geführt werden). Eine Metastudie über 131 Untersuchungen zum Teamwork bestätigt, dass sich Teambuilding erfolgreich auf die finanziellen Ergebnisse auswirkt.[65]

Unterm Strich

- Sie können erst dann Führungsansprüche anmelden, wenn Sie sich aus Ihrem eigenen Ägypten – aus Ihren Begrenzungen – befreit haben. Führung ist in hohem Maße die Verpflichtung zur Selbstbestimmung, der Wille, sich aus der Versklavung zu lösen und die Dinge selbst in die Hand zu nehmen.
- Erforschen Sie sich selbst, bevor Sie Visionen für die Zukunft entwickeln. Erkennen Sie, warum Sie führen wollen, durchleuchten Sie Ihre Motive, Annahmen, Prinzipien und Werte und nicht zuletzt Ihre blinden Flecke. Wer auch immer ohne diese Selbsterkenntnis führte, brachte Unheil über die Welt: von Nero bis Hitler, von Ken Lay bis Jeff Skilling.

- Wie können Sie Ihr eigenes Ägypten konkret verlassen? Sie übernehmen zu 100 Prozent die Verantwortung (Juden müssen sich vor ihrem Gott direkt verantworten). Sie prüfen fortlaufend, auf welchen Prinzipien und Werten Ihre Handlungen beruhen. Sie entschlüsseln Ihre inneren Diskussionen und blinden Flecke.
- Machen Sie sich bewusst, wie Sie Macht ausüben und wie andere Sie beeinflussen, sonst gibt es vermutlich ein böses Erwachen.
- Höhenflüge müssen sich mit Bescheidenheit verbinden. Hybris wird Sie teuer zu stehen kommen. Das Ego in Schach zu halten zahlt sich hingegen aus.

Zweites Kapitel

Das zweite Gebot: Sich keine Götzen schaffen, sondern authentisch bleiben

Die Götzen der Heiden sind Silber und Gold,
gemacht von Menschenhänden.

Psalm 135,15

Ich will nicht durch mein Werk unsterblich werden.
Ich will unsterblich werden durch Nicht-Sterben.

Woody Allen

Das zweite Gebot: „Du sollst keine anderen Götter haben vor meinem Angesicht. Du sollst dir kein Götzenbild machen, auch keine ähnliche Gestalt, von dem, was oben im Himmel oder unten auf der Erde oder im Wasser unter der Erde ist. Du sollst dich vor ihnen nicht bücken, auch sie nicht gottesdienstlich verehren." Verehren Sie Götzen, Idole, falsche Götter? Handeln Sie nach den Träumen oder Erwartungen anderer Menschen oder folgen Sie wirklich Ihren eigenen Wünschen? Geld, Macht und Ruhm sind keine Ziele, sondern Götzen und bloße Mittel zum Ziel. Die wahre Vision von Führenden ist größer als das Leben, größer als ihre eigene Lebensspanne und umfasst viele andere. Was wollen Sie bewirken? Welches Erbe wollen Sie hinterlassen? Dieses Kapitel zeigt, wie Sie Ihre eigene authentische Zukunft entfalten können, wie Sie sie Wirklichkeit werden lassen können. Der erste Schritt: Sie müssen die Vergangenheit dort lassen, wo sie hingehört – in der Vergangenheit.

Eines Tages kam Moses zum Lager zurück und erlitt einen Schock: Die Menschen hatten sich ein goldenes Kalb gemacht, sie hatten das unaussprechliche, unendliche Wesen, das Göttliche, in ein Ding gegossen und beteten Gold an.[66] Getreu seinem Charakter griff Moses sofort kompromisslos durch: Kaum hatte er die vergoldete Skulptur erblickt, stieß er sie um; 3000 Götzendiener starben. Verwandelt war der stotternde Schafhirte, er hatte sich zum mächtigen Führer aufgeschwungen, gezeichnet von der Göttlichkeit. Der letzte Satz der Torah lautet: „Es stand aber in Israel kein Prophet wieder auf, wie Mosche war, mit dem der Ewige von Antlitz zu Antlitz umgegangen wäre … Und in allen mächtigen und fürchterlichen Taten, die Mosche getan, vor den Augen ganz Israels."[67]

Warum handelte Moses mit solch heiliger Wut? Ein Götzenbild ist ein Trugbild, das die Menschen von ihrem wahren Auftrag ablenkt. Das Gebot, keine anderen Götter zu haben, betrifft die Zukunft: Keine kurzfristige Belohnung, kein kurzlebiger Ruhm soll den Blick darauf verstellen. Nun leben wir in einer Zeit, die falschen Göttern huldigt: Egoismus und Materialismus regieren allenthalben. 2007 ergab eine Untersuchung der San Diego State University, dass die Zahl der Amerikaner mit Symptomen eines „übersteigerten Narzissmus" im Lauf eines Vierteljahrhunderts um 30 Prozent gestiegen war. Viele unterschrieben Sätze wie „Ich stehe gern im Mittelpunkt der Aufmerksamkeit" oder „Ich bin etwas Besonderes."[68] Eine Generation zuvor, 1967, hatte eine Umfrage unter College-Studenten ergeben, dass deren höchste Priorität „eine sinnvolle Lebensphilosophie" war.[69] 2006 dann kreuzten über 80 Prozent der Studenten „Reichtum" als höchstes Lebensziel an, dicht gefolgt vom „Ruhm". Die Fernsehsendung *American Idol* verleiht diesem Trend Ausdruck. Warum wollen Menschen Götzen sein?

Natürlich ist nichts gegen Wohlstand und Ruhm einzuwenden. Aber sie sind im besten Fall Nebeneffekte, nicht das Eigentliche, und im schlimmsten Fall sind sie Götzen. Superreiche Menschen wie Bill Gates oder Warren Buffett, Oprah Winfrey oder Michael Bloomberg wurden nicht deshalb reich und berühmt, weil sie sich das als Lebensziel gesetzt hatten. Keiner der Genannten zog aus, um Star oder Milliardär zu werden, sie engagierten sich für ein Ziel, das größer war als sie selbst, eine Vision, die das Leben wertvoller und lebenswerter machen sollte. Als Warren Bennis und Burt Nanus 90 erfolgreiche Unternehmensführer – vom McDonald's-Gründer Ray Kroc bis zum Chrysler-Sanierer Lee Iacocca – befragten, um die Eigenschaft zu finden, die all diese erfolgreichen Menschen verband, da fanden sie heraus, dass diese Führenden eine Vision hatten, nach der sie handelten und von der sie ihre Gefolgschaft überzeugen konnten. Bennis definiert Führung als „die Fähigkeit, eine aufrüttelnde Vision zu schaffen, sie in Handlungen zu übersetzen und zu bewahren." Erfolgreiche Führer haben eine Vision, an die auch andere glauben und die sie für sich übernehmen.[70] Darum muss die Vision von Führenden größer sein als das Leben, größer als ihr Eigeninteresse.

Ein Volk von Visionären

Das Judentum ist untrennbar mit der Vision von einer fantastischen Zukunft verknüpft; die Sehnsucht nach dem Gelobten Land – oder der Ankunft des Messias – ist der Kern dieser Religion. Insofern ist es nicht überraschend, dass die Bibel voller Propheten ist. Der zweite Hauptteil des *Tanach*[71] sind die Prophetenbücher von Josua über Samuel bis Jesaja, die Führende geißeln („Mein Volk, deine Führer verführen dich und verwirren den Weg, den du gehen sollst!"[72]) oder mit derselben Leichtigkeit die Vision eines Friedens heraufbeschwören konnten. („Da werden sie ihre Schwerter zu Pflugscharen und ihre Spieße zu Sicheln machen. Denn es wird kein Volk wider das andere das Schwert erheben und sie werden hinfort nicht mehr lernen, Krieg zu führen."[73]) Ausbildung und Entwicklung von Propheten war sogar institutionalisiert, zur Zeit des ersten Tempels gab es viele Prophetie-Schulen. Die Investition zahlte sich aus: Zwar werden nur 48 Propheten und sieben Prophetinnen (ja, schon damals durchbrachen Frauen die gläserne Decke) namentlich erwähnt,[74] tatsächlich aber gab es mehr als 1,2 Millionen Propheten in der jüdischen Geschichte. Manche fanden das übertrieben. Josua etwa rannte schnurstracks zu Moses, als die Leute im Lager wie Propheten in Verzückung gerieten, und verlangte: „Mosche! Mein Herr! Verwehre es ihnen!“ Doch Moses ließ ihn abblitzen: „Bist du für mich eifersüchtig?“ Er verspürte keineswegs den Wunsch, die anderen niederzudrücken, im Gegenteil, er wollte alle auf sein Niveau oder besser auf ein noch höheres erheben, alle sollten Visionäre sein: „Ich wünschte, dass das ganze Volk des Ewigen lauter Propheten würden, dass der Ewige nämlich seinen Geist auf sie legte.“[75]

Visionäre versus Realisten versus Träumer

Nicht alle Führenden haben so viel Geduld mit Visionären wie Moses. Der frühere Bundeskanzler Helmut Schmidt witzelte: „Wer Visionen hat, sollte zum Arzt gehen.“ (Schmidts Ansicht ist verständlich. Die Deutschen sind gebrannte Kinder. Seit Hitlers fehlgeleiteter Vorstellung von der Weltherrschaft der arischen Rasse misstrauen sie den großen, grandiosen Ideen.) Gegen Realisten wie Schmidt ist nichts einzuwenden, sie wollen beherrschbare Unsicherheiten und belastbare Prognosen. Aus der Vergangenheit fortgeschriebene Projektionen haben ihre Berechtigung. Unsicherheit so weit wie möglich zu reduzieren ist eine zentrale Führungsaufgabe. Und es ist nur menschlich, wenn man die oft unerträgliche Spannung zwischen dem Ist-Zustand und der erwünschten Zukunft mindern will.

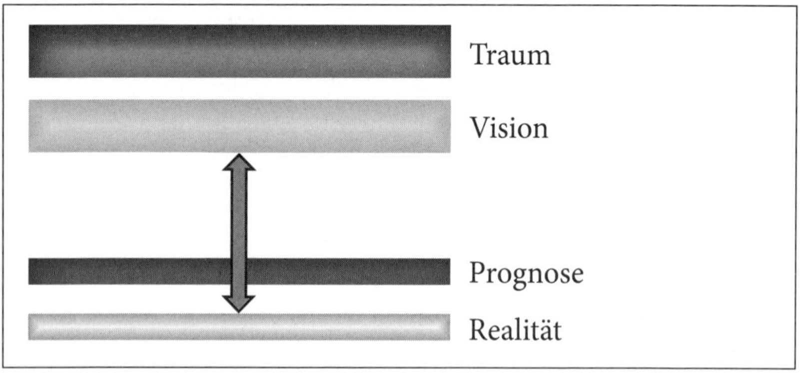

Abbildung 2.1: Vision, Prognose und Traum

Wer führen will, kann nicht mit bloßen Vorhersagen arbeiten. Abbildung 2.1 zeigt, dass Prognosen viel zu dicht an der Realität sind, aber Vorhersagen sind das Einzige, wozu sich sogenannte Realisten aufschwingen mögen. („Angesichts der verhaltenen Performance im letzten Jahr gehe ich auch für das laufende Jahr von einem Prozent Wachstum aus.") Das ist nicht nur einschläfernd, es ist das Gegenteil von Führung. Führen setzt kühne Visionen voraus, auch wenn diese mit größerer Unsicherheit einhergehen. Führende wollen nicht einfach nur das Heute verändern, weil es sich aus dem Gestern erklärt, nein, sie wollen etwas schaffen, das es noch nicht gibt. Sie begeben sich auf unbekanntes Gebiet, sie wollen eine Vision verwirklichen. Eine Vision ist nicht dasselbe wie ein Traum. Jesajas Traum vom totalen Frieden, Martin Luther Kings Traum von der Verbrüderung der Menschheit sind erstrebenswert, aber unerreichbar.

Eine Vision ist nur dann eine Vision, wenn sie nicht vorhersagbar und trotzdem erreichbar ist. Sie muss zudem wünschenswert sein, dem Leben neue Qualität geben, die uns morgens aus den Federn holt. Eine Vision soll als strategischer Filter nicht zielführende Maßnahmen ausschließen. Und sie darf kein eogistischer Wunsch sein (eine Viertelmillion Dollar verdienen wollen ist keine Vision), sondern muss alle wichtigen betroffenen Interessengruppen einschließen. Bill Gates' Vision, sämtliche Computerprobleme zu lösen, ist umfassend: Darauf können sich sehr, sehr viele Menschen einigen.

Doch es ist anstrengend, tagtäglich auf ein entferntes Ziel hinzuackern, und so weichen viele Menschen der Spannung zwischen Realität und Wunschvorstellung aus. Dazu haben sie drei Möglichkeiten: Erstens können sie ihre Begeisterung dämpfen und sich auf Vorhersagen statt auf Visionen beschränken, zweitens können sie sich in ein Traumland flüchten und die Realität ganz vergessen, etwa durch Drogenkonsum, oder – drittens – sie schlucken die Spannung hinunter und werden depressiv oder krank. Führende hingegen leben tagtäglich die Spannung zwischen Wirklichkeit und Vision. Als Colin Marshall an die Spitze der British Airlines rückte, versprach er, sie zur beliebtesten Fluggesellschaft weltweit auszubauen. Die Realisten verhöhnten die stolze Erklärung als Hirngespinst. Tatsächlich war die BA damals so heruntergewirtschaftet, dass manche die Abkürzung mit „bloody awful“ – absolut schrecklich – auflösten. Unbeirrt machte sich Marshall an die Arbeit, suchte unablässig nach Möglichkeiten, den Service zu verbessern und Kunden an das Unternehmen zu binden, ohne dass die Kosten die Mehreinnahmen komplett auffraßen. Mit seinem Motto: „Der Mensch kommt zuerst“ – wobei Mensch in diesem Zusammenhang Kunde und Kollege bedeutet – erreichte er das Ziel. Nicht einmal das Catering gab dem Spruch, dass die europäische Hölle ein Ort mit britischem Koch sein muss, neue Nahrung. Die Warteräume in den Flughäfen wurden renoviert, alle Mitarbeiter lernten in einem zweitägigen Seminar, sich in den Fluggast hineinzuversetzen. Sie wurden angehalten, die Passagiere nach Möglichkeit mit Namen anzusprechen: „Angenehmen Flug, Mr. Jones.“ Der damalige Geschäftsführer, Chris Swain, bringt es auf die Formel: „Kunde, Kunde, Kunde!“[76]

Marshall schenkte den Technikern in seinem Unternehmen Aufmerksamkeit, handelte mit wichtigen Dienstleistern und den Gewerkschaften neue Verträge aus und straffte die Wartung. Und er spülte Geld in die Kasse, indem er den Wartungsdienst für andere Airlines öffnete. Für die beliebteste Airline der Welt hat es vielleicht nicht ganz gelangt, doch die BA kam schon verdammt nahe dran: 1992 wurde sie vom Magazin *Business Traveller* zur besten Transatlantiklinie gekürt. 2007 ruhte sich Marshall (inzwischen Lord Colin Marshall, Baron of Knightsbridge) nicht auf seinen Lorbeeren aus, sondern trieb seine jüngste Vision voran: Terminal 5 am Flughafen von Heathrow sollte für doppelt so viele Flugbewegungen doppelt so groß werden – ein ehrgeiziges Projekt.

Resignation ist populär

Die Franzosen sagen: „Il faut reculer pour mieux sauter“ (man muss zurückgehen, um besser zu springen). Ja, wir müssen erst einmal einen Schritt zurück tun. Menschen neigen dazu, sich mit Resignation, Ressentiments oder Trauer wegen früherer Misserfolge zu belasten und sich damit die Aussichten zu verdüstern. Doch schon Moses wusste, dass es leichter ist, die Menschen aus Ägypten zu führen, als Ägypten aus den Menschen herauszubringen. Die Vergangenheit entwickelt ihre eigene Schwerkraft und zieht uns in unser Ägypten zurück. Und wir neigen dabei zur Verklärung dieser Vergangenheit, vor allem wenn die Zeiten rau werden. Auch das wusste schon Moses.[77] Die Vergangenheit hält viele Menschen in ihren Pranken, ja, sie sind ihr geradezu verfallen. Wer sich einer neuen Zukunft verschreibt, muss das in seine Überlegungen einbeziehen. Resignation, Festhalten am angeblich Bewährten und die Liebe zu den Methoden von gestern sind mächtige Hemmnisse.

Das *Buch der Sprichwörter* warnt: Wenn es keine Visionen gibt, sterben Menschen.[78] Viele Manager verlieren sich in kurzfristigen Sorgen: Wie verhält sich der Aktienkurs in diesem Quartal? Wie überleben wir das endlose Meeting? Den Tratsch im Büroalltag? Die Intrigen der Kollegen? Führungskräfte verbringen überproportional viel Zeit mit der Gegenwart, statt die Zukunft zu schaffen. Wie sollten sie sich auch mit der Zukunft beschäftigen, wenn sie es nur dann tun, wenn Zeit übrig ist? Management gilt fast immer dem Status quo, dem, was ist, nicht dem, was sein könnte.

Worauf beruht der Status quo? Auf der Vergangenheit. Und was geschieht, wenn die Vergangenheit die Zukunft so im Griff hat, dass es buchstäblich keine Vision gibt? Dann haben wir das Gegenteil von Vision: Resignation. Wir finden uns mit dem Status quo ab. Der CEO lebte 1987 in Indien und überall herrschte Defätismus. Damals musste man sieben Jahre auf einen Telefonanschluss warten – wenn man bereit war, die zuständigen Beamten zu bestechen. Fast jeden Morgen, wenn er nach dem Aufstehen aus dem Schlafzimmerfenster hinunterschaute, fuhr draußen ein Karren mit einem Leichnam unter einem weißen Tuch vorbei. Der CEO wäre am liebsten wieder direkt ins Bett gekrochen und hätte seinen Job vergessen. Die Resignation durchdrang alle Lebensbereiche und war fast unerträglich. (Das hat sich zumindest in den städtischen Regionen geändert, gut ausgebildete Inder sind auf den Globalisierungszug aufgesprungen und haben Mut gefasst.)

Doch Sie müssen nicht nach Indien fahren, wenn Sie Resignation erleben wollen. Ein New Yorker Rechtsanwalt, der 200.000 Dollar pro Jahr verdient, ist nicht selten völlig deprimiert, weil er es mit Mitte 30 noch nicht geschafft hat, in eine Kanzlei als Partner einzusteigen. Resignation kommt ganz schnell in jeder Besprechung auf, es muss nur einer der Teilnehmer sagen: „Das haben wir doch schon probiert und es hat nicht funktioniert." Oder wenn sich kollektives Stöhnen breitmacht: „Schon wieder die mit ihren Change Efforts, diese ganzen Restrukturierungen bringen ja doch nichts." Manche sind zu risikoscheu und haben Angst um ihren Arbeitsplatz, wenn sie etwas Neues ausprobieren. Resignation nimmt oft die Form des Business-as-usual an. David Brooks hat es in einer seiner Kolumnen für die *New York Times* beschrieben:

> *Ihre DVD-Sammlung ist gut sortiert, dasselbe gilt für Ihren begehbaren Kleiderschrank. Ihr Wagen ist aufgeräumt und frisch gestaubsaugt, die oft gewählten Nummern sind ins schnurlose Telefon einprogrammiert, Ihr Mobiltarif entspricht Ihren Bedürfnissen und Ihre diversen Aktivitäten harmonieren konfliktfrei. Ihre Gattin ist sportlich, die Kinder sind gescheit, der Beruf ist erfüllend, die Beförderungen sind unvermeidlich, und wo immer Sie hinkommen, finden Sie einen freien Parkplatz. Die lässige Hose steht Ihnen ausgezeichnet.*[79]

In den Industrieländern dümpeln viele Menschen im lauwarmen, stillen Wasser auf die Rente zu, und das geht dann bis zum Lebensende so weiter. Auch wenn wir gelegentlich einen Brandherd austreten müssen, reagieren wir auf äußere Umstände, wir leben tendenziell von der Vergangenheit, es sei denn, ein schrecklicher Schicksalsschlag wie der Tod eines geliebten Menschen, eine Krebsdiagnose oder Horrorszenarien wie der 9. September rütteln uns auf. So ein brutales Erwachen erlebte zum Beispiel Alfred Nobel, ein zurückgezogener Mensch, der Erfinder des Dynamits, mit dem er Kriegsmunition herstellte und ein Vermögen verdiente. Dann starb sein Bruder völlig überraschend. Nobel änderte sein Leben. Eine Zeitung verwechselte die Brüder und meldete, Alfred sei umgekommen. Und so kam der Fabrikant in einen seltenen Genuss: Er konnte zu Lebzeiten einen Nachruf auf sich lesen. Und er war schockiert, beschrieb ihn der Artikel doch als den Erfinder, der den massenhaften schnellen Mord ermöglicht hatte.

Blitzartig gingen Nobel zwei Dinge auf: Die Welt würde sich seiner als Assistent des Sensenmanns erinnern, und er wollte etwas dagegen tun. Deswegen stiftete er den Nobelpreis, der sich rasch zur höchsten Auszeichnung in den Bereichen Physik, Chemie, Medizin, Literatur und für die Aussöhnung zwischen den Völkern entwickelte. Tatsächlich fällt uns, die wir über 100 Jahre danach leben, zum Namen Nobel eher der Preis als das Dynamit ein.

Die Vergangenheit an ihren Platz rücken

Natürlich kann man aus der Vergangenheit viel lernen (auch dieses Buch gäbe es ohne frühere Erfahrungen nicht). In einer Hinsicht sind Menschen wie Maschinen: Sie gleichen alles, wirklich alles, was ihnen widerfährt, mit früheren Erlebnissen ab. In 99 Prozent der Fälle ist dieser Abgleich nach dem Bayestheorem (so der Fachausdruck aus der Wahrscheinlichkeitstheorie) vernünftig. Die Sonne ist bisher noch jeden Tag aufgegangen, sie wird vermutlich auch künftig aufgehen. Man sollte nicht immer wieder neu ausprobieren, ob es wirklich wehtut, sich auf die heiße Herdplatte zu setzen. Man sollte aus Fehlern lernen und als gebranntes Kind das Feuer scheuen. Das ist überlebenswichtig. Es stärkt uns und unsere Fähigkeiten. Tennisprofis wissen, wie der Ball kommen wird, und bereiten sich entsprechend auf Vorhand oder Rückhand vor. Und doch ist es eine Falle, wenn wir alles aus der Vergangenheit in die Zukunft fortschreiben. Wenn wir immer nur Bekanntes zu sehen glauben, können wir keine neuen Erfahrungen mehr machen. Als Gefangene unserer Vergangenheit können wir andere nicht in die Zukunft führen.

Und doch geschieht das ständig. Insbesondere in Krisen greifen Manager gern in die Kiste mit dem, was früher doch funktioniert hat. Klassische Beispiele findet man in der Außenpolitik der Vereinigten Staaten von Amerika. Fast jede US-Regierung des 20. Jahrhunderts kämpfte einen neuen Krieg mit den Mitteln des vorherigen. Harry Truman wollte den Koreakrieg mit den Lektionen des Zweiten Weltkriegs gewinnen und wurde von dem massiven Angriff der nordkoreanischen Streitkräfte so überrascht, dass GIs und Südkoreaner fast ins Meer getrieben worden wären. Lyndon Johnson und Richard Nixon nutzten die Koreastrategie in Vietnam, doch das US-Militär kam damit nicht gegen die hoch mobilen Einheiten der Vietcong an, die jedes Dorf im Süden infiltriert hatten. George Bush (Vater und Sohn) beherzigten die im Vietnamkrieg gelernten Lektionen und setzten bei ihren Kampfflugzeugen Infrarotsensoren ein, die jeden Panzer zum leichten Ziel machten. Sie waren von dem vorbereitenden Einsatz der Luftwaffe bei ihren Kriegen im Irak überzeugt, ja, George W. Bush rechtfertigte den Krieg sogar mit den Erfahrungen in Vietnam: Unmissverständliche Hinterlassenschaft des Vietnamkrieges sei der Preis, den Millionen unschuldiger Bürger für den Rückzug der Amerikaner bezahlt hätten.[80] Doch beide Bushs erlebten im Irak ihr Vietnam.

In der Politik wie in der Wirtschaft kann man sich mit dem Rückgriff auf die Vergangenheit auf Scheitern programmieren. In den 1970er-Jahren hielten die Schweizer Uhrmacher an überholten Spielregeln fest und produzierten stur in höchster Qualität und mit viel Handarbeit wie gehabt ihre teuren, mechanischen Uhren und wurden von den agilen Japanern mit billigen, aber qualitätvollen Nachahmungen aus dem Weltmarkt gedrängt. Schweizer Firmen hatten 60 Jahre lang die Branche beherrscht, bis 1968 hielten sie über 65 Prozent Weltmarktanteil und erwirtschafteten über 80 Prozent der Gewinne in der Branche. Die Ironie der Geschichte will es, dass der Quartzantrieb und das elektronische Uhrwerk von Schweizer Wissenschaftlern entwickelt wurden. Doch als sie die bahnbrechende Neuerung 1967 auf einer Konferenz vorstellten, wurden sie rundweg abgeschmettert. Quartzuhren mochten aussehen wie Uhren, aber nur eine Uhr mit Hauptfeder und Unruh war eine richtige Uhr. Ein Quartzantrieb brach einem richtigen Schweizer Uhrmacher das Herz. Japanische Firmen wie Seiko wurden nicht von solchen Traditionen belastet, sie griffen die Idee sofort auf – und 50.000 der 62.000 Schweizer Uhrmacher verloren ihren Arbeitsplatz.

Das hebräische Wort für Sünde oder Missetat, *avera*, hängt etymologisch mit dem Wort für Vergangenheit, *avar*, zusammen. Nach dem Talmud ist noch die größte Errungenschaft der Vergangenheit nicht für die Zukunft geeignet: Selbstgefälligkeit hat noch nie zum Erfolg geführt. Rabbi Saadia Gaon, vor über 1000 Jahren ein großer Torah-Gelehrter und Gemeindeleiter in Babylon, fand, wir sollten das Gestern „bereuen", und wenn es noch so gut war, denn das Gestern ist im Vergleich zum Heute und Morgen beschränkt.[81] Man darf nie mit dem zufrieden sein, was man gestern tat, denn seit gestern hat man dazugelernt – und morgen wird man noch mehr dazugelernt haben. Zum Lichterfest, an Chanukka, wird täglich eine Kerze mehr angezündet, am ersten eine, am zweiten zwei, am dritten drei und so weiter bis zum achten Tag. Und das illustriert dieses Prinzip: Tag für Tag soll man mehr Licht in die Welt bringen. Senegals Ex-Präsident Abdou Diouf wusste das. 1987 bekam er den Africa Prize for Leadership for the Sustainable End of Hunger und stellte die elegante vergoldete Skulptur des japanischen Künstlers Igarashi auf seinen Schreibtisch als Mahnung: „Egal, was ich gestern geleistet habe, ich muss mir den Preis täglich neu verdienen."[82] Jeden Tag müsse er sein Bestes geben. Denn das Bild vom gemachten Mann trügt.

Loslassen lernen

Mitunter können die Mittel, die Ihnen zum Erfolg verholfen haben, zum Hindernis werden. Am 6. Juli 1994 kam es in South Canyon, Colorado, zur Katastrophe. Nach dem Untersuchungsbericht wanderte das Feuer

> *entlang der steilen Böschung in den dichten, extrem trockenen Gambel Oak. Binnen Sekunden raste eine Feuerwalze auf die Feuerwehrmänner weiter oben zu, die den Waldbrand von Westen her bekämpften. Zwölf Männer fielen den Flammen zum Opfer. Zwei Angehörige der Helitack-Crew starben ebenfalls bei dem Versuch, der Feuerwalze im Nordwesten zu entkommen.*[83]

Die 14 Männer sind – das ist das Schlimmste an der Sache – ganz umsonst gestorben. Sie hätten wegrennen können, nur hätten sie die schwere Ausrüstung wegwerfen müssen. Warum haben sie das nicht getan? Einer der Überlebenden gab Folgendes zu Protokoll: „Nach knapp 300 Metern hügelaufwärts merkte ich, dass ich die Säge noch auf der Schulter trug. Irrationalerweise sah ich mich nach einer Stelle um, wo sie nicht verbrennen würde … Ich konnte es selbst nicht fassen, dass ich meine Säge im Stich ließ."[84] Über Jahre waren die Feuerwehrmänner darauf gedrillt worden, ihre Werkzeuge ja nicht liegen zu lassen und um jeden Preis mitzunehmen. Es war ihnen so in Fleisch und Blut übergegangen, dass 14 Männer bei einer Entscheidung auf Leben und Tod sich reflexartig für das Werkzeug entschieden und selbst zugrunde gingen.

Führungskräfte sind gegen diesen Instinkt nicht gefeit. Sie werfen ihre Werkzeuge – Methoden, Überzeugungen, Regeln –, die sie so erfolgreich durch ihre Karriere getragen haben, nicht über Bord, selbst wenn damit weitere Fortschritte ausgeschlossen sind und viele Möglichkeiten nicht genutzt werden können. Bestimmte Dinge sind so sehr zur Gewohnheit geworden, so eingewurzelt und automatisiert, dass es schwerfällt, sie aufzugeben. Wenige müssen das mit dem Leben bezahlen wie die Feuerwehrmänner am South Canyon, aber es behindert die Fähigkeit, Neues aufzubauen. Führung übernehmen heißt Situationen erkennen, in denen die alten Rezepte nicht mehr funktionieren. Albert Einstein wird das Bonmot zugeschrieben, wir könnten ein Problem nie auf der Ebene lösen, auf der es entstanden ist.[85] Wer überholte Mittel und Regeln nicht aufgeben kann, kann nicht führen. Die Torah gibt uns einen Wink – „Ziehe deine Schuhe von deinen Füßen", hört Moses aus dem brennenden Dornbusch, „denn die Stelle, auf welcher du stehst, ist heiliges Erdreich." Moses rückte kurz vor diesem ersten Zwiegespräch mit Gott von alten Ansichten ab: „Ich muss doch hingehen und sehen die außerordentliche Erscheinung."[86] Und als sich David auf den Kampf mit Goliath vorbereitete, gab ihm König Saul eine Rüstung.[87] Aber David wusste, dass sie ihn nur behindern würde. Deswegen legte er sie ab, bevor er in den Kampf zog.

Intel musste diesem Beispiel folgen, als japanische Unternehmen in den Chip-Markt drängten und Intel sich in einem bedrohlichen Abwärtstrend befand. President Andy Grove saß mit Gordon Moore zusammen, der den Laden mitgegründet hatte und damals als Chairman fungierte. „Wenn uns das Board den Stuhl vor die Tür setzt", fragte Grove, „und einen neuen CEO bestellt, was würde der tun?"

„Keine Chips mehr produzieren", antwortete Moore.

Grove dachte nach und meinte dann: „Dann lass uns doch kurz vor die Tür gehen, wieder reinkommen und es selber machen."

Das war leichter gesagt als getan. Intel war Mikrochip, Grove konnte sich Intel ohne Mikrochips schlichtweg nicht vorstellen.

> *Ich besprach mit einigen Kollegen die Option, aus dem Chip-Business auszusteigen, und konnte es kaum aussprechen, ohne mich zu verhaspeln. Es war einfach zu schwierig, Intel war für uns alle ein Synonym für Speicherbausteine. Hätten wir unsere Identität preisgeben sollen?*[88]

Um die Geschichte kurz zu machen: Die beiden haben es geschafft, Intel verabschiedete sich aus dem Speichergeschäft. Es fiel ihnen nicht leicht, es fiel keinem bei Intel leicht. Doch es war das Beste, was sie je gemacht haben. Intel entwickelte den Mikroprozessor als Alternative zum Mikrochip. Durch den 8086 und die Folgegeneration 8088 wurde die PC-Revolution erst möglich: Sie lieferten das Herzstück für den bahnbrechenden Rechner von IBM. Grove und Moore hatten den Mut, frühere Tätigkeiten aufzugeben, weil sie nicht mehr zu ihren Zielen passten. Intel hörte auf, Intel zu sein, um Intel zu werden.

Für eine neue Zukunft muss das Management Gegenwart und Vergangenheit trennen. Das gelingt zum Beispiel, indem man mit Unerledigtem aufräumt, insbesondere mit unerwünschten, wiederkehrenden Verhaltensmustern, die nur Energie fressen und von den eigentlichen Problemen ablenken.

Tool 2.1: Aufräumen

Mit diesem Tool können Sie die Vergangenheit dahin schicken, wo sie hingehört: in die Vergangenheit. Schreiben Sie alle unerledigten Dinge auf, die Sie an die Vergangenheit binden. Prüfstein ist: Wie stark belastet Sie ein Problem? Ertappen Sie sich immer wieder bei Gedanken daran, verbringen Sie mehr Zeit damit, dessen Nichtbehandlung zu rechtfertigen, als die Erledigung benötigen würde? Unterteilen Sie die unerledigten Probleme in folgende Kategorien:

Finanzen

(Schulden, Außenstände, Steuererklärung etc.)

Räumliche Umgebung

(Überquellender Kleiderschrank, abgerissener Jackenknopf, unaufgeräumte Schubladen, überfälliges Buch aus der Bibliothek; im Aktenschrank müssten alte Akten ausgemistet werden etc.)

Kommunikation

(Überfällige E-Mails; Sie haben sich nicht getraut, einem Kollegen etwas Unangenehmes zu sagen etc.)

Beziehungen

(Sie haben jemanden vor Jahren aus den Augen verloren und wollten ihn längst mal wieder aufsuchen, schaffen es aber nie; Sie sind jemandem immer noch wegen einer alten Geschichte böse; Sie haben Krach mit Kollegen, Freunden oder Familienangehörigen und die Luft ist immer noch dick etc.)

Gesundheit

(Sie schieben den Zahnarzttermin vor sich her; Sie wollten doch letztes Jahr schon zum Gesundheitscheck: Sie schummeln oft beim Zähneputzen; trotz besserer Vorsätze gehen Sie einfach nicht ins Fitnessstudio etc.)

Setzen Sie sich für jedes Problem eine Deadline. (Schon Duke Ellington soll gesagt haben: „Schätzchen, ohne Fristen würde ich überhaupt nichts machen.") Vielleicht bitten Sie einen Kollegen oder Freund, er soll Sie darauf ansprechen, vor allem wenn es um unangenehme Dinge geht. Schließen Sie noch diese Woche mindesten drei unerledigte Vorhaben ab.

Tipp
Statt Unerledigtes zu einem Riesenberg auflaufen zu lassen, sollten Sie einen halben Tag pro Woche dafür reservieren.

Sollte es sich bei den unerledigten Dingen eher um innere Angelegenheiten denn um Äußerlichkeiten handeln, können sie einem heftige Streiche spielen. Vor langer Zeit nahm der CEO an einem Workshop in Zürich teil. Der Moderator hatte dichtes, früh ergrautes Haar, ein herablassendes Lächeln und eine laute Stimme. Er eröffnete die Veranstaltung sehr forsch, was beim CEO sofort eine heftige Reaktion hervorrief: Nichts wie raus hier. Der Typ mit seiner Faschistenstimme ist ja ekelhaft.

Dann fiel ihm seine Großmutter väterlicherseits ein, bei der er einige Male die Sommerferien verbracht hatte. Jeden Morgen kam sie in das Gästezimmer gerannt, riss die Vorhänge und Fenster auf und rief aufreizend fröhlich: „Guten Morgen, Thomas! Es ist ein neuer Tag!" Und dann zwang sie den verschlafenen Achtjährigen zum Frühsport. Zum Frühstück gab es komische Sachen wie Sonnenblumenkörner, die ihn an Vogelfutter erinnerten. Als Erwachsener wusste der CEO, dass die Großmutter es nur gut gemeint hatte und mit ihren Ernährungsgewohnheiten ihrer Zeit weit voraus war, aber damals war es ein Albtraum gewesen.

Jahrzehnte später hörte er diesen Moderator – und die Erinnerungen waren wieder da. Urplötzlich war er wieder acht Jahre alt, instinktiv kam der Fluchtimpuls, um jeden Preis wollte er dem weißhaarigen Irren mit der durchdringenden Stimme entkommen. Und der brüllte just in diesem Moment der Erkenntnis: „Sie können mir nicht einmal richtig zuhören, ich erinnere Sie an Ihren Vater, einen Lehrer oder eine andere Person, die in Ihrem Leben eine Rolle spielte."

Der CEO spitzte die Ohren, seine Neugier war geweckt. Vielleicht konnte er von diesem Moderator doch etwas lernen, also blieb er. (Später freundete er sich mit dem Mann sogar an.) Es mag sich seltsam anhören, wenn der CEO einen Seminarleiter mit seiner Großmutter vergleicht. Aber wie oft schießen wir uns selbst ins Knie und verlieren wertvolle Chancen, weil uns alte Muster einholen, die uns daran hindern, eine neue Situation unvoreingenommen zu sehen? Hätte der CEO den Schatten seiner Kindheit nachgegeben, er hätte eine wertvolle Chance verpasst, seine Führungsqualitäten zu entwickeln.

Eine gemeinsame Vision aufbauen

Nachdem Sie die Vergangenheit aufgeräumt und an ihren Ort gerückt haben, können Sie sich endlich der Zukunft zuwenden. Die meisten Theoretiker sind sich einig, dass eine aufrüttelnde Vision zu den zentralen Merkmalen von Führern gehört. Aber es reicht nicht, ein Gedankenkonstrukt als Vision zu bezeichnen, eine Vision entsteht im Gespräch zwischen Menschen, es ist etwas Gemeinschaftliches. Ihre Vision kann noch so großartig sein: Wenn Sie sie nicht mit anderen teilen, wird sie sterben. Das hebräische Wort für Prophet, *nawi*, bedeutet wörtlich „Worte von den Lippen". Moses Maimonides hält in seinem Torah-Kommentar um 1175 gnadenlos präzise fest: Wenn ein Prophet seine Gesichte verschweigt, wird ihn Gott mit dem Tode bestrafen.[89]

Abraham Lincolns Vision eines Landes ohne Sklaverei wäre nie zum historischen Imperativ geworden, wenn nicht eine kritische Masse seiner Zeitgenossen die Vision nicht geteilt hätte. John F. Kennedys Vision von der bemannten Raumfahrt, der Landung auf dem Mond und der sicheren Rückkehr zur Erde wäre ein Traum geblieben, hätten ihn nicht genügend Menschen unterstützt. Jürgen Schrempps Vision vom globalen Daimler-

Chrysler-Konzern verkam im Gegensatz dazu zur „Hochzeit des Grauens", obwohl sie anfangs als „Hochzeit im Himmel" gepriesen wurde. Schrempp hat versäumt, die Visionen von Daimler („Nur das Beste") und von Chrysler („Whatever the Customer Wants", was der Kunde will) zu harmonisieren, und von allein passten sie nicht zusammen. Doch wie soll die gemeinsame Kreation von Visionen gelingen? Wie holen Sie sich die Zustimmung – und Unterstützung – von anderen für Ihre Vision?

Tool 2.2: Gemeinsame Visionen schaffen

Was können Sie tun, um eine ansprechende Zukunft zu schaffen, eine, die andere so begeistert, dass sie über sich (und ihre Vergangenheit) hinauswachsen? Im Folgenden einige Grundregeln.

Menschen um ihre Meinung bitten

Sagen Sie nicht – fragen Sie. Viel zu viele Führungskräfte stülpen ihre Vision den Betroffenen über, statt Fragen zu stellen. Eine Vision ist ganz einfach die Antwort auf die Frage: „Was willst du?" Wenn Sie das fragen, bekommen Sie vielleicht zunächst triviale Antworten („einen neuen Kopierer"), aber es wird nicht lange dauern und Sie haben den Überblick. Fragen Sie beispielsweise: „Wo möchten Sie in drei Jahren stehen? Und wo sehen Sie die Firma in drei Jahren? Was können Sie sich unter den gegenwärtigen Umständen nicht einmal vorstellen? Wenn Sie einen Zauberstab hätten, was würden Sie sich herbeizaubern?"

Ideen nicht zensieren

Beim Brainstorming wird kein Vorschlag verworfen, alle Ideen sind gleichwertig. Wenn die Vision Tritt gefasst hat, können Sie immer noch die Machbarkeit prüfen oder Ideen priorisieren. Doch das kommt später. Zunächst einmal darf spekuliert werden, kühne Vorschläge sind erwünscht und selbst scheinbar völlig abgehobene, unrealistische Einfälle.

Gespräche lenken

Wenn Sie das versäumen, versandet die Diskussion über die Zukunft schnell in reine Meinungsäußerungen oder das Wiederkäuen der Vergangenheit mit Beschwerden, Ausreden und Schuldzuweisungen.

Schriftlich festhalten

Visionen sind so flüchtig wie kondensierter Atem an kalten Wintertagen. Sie lösen sich unter dem Druck des Tagesgeschäfts und der ständigen Kämpfe einfach auf. Um Ihre Vision lebendig zu halten, können Sie beispielsweise einen Artikel für Ihre Lieblingszeitung schreiben (*Economist*, *Wall Street Journal* oder *New York Times* oder auch entsprechende Blätter im Sitzland Ihres Unternehmens), in dem Sie über sich und/oder Ihre Organisation berichten. Datieren Sie den Artikel fünf Jahre voraus, schreiben Sie in der dritten Person über sich. Was haben Sie erreicht? Welche Fortschritte erzielt? Was ist an Ihrem Ansatz einmalig, was zeichnet den Ansatz Ihrer Organisation aus? Wie stehen Kunden, Kollegen, Lieferanten, Endverbraucher oder Berühmtheiten dazu? Wie sieht ein ganz normaler Arbeitstag im Unternehmen aus? Toben Sie sich aus! Die Übung darf Spaß machen.

Gemeinsam in die Zukunft

Vermeiden Sie ein Fiasko wie bei DaimlerChrysler. Ihre Kollegen müssen mit Ihnen an einem Strang ziehen, Ihre Vision teilen und für sich selbst übernommen haben. Auch hier ist es das Beste, wenn Sie Fragen stellen: „Was wollt ihr? Wie sehr wollt ihr das? Ist einer oder eine hier im Raum nicht einverstanden? Irgendwelche Einwände?“

Gespräche institutionalisieren

Sie sollten Gelegenheiten schaffen, miteinander zu reden und an der Zukunft zu arbeiten. Beispielsweise könnten Sie wöchentliche oder monatliche Besprechungen oder Telefonkonferenzen ansetzen, in denen Sie und Ihre Kollegen wild drauflosspekulieren, ohne Verpflichtung, dass etwas

Vernünftiges dabei herauskommen muss. Jeden Freitag überlegen CEO und Kollegen: Was wäre, wenn …

Wenn Topmanager die Zügel locker lassen und anderen Mitsprache einräumen, werden die Menschen die Vision wie ihre eigene mittragen und mit wesentlich höherer Wahrscheinlichkeit auch gegen mögliche Widerstände ankämpfen, die sich deren Verwirklichung in den Weg stellen. Im Oktober 1990 – an Mahatma Gandhis Geburtstag – traf The Hunger Project mit der indischen Planning Commission zusammen, um von Regierungsvertretern bis zu Repräsentanten der Menschen in den Dörfern, von Journalisten bis zu Fachleuten alle Betroffenen an einen Tisch zu bekommen und eine Vision nebst Strategie gegen den Hunger zu entwickeln. Damals starben allein in Indien täglich rund 11.000 Menschen an den Folgen der Unterernährung. Das Hunger Project ist eine internationale Hilfsorganisation, die den Wirtschafts- und Sozialrat der UN (ECOSOC) sowie die von Kofi Annan ausgerufenen Milleniumsentwicklungsziele unterstützt und sich für das Ende der chronischen Unterernährung auf diesem Planeten einsetzt. Aber den Geschmack der Bevölkerung traf sie mit ihrem Slogan „End hunger in India“ (Beendet den Hunger in Indien) offenbar nicht. Und nach langen Beratungen legten die indischen Stakeholder ihre Version vor, die mit der Vision des Hunger Project durchaus zusammenpasste: „Die Schwelle übertreten, hinter der jeder Mann, jede Frau und jedes Kind befähigt ist, ein gesundes, produktives Leben in Harmonie mit der Natur zu führen.“ Die indische Kultur ist für ihre blumige Sprache bekannt, und so fiel die Variante des Planungsausschusses etwas wortreicher aus als die eher knackigen Mission Statements der westlichen Welt („Beat Xerox“, „Schlagt Xerox“, so der Leitspruch von Canon). Aber darauf kommt es nicht an, nur darauf, dass die Betroffenen die Ziele des Projekts zu 100 Prozent unterschreiben. Die Worte beflügelten alle Beteiligten, die Vision ließ sie aktiv werden. Eine der notwendigen Maßnahmen bestand darin, die Marginalisierung und Unterdrückung der Frauen zu beenden (die in Entwicklungsländern 80 Prozent der Nahrungsmittel herstellen, die Hauptlast für die Ernährung, Wasserversorgung, Erziehung und Ausbildung tragen und nicht selten von vier Uhr morgens bis tief in die Nacht schuften) und Frauen in Führungsrollen zu bestärken. Da nur Männer Land erben durften, setzten Hunger Project und der Planungsausschuss ein neues Gesetz durch, das Frauen Darlehen für unternehmerische Projekte ermöglichte, ohne sie mit Grund und Boden besichern zu müssen. Um die traditionelle Männerdomäne der Panchayats, der Fünferräte in den Dörfern, aufzubrechen, setzten sie außerdem durch, dass diese zu einem Drittel mit Frauen besetzt werden mussten. Das führte zu einem Erdrutsch: 1994 wurden in dem vermutlich größten Führungsexperiment unserer Zeit rund 330.000 Frauen in die Räte gewählt. Bald schon stieg ihre Zahl auf über eine Million.[90]

Die gemeinsame Suche nach Visionen funktioniert auch in der Wirtschaft. Nokia wurde für seinen „Nokia Way" bekannt: Jedes Jahr schicken alle Nokia-Niederlassungen ihre Vision und Strategieempfehlungen nach Helsinki und in der Zentrale werden sie zu einer Gesamtvision und -strategie zusammengeführt. Weil die Beschäftigten Anteil an der strategischen Ausrichtung ihres Arbeitgebers haben („persönliche Kommunikationstechnologie schaffen, mit denen Menschen ihre eigene mobile Welt formen können") und weil sie sich als Teil des Strategieteams fühlen, jagen sie schier unerreichbaren Zielen nach. Ende 1994 setzten sich die Führungskräfte bei Nokia selbst das Ziel, 400.000 Telefone zu verkaufen. Die Stimmung war so aufgedreht und das wirtschaftliche Umfeld so günstig, dass die Nokia-Vertreter am Ende 20 Millionen Telefone absetzten.

Heute die Zukunft sein

Der Völkerbund aus sechs Irokesenstämmen in Nordamerika berücksichtigt bei jeder Maßnahme die Konsequenzen für die nächsten sieben Generationen; das japanische Unternehmen Matsushita hat angeblich einen 250-Jahres-Plan.[91] Doch Führung ist mehr als ein Blick in die Zukunft, sie fordert unsere ganze Person. „Sei du selbst die Veränderung, die du dir wünschst für diese Welt", hat Gandhi gesagt.[92] Können Sie heute so leben, als sei die Zukunft schon da?

Im Judentum verkörpert der Hahn die Fähigkeit, in der Zukunft zu leben, denn er weckt uns noch in der Nacht. In diesem Sinn ist der Hahn das Symbol des Führens: Er sieht Licht, wo die anderen nur Dunkelheit erblicken. Er ist nicht Opfer der Umstände. (Das hebräische Wort für Hahn, *gever*, bedeutet gleichzeitig „Mann".)

Tipp

Sind Sie bereit, ein Hahn zu sein? Heute die Zukunft zu leben und die Befriedigung Ihrer Wünsche aufzuschieben? Sind Sie bereit, eine Weile auf Ergebnisse zu verzichten, während Sie im Unternehmen grundlegende Dinge verändern oder ein neues, noch nicht erprobtes Produkt auf den Markt bringen?

Der Talmud fragt: „Wer ist weise?", und gibt folgende Antwort: „Einer, der spürt, was noch zu gebären ist."[93] Weise ist nur, wer potenzielle Entwicklungen im Existierenden sieht. Der in Spanien geborene Philosoph George Santyana sagte: „Dinge spirituell lieben, also intelligent und interesselos, heißt die Liebe in ihnen lieben, dem Guten zu huldigen, dem sie folgen, und sie prophetisch in ihrer möglichen Schönheit zu sehen. Die Dinge zu lieben wie sie sind, hieße, sich über die Dinge lustig zu machen: Ein wahrer Liebhaber muss sie so lieben, wie sie eigentlich sein wollen."[94]

In der Zukunft zu stehen, obwohl diese Zukunft noch nicht angekommen ist, verlangt also nach einer weiteren Führungsqualifikation: Belohnungen aufschieben. Der Hahn kräht, als würde es bereits dämmern, doch erst im Tageslicht wird er dafür belohnt. Als Moses sein Volk aus Ägypten führte, dachten viele, das Gelobte Land sei gleich um die Ecke. Moses war aber alles andere als naiv. Er wusste, dass eine lange Wanderung zahlreiche Opfer fordern würde, bevor die Menschen ihr Ziel erreichten. Mitunter mussten sie im Einklang mit ihrer Vision handeln, bevor sie sich geeinigt hatten. Eingeklemmt zwischen Rotem Meer und der rasch heranrückenden ägyptischen Armee erkannte Moses, dass die einzige Rettung der Gang ins Wasser war. Er gab den Befehl, sie waren schockiert; keiner folgte der Aufforderung. Wie bitte – ins Meer? Es war das Absurdeste, was sie je gehört hatten. Als Moses ihnen das Gelobte Land versprochen hatte und sie bat, Ägypten zu verlassen, da waren sie ihm gefolgt und hatten ihm vertraut. Doch genug ist genug – er musste ja wohl den Verstand verloren haben! Alle zögerten, zu Tode verängstigt. Dann wagte sich einer vor, Naschon ben Aminadaw, Prinz von Judäa, und watete hinein. Die Beine verschwanden im Wasser, der Rumpf, schließlich die Schultern. Die Juden drängten sich am Strand und stöhnten kollektiv auf. Das Wasser reichte ihm bis zur Nasenspitze – und da teilte sich das Meer: Der „Ewige trieb das Meer zurück durch einen heftigen Ostwind die ganze Nacht, machte aus dem Meere festen Boden und das Wasser wurde zerteilt."[95] Naschon musste in der Zukunft stehen, in der Vision, ohne sichtbaren Hinweis, dass es funktionieren könnte. Es war der sprichwörtliche Drahtseilakt: Den Blick immer an den Horizont geheftet, wehe man schaut auf die eigenen Füße. Verliert man das Ziel aus den Augen und sieht die gähnende Leere unter sich, stürzt man in den Tod.

Als Gefangener des südafrikanischen Apartheid-Regimes wusste Nelson Mandela nicht, ob er in Vergessenheit geraten würde. 27 Jahre lang musste er nicht nur für den Mut, zu seinen Überzeugungen zu stehen, büßen, sondern unendlich viel Disziplin beweisen. Er brauchte eine ungewöhnlich große Fähigkeit, Belohnungen aufzuschieben, bis er schließlich triumphal die Bühne der Welt betrat. Winston Churchill stand 1932 bis 1940 allein auf weiter Flur; ausgeschlossen von der britischen Regierung musste er zusehen, wie die Kabinettsmitglieder auf Hitlers Betrug hereinfielen. 1940 schien der Krieg verloren, die Deutschen bereiteten die Erstürmung von Englands Küsten vor und Churchill wurde in einem Alter, in dem man normalerweise in Rente geht, Premierminister.

Martin Luther King hatte nicht so viel Glück. Wie Moses sollte er das Gelobte Land nicht mehr selbst betreten. In der letzten Rede seines Lebens sagte er:

Ich weiß nicht, wie es weitergeht. Es wird eine schwierige Zeit werden, aber das ist mir jetzt nicht mehr wichtig. Ich war auf dem Gipfel und es kümmert mich nicht. Ich würde gern lang leben wie jeder Mensch, ein langes Leben hat seinen Reiz. Aber darum kümmere ich mich derzeit nicht. Ich will Gottes Willen erfüllen, er hat mich auf den Berg geführt, ich habe vom Gipfel in die Ferne geschaut und das Gelobte Land gesehen. Ich erreiche es vielleicht nicht mit euch, aber ihr sollt wissen, dass unser Volk das Gelobte Land erreichen wird. Deswegen bin ich heute glücklich und mache mir keinerlei Sorgen! Ich fürchte mich vor keinem Menschen. Mein Auge sah die Ankunft des Herrn in ihrer Glorie![96]

Am nächsten Tag war er tot.

Die Bereitschaft, kurzfristig Lasten zu tragen und im Extremfall persönliche Opfer für eine ungewisse Zukunft zu bringen, zeichnet große Führer aus. Und nicht nur sie. Vor einem halben Jahrhundert hat Walter Mischel mit inzwischen klassischen Experimenten die Bedeutung der Fähigkeit, Belohnungen aufzuschieben, gezeigt. Im Kindergarten der Stanford University legte der Psychologe Vierjährigen ein Marshmallow und eine Klingel hin und sagte, sie könnten klingeln, dann käme er gleich zurück und sie dürften das Marshmallow essen. Aber wenn sie nicht klingelten, sondern warteten, bis er von selbst zurückkam, bekämen sie zwei Marshmallows. Kinder, die nicht genug Disziplin hatten, um zu warten, hatten später Schwierigkeiten in der Schule, schwänzten häufiger, wurden öfter ungewollt schwanger, anfälliger gegen Drogen, Spielsucht und Kriminalität. Wer warten konnte und das Marshmallow in der Hoffnung auf die versprochene Belohnung nicht anrührte, hatte bessere Prüfungsergebnisse, wurde an den renommierteren Colleges angenommen und war als Erwachsener zufriedener.[97]

Tipp

Der CEO rät seinen Klienten oft zu einer „Skulptur" ihrer Zukunft: Sie sollen sieben zentrale Zielsetzungen gegenüber dem eigenen Leben modellieren. (Warum sieben? Fragen Sie nicht ... Es funktioniert jedenfalls. Die Zahl sieben ist offenbar groß genug, um alle Aspekte des Lebens unterzubringen.) Welches Versprechen, das Sie sich selbst gegeben haben, würde, wenn Sie es denn nicht erfüllten, eine Lücke in Ihr Leben reißen?

Ein Klient, Präsident eines Ölmultis, notierte sich folgende Pflichten: „Menschen den Raum bieten, in dem sie sich verwirklichen können. Mein Wissen ständig erweitern, spirituelle Erfüllung finden. Meine Familie glücklich machen. Zu meinem Wort stehen – keine falschen Versprechen. Die ganze Bandbreite der Sprache nutzen können." Eine weitere Pflicht war besonders verblüffend: „Ich will die Leute zum Lachen bringen." Der CEO war ziemlich perplex. War das derselbe Mann, vor dem die ganze Belegschaft zitterte? Der Untergebene in sein Büro zitierte, das die meisten vorher noch nie von innen gesehen hatten, nur um sie zur Schnecke zu machen? Dessen Auftritte in Konferenzen langweilige Pflichtübungen ohne jedes Charisma waren? „Tja", sagte sein Klient. „Ich wollte lange Entertainer werden und die Funken sprühen lassen." Zusammen mit einem Freund träumte er sogar davon, nach der Pensionierung ein Lokal mit Kleinkunstbühne zu eröffnen und dort aus dem Nähkästchen zu plaudern. Der CEO fand, warum auch nicht, der Klient sollte es auf einen Versuch ankommen lassen, und fragte: „Warum wollen Sie damit bis zur Rente warten? Warum tun Sie es nicht jetzt?" Drei Monate später wurde er zur Weihnachtsfeier eingeladen und sah den President *on stage* – die Show war wirklich umwerfend, der Saal brüllte vor Lachen. Beim Dinner kamen einige zum Tisch des CEO und flüsterten: „Was haben Sie mit unserem Chef angestellt? Der ist wie ausgewechselt. Ständig reißt er Witze, es macht richtig Spaß, für ihn zu arbeiten. Wir freuen uns neuerdings sogar auf die Besprechungen!"

Das große Ganze

Und die wohl wichtigste Fähigkeit von Führenden ist, die Vision auch im Alltagstrott am Leben zu erhalten. Was macht man, wenn einem die Luft ausgeht, wenn man keinen Drive mehr hat, wenn die Vision ihren Reiz verliert? Was tat Moses, als er merkte, dass der Weg ins Gelobte Land lange dauern würde? 40 Jahre! Das hatte er beim Aufbruch nicht gewusst und sein Volk war irgendwann entmutigt und wollte aufgeben. Wenn Sie das große Bild zurückbringen können, sobald es über den Jordan zu gehen droht, wird Sie keiner aufhalten können. Eine Vision polieren Sie in fünf Schritten auf.

Tool 2.3: In fünf Schritten Visionen erneuern

Erster Schritt

Bringen Sie den Mann oder die Frau zum Reden und hören Sie genau zu. Wenn Sie wissen, wie umfassend die Vergangenheit die Oberhand gewonnen hat, öffnen Sie die Kommunikationskanäle und bitten Betroffene, den Punkt zu beschreiben, an dem sie gerade stehen. (Mitunter hilft es, Erkundigungen über die Person und deren Situation bei Kollegen oder guten Bekannten einzuholen.) Versuchen Sie es nicht mit Überredung.

Zweiter Schritt

Fragen Sie den oder die Betreffende, wann er oder sie aufgegeben hat. Ermitteln Sie genau den Punkt, an dem die Vision „unmöglich" wurde: Wie kam es zu der Blockade? Vielleicht wurde ein Meilenstein unterwegs verpasst oder ein wichtiger Ansprechpartner hat das gesamte Projekt falsch angepackt oder das Problem entstand außerhalb der Arbeit. In jedem Fall müssen Sie sich Klarheit verschaffen, wann und warum der Faden gerissen ist, nicht nur, um ihn an der Stelle wieder anknüpfen zu können, sondern auch, um die Interpretation der Betroffenen zu erfahren.

Dritter Schritt

Unterscheiden Sie den tatsächlichen Hergang von der Interpretation der Ereignisse. Welche Entscheidungen haben die Betroffenen gefällt, welche Schlüsse gezogen? Sorgen Sie dafür, dass auch die Betroffenen selbst zwischen den Tatsachen und der Wahrnehmung der Tatsachen unterscheiden. 1987 coachte der CEO Teams in 27 Ländern strategisch, wie sie ihre Finanzziele erreichten. Er rief unter anderem den Leiter des finnischen Teams an und fragte, wie es so läuft. Am anderen Ende der Leitung erst mal längeres Schweigen (nicht ganz untypisch für Finnen); der CEO dachte schon, die Verbindung sei zusammengebrochen, und fragte: „Hallo?" Dann hörte er eine dunkle, halb erstickte Stimme: „Ich bringe mich wahrscheinlich um." Blitzartig erkannte der CEO, dass das bitter ernst gemeint war: Sein Kollege wäre wirklich lieber gestorben, als mit der Schmach zu leben, sein Ziel verfehlt und sein Versprechen gebrochen zu haben. Der CEO musste die Dinge wieder zurechtrücken – die Tatsache (Finanzziel verfehlt) hatte mit der Interpretation (Verlierer haben kein Lebensrecht) nichts zu tun.

Vierter Schritt

Erinnern Sie sich an die ursprüngliche Vision. Warum hatten die Beteiligten ihr damals zugestimmt? Wenn sie jetzt aufgeben, was würde dann in ihrem Leben, in der Organisation oder in der Welt fehlen? Die Betreffenden müssen vielleicht von ihrem aktuellen Projekt oder Ziel abrücken, Tabula rasa machen und die Vision von vorn aufbauen.

Fünfter Schritt

Laden Sie die Betreffenden ein, ihre Vision zu erneuern. Vielleicht müssen Sie dafür eine Art Mauer sein, den Rückweg versperren, die Alternative des Aufgebens unmöglich machen. In vieler Hinsicht ist es Aufgabe der Führung, die Mitglieder des Teams an in Vergessenheit geratene Pflichten zu erinnern.

Wichtig für die Zukunft einer Organisation ist, dass Sie Ihre Wahl treffen und nicht Geld in unrealistischen Wunschträumen versenken (und seien sie noch so reizvoll). Michael Dell hatte nie vor, neue Dinge zu erfinden, er wollte nur vorhandene Dinge so gut machen wie keiner vor ihm. Er begann im Studentenwohnheim mit dem Verkauf von PCs. Durch seine Vision, den Endverbraucher direkt zu bedienen und den Zwischenhandel auszuschalten, wuchs aus den bescheidenen Anfängen ein Gigant mit 60 Milliarden Dollar Umsatz. Die klare Geisteshaltung sparte Dell viel Geld: Für Forschung und Entwicklung gibt er beispielsweise viel weniger aus als die Konkurrenz. Doch der verblüffende Erfolg ist nicht nur dem klaren Fokus geschuldet. Wichtiger noch könnte der Faktor sein, der im dritten Kapitel thematisiert wird: offene Kommunikation als Merkmal der Unternehmenskultur. Die stellt sich nicht von selbst ein, um es vorsichtig zu formulieren.

Unterm Strich

- Ohne Vision sind ganze Völker zum Untergang verdammt,[98] denn ohne Zukunft versinken Sie und die Menschen um Sie herum im Chaos.
- Schlüsselqualität von Führenden ist die Fähigkeit, die Zukunft früher als andere zu sehen. Doch den meisten Managern fehlen die Zeit und die Mittel dazu, sie werden vom Tagesgeschäft aufgefressen und reiben sich mit aktuellen Problemen auf, deren Wurzeln samt und sonders in der Vergangenheit liegen.
- Eine Vision ist kein Traum und auch keine Vorhersage. Sie ist eine Aussage zu einer wünschenswerten, möglichen, erreichbaren, messbaren und andere einbeziehenden Zukunft.
- Das Gegenteil von Vision ist Resignation. Wir finden uns privat wie beruflich wie gesellschaftlich allzu oft mit dem Status quo ab. Um die Bühne für die Zukunft zu bereiten, müssen Sie zunächst die Vergangenheit dorthin packen, wo sie hingehört: in die Vergangenheit. Das erreichen Sie, indem Sie unerledigte Dinge erledigen (bei Finanzen, in

Ihren Räumen, bei der Kommunikation, den Beziehungen und hinsichtlich der Gesundheit).

- Sie können für sich und andere eine Vision aufbauen, indem Sie unzensierte Gespräche anregen und sieben zentrale Versprechen modellieren oder einen Zeitungsartikel über sich in fünf Jahren schreiben.
- Führungskräfte müssen Menschen zurück zu ihrer Vision zu bringen, wenn diese im Alltagstrott auf der Strecke geblieben ist. Das gelingt, wenn Sie den Moment aufspüren, in dem die Vision zerstört wurde. Wieso kamen die Betreffenden zu dem Schluss, es sei die Mühe nicht wert, das Ziel unerreichbar? Trennen Sie das Geschehene von der Interpretation des Geschehens, helfen Sie auch den Betreffenden dabei. Suchen Sie erneut die ursprüngliche Vision auf und sehen Sie zu, dass die Beteiligten ihr Engagement erneuern.
- Bauen Sie visionäre Praktiken in den Alltag ein, etwa indem Sie eine wöchentliche Gesprächsrunde ansetzen, in der wild spekuliert werden darf nach dem Motto: Was wäre, wenn…?
- Am besten führt, wer die Zukunft in der Gegenwart lebt. Solche Menschen verkörpern den Wandel, den sie sich für ihre Welt wünschen.

Drittes Kapitel

Das dritte Gebot: Nicht vergeblich reden, sondern durch Sprache führen

... denn Gott ist im Himmel und du auf Erden;
darum lass deiner Worte wenig sein.

Prediger 5,1

Es ist so leicht, weise zu sein. Man muss nur etwas Dummes denken und es nicht sagen.

Sam Levenson

Das dritte Gebot: „Du sollst den Namen des Ewigen, deines Gottes, nicht vergeblich aussprechen, denn der Ewige wird nicht ungestraft lassen, denjenigen, welcher seinen Namen vergeblich aussprechen wird." Wir neigen zu einem sorglosen Umgang mit Worten, wir nörgeln oder befleißigen uns übler Nachrede, wollen uns herausreden oder andere anschwärzen. Doch Worte sind Schwüre, Versprechen, die Wirklichkeit werden. Worte sind Ziegelsteine, mit denen wir etwas aufbauen können, oder Waffen, die zerstören. Und das gilt insbesondere für Menschen in Führungspositionen. Kommunikation ist das Wasser, in dem sie schwimmen. Manager werden nicht so sehr für ihre fachlichen Fähigkeiten, ihren Finanzverstand oder ihr strategisches Denken bezahlt als vielmehr für effektive Kommunikation: Sie lässt eine Vision Wirklichkeit werden oder führt ins Fiasko. Dieses Kapitel zeigt Ihnen, wie Worte Gewicht bekommen: Worte, die Sie hören, ebenso wie Worte, die Sie im Sinn der Zukunft aussprechen, die Sie anstreben. Je besser Sie zuhören können, desto besser können Sie Gespräche lenken.

Ausgeprägte Kommunikationsfähigkeiten sind für die Menschenführung zentral, das versteht sich im Judentum von selbst. Im Hebräischen sind beide Bereiche schon verbal eng miteinander verflochten: Führer, *daber*, bedeutet wörtlich „Sprecher". Von Abraham bis Moses geschah effektive Führung im Kern durch übermenschliche Kommunikation, sie alle waren Sprachrohr für andere. Das vierte Buch der Torah heißt auf Hebräisch *bamidbar* (in der Wüste). Die Wortwurzel von Wüste (*midbar*) ist *daber* und *medaber* bedeutet „sprechen". Auf ihrer Wanderung durch die Wüste wurden die Israeliten ständig von Kommunikationsproblemen geplagt – Streitereien, offene Rebellion, Schuldzuweisungen, Klagen, Verleumdungen und Gerüchte.[99] Wie konnten Moses und seine Geschwister Aaron und Miriam ihre Gefolgschaft überreden, die endlosen Prüfungen und Leiden auszuhalten?

Für Moses war es schon hart genug, Reichtum und Macht aufzugeben, sich gegen einen unnachgiebigen Pharao aufzulehnen und die Israeliten aus Ägypten zu führen. Doch das Schwerste stand ihm noch bevor. Die Juden, „ungefähr sechs mal hundert tausend Mann zu Fuß, ohne die Kinder", zogen fast vierzig Jahre durch die Wüste, mitten in der Ödnis, in großer Ungewissheit. Sie verdursteten fast, verloren beinah ihren Glauben und begehrten auf. „Zu Mosche aber sprachen sie: Ist es aus Mangel der Gräber, dass etwa keine in Mizrajim sind, darum du uns mitgenommen, in der Wüste zu sterben? Warum hast du uns das getan, uns aus Mizrajim herauszuführen?" Sie schimpften über die Idee, ins Unbekannte aufzubrechen: „Ist es nicht eben dieses, das wir dir in Mizrajim gesagt haben? Nämlich: Lass von uns ab, wir wollen den Mizrajim dienen; denn es ist besser für uns, den Mizrajim zu dienen, als dass wir in der Wüste umkommen."[100]

Im Gegensatz zu Moses war Michael Dell nicht mit offener Rebellion konfrontiert. Doch eine interne Umfrage ergab 2001, dass ihn die Belegschaft nicht als großen Führer sah, er war ihnen zu unpersönlich und abgehoben. Was dann geschah, erklärt hinreichend, warum Dell eines der am besten geführten Technologieunternehmen ist. Der Chairman traf in der Woche, nachdem er die Umfrageergebnisse erfahren hatte, seine

20 Topmanager und überraschte sie mit offener Selbstkritik: Er sei extrem schüchtern und wirke daher manchmal kalt und unnahbar. Zwei Tage danach konnte jede Führungskraft von Dell diese Rede auf Video sehen beziehungsweise hören. Damit nicht genug, institutionalisierte Dell eine jährliche Beurteilung, bei der die Mitarbeiter offen ihre Meinung sagen, alles infrage stellen und ihre Vorgesetzten herausfordern sollen, auch Michael Dell persönlich. Er verlangte von sich wie von seinen Managern, sich in regelmäßigen Abständen dem Feedback ihrer Untergebenen auszusetzen.

Dell wusste: Kommunikation ist der Motor, der Lernprozesse, Innovation und Beweglichkeit im Unternehmen antreibt. (Er pflegte Digital Equipment Corporation als Negativbeispiel zu zitieren: Ken Olsen war am Aufbau einer lernenden Organisation gescheitert, hatte sich in einer genau festgelegten Strategie verrannt und wurde vom Markt abgestraft.) Dell wusste: Kommunikation ist kein Punkt für eine Checkliste, sie muss täglich geübt werden. Um sich vor möglichen Rückfällen in seine wenig kommunikativen Verhaltensmuster zu schützen, stand auf seinem Schreibtisch ein kleiner Spielzeug-Bulldozer: Ich soll andere nicht mit meinen Ideen überfahren, sondern sie einbinden.

Leider sind die meisten Führungskräfte der meisten Unternehmen weit von Dells kommunikativen Fähigkeiten entfernt. (Für Dell vielleicht ein Glück, wenn man davon ausgeht, dass der Unterschied zwischen einem guten und einem großartigen Unternehmen eben in den Kommunikationsfähigkeiten liegt.) Viele Führungskräfte verstoßen laufend gegen das dritte Gebot: „Du sollst den Namen des Ewigen, deines Gottes, nicht vergeblich aussprechen." Wie viele Stunden haben sowohl der CEO als auch der Rabbi in Meetings gesessen, bei denen Menschen Stunden mit belanglosem Gerede vergeudet haben, das zu nichts führte!

Menschen sind sprachlich nicht sonderlich erfinderisch, jedenfalls in den meisten Organisationen. 2006 ergab eine Umfrage unter Büroangestellten, dass der Managementjargon der Vorgesetzten die Arbeitsmoral der Belegschaft drückt. Besonders deprimierten sie Sprüche wie „seine Schäfchen ins Trockene bringen" oder „um die Ecke denken". „Vogelperspektive“ oder „aufgepasst“ kamen nicht viel besser an.[101] Viele Business-Phrasen stammen aus der Militärsprache (Strategie, Kampagne, Front usw.) oder aus dem Sport (Scorecard, den Ball weitergeben usw.). Doch mit Worthülsen dient unsere Sprache am Ende nur dem Ziel, Lügen wahrhaftig, Mord ehrenhaft und heiße Luft grundsolide erscheinen zu lassen – so ähnlich hat es schon George Orwell in *Politik und Sprache* formuliert.[102]

Tipp
Statt Phrasen zu dreschen, sollten Sie lieber die Dinge so ausdrücken, wie es Ihnen selbst entspricht. Kleiden Sie eigene Gedanken in eigene Worte.

Wie oft verwenden wir gedankenlos Ausdrücke, die vielleicht vor 500 Jahren zutreffend gewesen sein mögen. Im 16. Jahrhundert, als die Pest wütete und Söldnerheere durch Europa zogen, war es durchaus gerechtfertigt, wenn jemand sagte: „Das bringt mich um, das ist ein Kampf, dafür muss ich bluten.“ Früher war der Tod alltäglich. Aber heute – in unserer sogenannten entwickelten Welt mit ihren Klimaanlagen – ist es eine Übertreibung und ein Missbrauch der Sprache, wenn wir sagen: „Die Hitze bringt mich um.“ (Mit Ausnahmen: So sind in Frankreich während der Hitzewelle 2003 über 14.000 meist ältere Menschen tatsächlich wegen der hohen Temperaturen gestorben, aber Sie merken sicher trotzdem, worauf wir hinauswollen.) Nichts gegen militärische oder sportliche Analogien und alte Versatzstücke in der Sprache, aber wir sollten wissen, was wir reden, denn Sprache ist der Quell der Wirklichkeit. Sie sollten authentisch, nicht mechanisch sprechen, Sie sollten niemals den Autopiloten einschalten, wenn es um Kommunikation geht. Nur was Sie mit eigenen Worten wiedergeben können, haben Sie wirklich verstanden.

Selbst sonst sehr effektive Führungskräfte werden auf diesem Gebiet von ihrer Schwächen massiv ausgebremst. Gutes Beispiel ist Bill Gates, dessen kämpferischer Ton seine Mitarbeiter zu Innovationen für Micro-

soft anregte, jedoch denkbar schlecht für Verhandlungen jenseits der Unternehmensgrenzen geeignet war. (Der CEO erläutert in seinem Buch *Communicate or Die* „rhetorische Todsünden" an dessen Beispiel.[103])
Gates ist unbestritten einer der größten Unternehmenslenker und Strategen, kaum jemand hat mehr als er zu der allgemeinen Verbreitung der Rechner Ende des 20. Jahrhunderts beigetragen. Er gehört (dank seiner Frau Melinda) zu den größten privaten Wohltätern des 21. Jahrhunderts. Doch im Rechtsstreit zwischen dem amerikanischen Justizministerium und Microsoft hat er es wieder getan: Gates missbrauchte die Sprache und leistete sich Patzer, die seinem Unternehmen unnötige Rückschläge einbrockten.

Gates' Ausrutscher ergeben ein über weite Strecken amüsantes Lehrbuch, wie man es nicht machen soll.[104] 1997 schlossen die Erzrivalen Microsoft und Apple einen Vertrag, der die Branche erschütterte: Apple ersetzte den voreingestellten Mac-Browser Netscape Navigator durch den Internet-Explorer von Microsoft. Staatsanwälte hatten allen Grund zu der Annahme, dass die schlagzeilenträchtige Vereinbarung der Drohung von Microsoft zu verdanken war, die Office-Programme nicht für den Konkurrenten freizugeben.

Im August 1998 trafen sich Gates und David Boies in einem fensterlosen Besprechungszimmer im Microsoft Building 8 in Redmond. Boies, den man mit gutem Grund als einen der besten Staatsanwälte seiner Generation bezeichnen kann, hatte nach eigener Aussage „den Bill Gates erwartet, den er im Frühjahr getroffen hatte"[105] – ein kluger, tougher, sehr bestimmter und leidenschaftlicher Vertreter seiner Sicht der Dinge. Aber der sei zur Abgabe seiner beeideten Aussage nicht erschienen, grinste Boies, vielmehr ein streitsüchtiger, gereizter und sich in dunklen Andeutungen ergehender Gates. Angeblich konnte er sich an die vielen E-Mails, die er selbst geschrieben hatte, nicht erinnern und kannte zentrale Strategien seines Unternehmens nicht – Strategien, die er höchstpersönlich zu verantworten hatte. Fünf Minuten lang redete er darum herum, dass einer seiner Manager sich von Java „angepisst" fühlte, nicht gerade ein netter Ausdruck, wie Boies formulierte. Gefragt, wer an den Besprechungen des

Führungsstabes teilnehme, antwortete Gates: „Vermutlich Mitglieder des Führungsstabs."

Das ging über drei Tage so. Am dritten Tag kam es zu einem unbezahlbaren Wortwechsel. Boies überreichte Gates eine E-Mail und wies beiläufig darauf hin, Gates habe die Mail mit „Priorität hoch" markiert. „Nein", widersprach Gates.

„Nein?"

„Nein, das war ich nicht."

Wer dann?

„Ein Computer."

„Ein Computer. Warum hat der Computer die Priorität als hoch markiert?"

„Das ist ein Attribut der E-Mail."

„Und wer stellt die Attribute einer E-Mail ein?"

„Normalerweise stellt der Absender die Attribute ein."

„Wer ist der Absender dieser Mail, Mr. Gates?"

„In diesem Fall bin ich der Absender."

„Genau. Insofern haben Sie auch das Attribut ‚Priorität hoch' eingestellt, nicht wahr?"

„Es sieht ganz danach aus."[106]

Gates' Versagen muss nicht weiter kommentiert werden. Microsoft verlor den Prozess, der Ruf war angekratzt, Betriebsklima und Aktienkurs nahmen Schaden. Wichtige Talente wie Paul Maritz und Dutzende andere helle Köpfe verließen das Unternehmen in den Monaten nach dem Schuldspruch. Und ein Jahrzehnt später war der Konflikt immer noch nicht beigelegt. 2004 verurteilte die EU Microsoft zu einer Geldstrafe in Höhe von 497 Millionen Euro, 2008 befand die Wettbewerbskommission, Microsoft agiere noch immer als Monopolist und stelle Wettbewerbern seine Codes nicht zur Verfügung. Dafür bekam Microsoft noch einmal 1,4 Milliarden Euro Strafe aufgebrummt, die höchste Strafe, welche die EU bisher vergeben hat. Ein Sprecher der Kommission erklärte, Microsoft sei das erste Unternehmen, das sich nicht an eine kartellrechtliche Entscheidung der EU gehalten habe – ein einmaliger Vorgang seit der Einführung der entsprechenden Gesetze.[107] Microsoft droht eine Strafe von 4 Millionen Dollar pro Tag, wenn sich das Unternehmen nicht an den Urteilsspruch hält. Das bekommt weder dem Ruf noch den Aktionären des Softwaregiganten.

Doch nicht nur in Konzernen lässt die Kommunikation viele Wünsche offen. Auch in medizinischen Berufen gilt, dass Kommunikation Menschen sowohl gesund als auch noch kränker machen kann. 1984 ergab eine Studie, dass Ärzte ihre Patienten im Schnitt nach 18 Sekunden unterbrachen, wenn diese ihr Problem erklären wollten. Wir kennen es alle: Man geht ins Sprechzimmer, wird gefragt, was einen plagt, und fängt an zu erzählen. Kaum hat man einen Satz gesagt, wird man bereits unterbrochen. Weniger als 2 Prozent der Patienten, so das Ergebnis der Studie, konnten zu Ende reden. Die stellvertretende Dekanin der medizinischen Fakultät der University of Toronto, Wendy Levinson, hat Prozesse um Kunstfehler verfolgt und festgestellt, dass es darin immer wieder um mangelnde Kommunikation geht. Die Leute verklagen ihre Ärzte, sagt sie, „weil sie das Gefühl haben, dass sie ihnen nicht zuhören, dass sie nicht die volle Aufmerksamkeit des Arztes haben".[108] Problemärzte nehmen unterschiedlichste Gestalt an: der arrogante, der überhebliche, der ungeduldige, der grobe, der vorschnell urteilende Doktor, immer in Gedanken beim nächsten Patienten.

Der Idealfall wäre ein Arzt, der „fachlich höchste Qualifikation mit besten Kommunikationsfähigkeiten verbindet", sagte Dr. Levinson, „denn sie behandeln Patienten am erfolgreichsten."[109] Studien belegen, dass eine gute Kommunikation zwischen Doktor und Patient bei Diabetikern niedrigere Blutzuckerwerte und bei Hypertonikern niedrigere Blutdruckwerte zur Folge hat, Krebspatienten weniger Schmerzen leiden und bei diversen Krankheitsbildern eine Besserung eintritt, das bedeutet weniger Anspannung und Angst, mehr Disziplin bei der Einnahme von Medikamenten und der Anwendung anderer Heilmaßnahmen.

Dazu ist nicht einmal eine persönliche Begegnung notwendig. Auch der Anruf einer Krankenschwester oder anderer Krankenhausmitarbeiter gibt so viel emotionale Unterstützung, dass Menschen aufhören zu rauchen, Depressionen überwinden und regelmäßig ihre Tabletten nehmen. Eine groß angelegte, über 18 Monate in Seattle durchgeführte Untersuchung ergab, dass sich depressive Patienten viel schneller erholten, wenn die Ärzte 30- bis 40-minütige telefonische Beratungen anboten. Haben die Ergebnisse praktisch etwas geändert? 1999 ergab eine Folgestudie, dass Ärzte ihre Patienten erst nach durchschnittlich 23 Sekunden unterbrachen – eine Verbesserung um fünf Sekunden in 15 Jahren.[110]

Doch auch die Ärzte klagen. Während sich Patienten über verspätet angenommene Notrufe, endlose Wartezeiten und mangelnde Geduld beklagen, ärgern sich die Doktoren über mangelnde Einhaltung von Verordnungen und dass ihr professioneller Rat gegen fragwürdige Informationen im Internet keine Chance hat und ihnen Patienten nicht immer reinen Wein einschenken. Aufgrund der Möglichkeit, sich Tipps über Google, Wikipedia und medizinische Internetangebote zu holen, wissen Patienten heute viel mehr über ihre Rechte und fühlen sich gestärkt. Joanne Wong, Softwareentwicklerin im kalifornischen Sunnydale, litt unter Unterleibsschmerzen und Übelkeit. Der Arzt ließ eine Blutuntersuchung machen, überhörte aber ihre Frage, wozu die gut sei. „Das Ergebnis kam, ich hätte ein Virus, sagte er mir, und ich fragte, was für ein Virus? Wie habe ich das bekommen? Aber er meinte nur: ‚Nehmen Sie die Tabletten und kommen Sie in zwei Wochen wieder.' Zwei Wochen später fühlte sie sich immer noch krank. „Er sagte: ‚Sie sind geheilt, kein Problem.' Ich sagte: ‚Sagen Sie mir wenigstens den Namen des Virus.' Er tätschelte mir nur die Schulter und schickte mich raus, ich solle in drei Monaten einen neuen Bluttest machen lassen", erzählte Wong. Sie ging nie wieder zu diesem Arzt – und aus ihren Akten erfuhr sie, dass sie Hepatitis A hatte, eine von Viren verursachte Leberentzündung.[111]

Oft trauen sich Patienten nicht, ihrem Arzt zu widersprechen, sagte Richard Frankel, Professor für Geriatrie an der Indiana University, der an der Fakultät Kommunikation mit Patienten unterrichtet. „Man hört die traurigsten Geschichten, und wenn man fragt, ob die Leute was zu dem gesagt haben, der sie so schlecht behandelt hat, sagen sie in 99,9 Prozent der Fälle Nein." Doch nur wer seine Meinung sagt, kann etwas ändern.

Die meisten Ärzte, sagte Frankel, wissen gar nicht, wie abschreckend sie auf Patienten wirken, und solange ihnen niemand etwas sagt – das geht so nicht, das ist nicht in Ordnung, das verletzt meine Gefühle –, bestärkt man sie nur in ihrem Verhalten.[112]

Es gibt Lösungen. Seit 2011 müssen die angehenden Ärzte an der Harvard Medical School Mitgefühl lernen: Sie untersuchen Schauspieler, die den Patienten mimen. Howard Beckman, medizinischer Leiter der Rochester Independent Practice Association, erzählt von einer schlichten, aber wirksamen Methode: „Man kann mit Interjektionen arbeiten. Man nimmt sich zum Beispiel vor, drei Mal ‚hm' zu sagen, bevor man einen Menschen unterbricht." Einem Kollegen riet er beispielsweise: „Der Patient sagt: Ich habe Schmerzen in der Brust. Statt eine Untersuchung vorzuschlagen, sagen Sie ‚Hm'. Der Patient sagt: Ich habe außerdem Kopfschmerzen, darauf sagen Sie wieder: ‚Hm'. Und dann sagt der Patient: Das hat angefangen, nachdem mein Bruder an einem Hirnschlag gestorben ist, und ich frage mich, ob es da einen Zusammenhang gibt." Der Kollege hätte ihn angeschaut, erzählte Beckman, als hätte er nicht alle Tassen im Schrank, wollte es aber mal ausprobieren – und kam begeistert wieder. Howard Beckman erinnert sich: „Das ist ein Unterschied wie Tag und Nacht, sagte er, er erfahre Dinge, die er sonst nie gehört hätte."[113]

Sprache ist das Haus des Seins

Das hebräische Wort für „Wort", *davar*, heißt auch „Ding". „Sprechen", *ledaber*, heißt deswegen auch „ein Ding schaffen". Seit Anbeginn der Welt zählte jedes Wort. In der Genesis redete Gott zehn Mal in immer neuen Schöpfungsakten: Aus Worten wurden Dinge. „Und Gott sprach: Es werde Licht! Und es ward Licht." Das war nur der Anfang, der Abschluss folgte am sechsten Tag. „Gott sprach, nun wollen wir einen Menschen machen, in unserem Ebenbilde, in Aehnlichkeit mit uns, dass sie regieren über die Fische des Meeres, über das Geflügel des Himmels, über das Vieh und über die ganze Erde; so wie über alles Gewürm, das auf der Erde kriecht."[114] (Für chassidische Kabbalisten hängen diese Worte bis heute im Firmament und verleihen der Welt ihr Vitalität.) In einem jüdischen Morgengebet heißt es: „Gepriesen sei, der da sprach – und die Welt wurde."[115] Und da Menschen nach Gottes Ebenbild geschaffen wurden, haben auch sie die Fähigkeit, Wirklichkeit zu schaffen.

Juden werden oft „Volk des Buches" genannt und die hebräische Wortwurzel von „Buch", *s-f-r*, kann dreierlei bedeuten: *sefer* (Buch), *sefar* (Ziffer) und *sipur* (Geschichte). Bücher, Geschichten und auch Zahlen sind Sprache. Und die Macht der Sprache, Leben zu schaffen, ist für das Judentum fundamental – ohne Sprache kein Leben.[116] Und wenn (wie sowohl die Bibel als auch der Konstruktivismus behaupten) Wirklichkeit tatsächlich aus Sprache gemacht ist, kann man sie auch durch Sprache ändern, unabhängig von der eigenen Position oder den finanziellen Verhältnissen. Selbst eine bettelarme Frau in den Slums vor Bombay oder in Port-au-Prince kann reden und zuhören und hat insofern die Macht, Wirklichkeit zu schaffen und durch das Wort zu führen.

Kindergartenkinder lernen in den USA einen Schüttelreim, der schlicht falsch ist: „Sticks and stones may break my bones, but words will never harm me" (Stock und Stein bricht vielleicht mein Bein, doch Worte tun mir niemals weh). Worte können verdammt wehtun. Mitte des 18. Jahrhunderts sollen sich zwei Bürger von Medzhybizh (ein Städtchen, das zunächst in Litauen, dann in der Türkei, Polen und der Sowjetunion lag und heute ukrainisch ist) in der Synagoge von Rabbi Israel ben Elieser, genannt Baal Schem Tow (wörtlich „Herr des Namens Gottes"), gestritten haben. Elieser hat den Chassidismus gegründet und ermöglichte auch Laien das Studium der Torah, was zuvor ausschließlich den Rabbis und Gelehrten vorbehalten war. Die beiden Streithähne umkreisten sich wie Boxer. In der Hitze des Gefechts drohte der eine dem anderen: „Ich zerreiße dich in Stücke wie einen Fisch!" Baal Schem Tow bat seine Schüler, sie sollten mit ihm einen Kreis bilden, sich an den Schultern fassen und die Augen schließen. Als er seine Hände auf die Schultern der beiden Schüler, die direkt neben ihm standen, legte, rangen diese vor Schreck um Luft: Hinter den geschlossenen Lidern hatten sie gesehen, wie der eine den anderen zerstückelte![117] Geläutert beendeten die Gegner ihren Disput, geschlagen von der Macht ihrer eigenen Worte. Der Baal Schem Tow hatte ihnen gezeigt, wie sich ihre Worte in der Wirklichkeit realisieren würden.

Jedes Wort, das Sie äußern, kann potenziell die Wirklichkeit verändern, Ihre eigene ebenso wie die von anderen Menschen.[118] (Tatsächlich zeigt der Rabbi in seinem Buch *Letters of Light* über die Buchstaben des Lichts, dass jeder einzelne hebräische Buchstabe besondere Gestalt, eigene Energie und eine Reihe von Eigenschaften hat, die jeden Augenblick der Schöpfung beeinflussen.) Dem chassidischen Denken zufolge kommt die Rede aus höherer Quelle, einem Ort, der höher angesiedelt ist als Verstand und Gefühl. Das hebräische Wort für „Gefühl“, *ruach*, ist dasselbe wie das für „Wind“, ein unstetes Ding, das mit dem Wetter kommt und geht. Worte sind beständiger als Gefühle – vorausgesetzt, sie werden wahrhaftig gesprochen und nicht missbraucht.

Feedback geben und empfangen

Trotz der Macht von Worten, Realität zu gestalten, sind viele Führungskräfte nicht der Lage, sie geschickt einzusetzen. Obwohl die Fähigkeit, zuzuhören und zu reden, über Erfolg und Misserfolg entscheiden kann, geben sich nur wenige Menschen die Mühe, ihre Kommunikationsfähigkeit zu pflegen. George Bernard Shaw prägte das Bonmot, das größte Problem bei der Kommunikation sei die Illusion, sie hätte stattgefunden.[119] Weil die Kommunikation so oft nicht stattfindet, klafft nach der Beobachtung von Robert Morgan, COO von Hudson Talent Management, eine große Lücke zwischen der Selbsteinschätzung des Managers und der seiner Untergebenen. Laut einer 2006 durchgeführten Umfrage waren 92 Prozent der Führungskräfte überzeugt, „hervorragende“ oder „gute“ Arbeit zu leisten, während nur 67 Prozent ihrer Mitarbeiter dem zustimmten. „Die meisten Manager halten sich für gut“, erklärte Morgan. „Aber wenn Sie von Ihren Mitarbeitern kein Feedback bekommen, wo sollen Sie es denn sonst bekommen?“[120]

So mancher Chef kriegt kein Feedback, weil er nicht darum bittet. Harvard-Professorin Leslie A. Perlow sieht in zahllosen Unternehmen einen „Teufelskreis des Schweigens“ am Werk.[121] Bei einem großen Büromaschinenhersteller wandten die Programmierer viele Arbeitsstunden für die Vorbereitung der wöchentlichen Sitzung mit ihrem Boss auf, obwohl sie die Besprechung für komplette Zeitverschwendung hielten. Aber trotz ihres Widerwillens wegen der sinnlos vergeudeten Stunden und des frustrierenden Meetings wagte es keiner, dem Vorgesetzten etwas zu sagen. Schlimmer noch: Auch der Vorgesetzte hielt die Veranstaltung für nutzlos, wagte jedoch nicht, sie abzusagen – er hatte Angst, seine Programmierer zu entmutigen ... Die Unfähigkeit, miteinander zu reden, kostete das Unternehmen zig Mannstunden und Produktivität und zwang die Programmierer zu zahlreichen Überstunden. „Natürlich ist es schwer, mit dem Chef Tacheles zu reden“, sagte Perlow. „Aber man vergisst oft, dass das auch umgekehrt gilt, Chefs haben häufig Probleme, ihren Mitarbeitern etwas zu sagen.“[122]

Tool 3.1: Effektives Feedback in sechs Schritten

Wenn ein Mitarbeiter Sie richtig ärgert, ständig zu spät kommt, unzuverlässig oder faul ist oder aufdringlich, was tun Sie dann? Zu den wichtigsten Führungseigenschaften gehört, zum richtigen Zeitpunkt in angemessener und wirksamer Form Rückmeldungen zu geben. Vor zweihundert Jahren sagte Rabbi Schneur Salman: Wenn dir ein Nachbar Unrecht tut, darfst du ihn zurechtweisen, es ist richtig und notwendig, ihn geradewegs darauf anzusprechen. Aber, so erinnerte der Alte Rebbe seine Schüler, geh zu dem hin, den du kritisierst,[123] übe deine Kritik unter vier Augen, niemals in der Öffentlichkeit, und schneide dir vorher die Fingernägel,[124] damit du den Betreffenden nicht mit scharfen Klauen anpackst. Im Folgenden werden sechs Feedback-Schritte erläutert, welche die Lösung des Problems fördern, statt es eskalieren zu lassen.

1. Nicht herausplatzen

Halten Sie Ihre Kritik nicht zurück, aber wählen Sie den Zeitpunkt mit Bedacht. Wenn Ihr Gegenüber für die Kritik nicht empfänglich ist, verschwenden Sie Ihre Zeit. Fragen Sie: „Haben Sie einen Moment Zeit? Ich würde gern mit Ihnen reden." Sie können auch einen Termin vorschlagen: „Hätten Sie etwas gegen ein Treffen am Donnerstag?" Stellen Sie die Frage neutral und sachlich, nicht mit vorgehaltener Pistole, die den anderen sofort in die Defensive treibt. „Ich habe ein Hühnchen mit Ihnen zu rupfen" wäre kein guter Anfang.

Sie können Ihre Kritik auch in Anerkennung verpacken: „Sie wissen, dass ich große Stücke auf Sie halte und ganz auf Ihrer Seite stehe. Es gibt ein Gebiet, das würde sich sehr positiv aufs Geschäft auswirken, wenn wir das in den Griff kriegen …" Aber seien Sie sich bewusst, dass in Anerkennung verpackte Kritik schnell manipulativ oder geheuchelt wirkt. Loben Sie lieber nicht, falls Sie befürchten, es könnte aufgesetzt erscheinen.

2. Keine Schuldzuweisungen, nur Tatsachen benennen

Reden Sie Klartext, aber tun Sie allen Beteiligten einen Gefallen: Keine Beschwerden, keine Klagen à la: „Warum muss ich immer Ihre Arbeit mitmachen?" Klagen und Schuldzuweisungen sind tabu, sie sind zu stark in der Vergangenheit verhaftet und verstärken die Wirklichkeit nur noch, die Sie doch ändern wollen. Sagen Sie, was anliegt, vermeiden Sie Verurteilungen, Charakterisierungen des Gegenübers oder eine Personalisierung des Problems. Aussagen wie: „Sie sind ein Lügner", tragen nicht zur Lösung bei. Sagen Sie nicht: „Sie waren indiskret", sondern: „Sie haben unser vertrauliches Gespräch in der Abteilungskonferenz erwähnt." Verallgemeinern Sie nicht („Ihre Präsentation war eine Katastrophe"), sondern sagen Sie genau, was Sie meinen. (Übrigens ist auch „Die Präsentation war klasse" viel zu allgemein, als dass der so Gelobte etwas damit anfangen könnte.)

3. Benennen Sie Folgen

Sagen Sie, zu welchem Ergebnis das Verhalten geführt hat, etwa: „Sie haben mir die 1000 Seiten am Freitagnachmittag auf den Schreibtisch gelegt, deswegen habe ich das ganze Wochenende lesen müssen und hatte überhaupt keine Zeit für meine Familie. Meine Frau findet, ich soll mir eine andere Stelle suchen." Geben Sie immer nur zu einem bestimmten Vorfall oder Verhalten Feedback, vermeiden Sie Worte wie „immer" oder „nie".

4. Benennen Sie Ihre Gefühle

Rabbenu Tam hat sinngemäß gesagt: „Worte müssen von Herzen kommen, denn nur Worte, die von Herzen kommen, gehen auch zu Herzen."[125] Wenn Sie die Tatsachen und Folgen benannt haben, äußern Sie Ihre Gefühle. Reden Sie nicht über das, was Ihr Kollege falsch gemacht hat, sondern über Ihre Erfahrung, etwa: „Ich habe die Akte nicht gern übers Wochenende gelesen, ich fand es sehr ermüdend und hatte heute morgen wenig Lust, ins Büro zu gehen." Sagen Sie nicht: „Sie machen mich wütend", sagen Sie: „Ich war wütend."

Gemeinsam eine Lösung suchen

Fragen Sie, ob der Betreffende offen ist, eine für beide Seiten akzeptable Lösung zu finden. Sagen Sie klar, was Sie erwarten. Bleiben Dinge zweideutig, kann das zu unerwünschten Ergebnissen führen. Wenn Sie einem Mitarbeiter gegenüber Ihr Missfallen an dessen Leistungen äußern, müssen Sie spezifizieren, in welchen Punkten Sie mehr erwartet hätten, sonst wird die Kritik nichts nützen.

Sagen Sie Danke

Tipp
Geben Sie nie via E-Mail Feedback, das ist ein schreckliches Medium für Probleme. Konflikte eskalieren sehr schnell, wenn man nicht direkt miteinander spricht.

Kritik äußern ist eine Sache, Kritik einstecken eine ganz andere. Rabbi Schalom Dow Bär, der fünfte Rebbe von Lubawitsch (1860–1920), schrieb einem seiner Schüler: „Begrüße jede Kritik, denn sie trägt dich auf den Gipfel."[126] Das ist leicht gesagt und schwer getan, insbesondere in großen Organisationen, die in der Öffentlichkeit mit Argusaugen beobachtet werden. Versetzen Sie sich in die Lage von ChoicePoint. Das Unternehmen segelte in friedlichen Gewässern, da wurde es als das bestgehasste Unternehmen des Landes gebrandmarkt, weil es auf Consumerist.com (eine viel besuchte Verbraucherseite im Web) zum „schlechtesten Unternehmen Amerikas" gekürt worden war und die Menschenrechtsaktivisten von Privacy International ihm 2005 den „Lifetime Menace Award" verliehen hatten.

Und im Januar 2006 brummte ihm die Federal Trade Commission auch noch eine Strafe in Höhe von 20 Millionen Dollar – das höchste Bußgeld in der Geschichte der Behörde – wegen Sicherheitsmängeln und Datenspeicherung auf, die Verbraucherrechte verletzte. Doch statt in die Defensive zu gehen, schlug ChoicePoint den umgekehrten Weg ein und bat die lautstärksten Kritiker um Feedback: „Was machen wir falsch?" Selbst die schärfsten Gegner mussten zugeben, dass der offene Umgang mit den Angriffen dem Unternehmen half, sein negatives Image abzustreifen und seine Glaubwürdigkeit im Markt wiederzugewinnen. „Ich habe großen Respekt vor ihnen", sagte Daniel J. Solove, Assistenzprofessor an der George Washington University Law School, der lange zu den hartnäckigsten Kritikern von ChoicePoint zählte. „Die Firma hatte die Einstellung: Unsere Datenschutzrichtlinien sollen vorbildlich werden. Sie wollten wissen, was sie besser machten könnten, und baten um unsere Meinung zu bestimmten Sachen, die sie sich überlegt hatten." Und so konnte ChoicePoint feststellen, dass dieselben Leute, die es zuvor als schrill und falsch informiert verunglimpft hatte, nun entscheidend zu geplanten Verbesserungen beitrugen und ihm halfen, das angeschlagene Image wieder aufzupolieren.[127] Wie hatte schon König David gesagt? „Du machst mich mit deinem Gebot weiser, als meine Feinde sind."[128]

Man muss aber nicht warten, bis der eigene Ruf ruiniert ist, man kann schon früher um Feedback bitten – und dann nutzt es natürlich unendlich viel mehr. Vor einigen Jahren versammelten sich zehn Menschen an einem regnerischen Tag rund um einen Konferenztisch in London. Ein Telekom-Analyst, ein Behördenvertreter, der Mitarbeiter eines Think-Tanks, ein Aktivist für nachhaltige Entwicklung, der Redakteur eines Umweltmagazins und ein Journalist wollten mit Vodafone, der größten Mobilfunkgesellschaft außerhalb Chinas, Tacheles reden. Die höfliche, aber lebhafte Diskussion wurde von einem externen Berater moderiert, nacheinander erklärten die Gäste ihre Meinung über das Unternehmen und nahmen zu einer Reihe strittiger Punkte Stellung, von der Aufstellung von Mobilfunkmasten bis zum Schutz von Kindern und Jugendlichen vor problematischen Internetseiten. Der Vodafone-Vertreter hörte stumm zu und machte sich viele Notizen.

Die Meinung von Interessengruppen einzuholen ist inzwischen übliche Praxis, vor allem bei Großunternehmen. Vodafone hat weltweit pro Jahr viele solcher Meetings veranstaltet. „Man muss das wirklich ernst nehmen und den Leuten zuhören und ihre Ansichten berücksichtigen", sagte Charlotte Grezo, die bei dem Mobilfunkriesen für soziale Verantwortung zuständig ist.[129] Eine andere britische Aktiengesellschaft, die Einzelhandelskette Marks and Spencer, ist mit rund 160 verschiedenen Gruppen im Gespräch (überwiegend als Zuhörer). Nicht zuletzt deswegen kletterte die Nobelmarke von Rang 493 auf Rang 458 unter den Unternehmen im Fortune 500 und steigerte seinen Gewinn um 33,8 Prozent.

Lästermäulern das Handwerk legen

Wenn wir Probleme haben mit Menschen und es ihnen nicht direkt sagen mögen, ist es oft einfacher, hinter ihrem Rücken über sie herzuziehen und auf das Mitgefühl von Kollegen zu zählen. Unproduktives Gerede über abwesende Personen oder kurz gesagt Tratsch ist verständlich, schließlich ist das viel leichter, als den Schuldigen zur Rede zu stellen.

Tratsch hat seinen Sinn. Evolutionspsychologe Nigel Nicholson zufolge wurde er in der Steinzeit entwickelt, um die sozial unvorhersehbaren Bedingungen der Savanne zu überleben. Mit der Zeit wurde Tratschen Teil unserer geistigen Programmierung. Nicholson meint: Wer Tratsch am Arbeitsplatz unterbinden will, könnte ebenso gut versuchen, den Musikgeschmack seiner Mitarbeiter zu ändern.[130] Don Cohen und Laurence Prusak schreiben: „Geschichten erzählen und hören, den neuesten Klatsch austauschen und Plaudern sind die wichtigsten Mittel, wie Menschen in Organisationen einander vertrauen und verstehen lernen."[131] Mag sein, doch wenn Menschen Angst haben, offen und ehrlich mit ihren Kollegen umzugehen, wenn sie die Gerüchteküche ordentlich einheizen, dann hat die Organisation ein Problem. Fortgesetzte Verleumdung ist wie ein Krebsgeschwür: Sie kann Gruppen und Organisationen zerstören.

Im Judentum gehört die üble Nachrede, *laschon hara*, zu den größten Sünden. Wer Verleumdungen weitererzählt, den nennt der Talmud die „dritte Zunge" und warnt: Sie bringt neben dem ursprünglich Verleumdeten drei Menschen um:[132] Erstens den, der das Gerücht in die Welt gesetzt hat, zweitens den, der es weitererzählt, und drittens den, der sich das anhört. Wer regelmäßig andere verleumdet, wird in Gottes Gegenwart nicht geduldet.[133] Als Moses die Israeliten durch die Wüste führte, erwartete die Spione, die hinterrücks das Gelobte Land diffamierten, eine grausame Strafe: Ihre Zungen wuchsen ihnen in den Bauch und Würmer wuchsen noch vor ihrem Tod darin.[134] Der Talmund bezeichnet Verleumdung als Ursache der *zaraat* (Lepra).[135] Und Menschen, die andere verleumdeten, anschwärzten oder herabsetzten, bekamen eine besondere Krankheit, die nur ein *kohen* (Priester) unter Quarantäne stellen konnte.

In *Communicate or Die* zählt der CEO Verleumdungen zu den fünf Kardinalsünden des Redens, die ganze Organisationen lahmlegen können. (Die anderen sind Ausreden, Schuldzuweisungen, Verurteilungen und Drohungen.) Ein paar gedankenlos oder, schlimmer noch, vorsätzlich ausgesprochene böse Wortekönnen, sorgfältig platziert, binnen Sekunden zerstören, was über Jahre hinweg aufgebaut wurde. In einem australischen Hightech-Unternehmen hatten die Mitarbeiter nicht gelernt, offen miteinander zu reden. Offiziell redeten sie den Vorgesetzten nach dem Mund, hintenrum zückten sie die Messer. Chairman und Managing Director trieben es besonders toll: Ihre Büros lagen keine drei Minuten Fußmarsch voneinander entfernt, aber beide riefen den CEO in Amerika an, um sich über den jeweils anderen zu beschweren. Der tief in der Unternehmenskultur verwurzelte Klatsch war sicher nur ein Faktor, aber auf jeden Fall nicht hilfreich. Die Firma wurde bald darauf aus dem Handelsregister gestrichen.

Der hebräische Begriff *laschon hara* impliziert in diesem Zusammenhang, dass man sich bei Personen über ein Problem ausheult, die nichts dafür können. Die meisten Menschen haben diese hässliche Gewohnheit. Wir beschweren uns bei allen und jedem, außer bei demjenigen, der die Ursache unseres Missfallens beseitigen kann. Wenn ein Buchhalter sich bei seinem Zimmernachbarn über den Vertriebsleiter beschwert, wird er das Problem verschlimmern, denn er wird sich nur seine Meinung bestätigen und den Vertriebsleiter in Ruhe lassen. Der einzige Effekt ist, dass Einschätzungen wie „Das ist alles für die Katz", „Ich bin machtlos", „Die da oben hören sowieso nicht zu" oder „Arbeiten ist doof" neue Nahrung erhalten. Oft genug wiederholt, werden sie zur selbsterfüllenden Prophezeiung – die Wirklichkeit spiegelt die Worte. (Natürlich machen sich die Lästermäuler keine Vorstellung davon, dass sie die Verhältnisse, über die sie herziehen, selbst mitgestaltet haben. Sie erkennen nicht, dass sie mit ihren Nörgeleien Realitäten schaffen.)

Es ist essenziell für die Gesundheit und Produktivität eines Unternehmens, *laschon hara* durch eine ergiebigere Kommunikation zu ersetzen. Wie gelingt das? Anhand unserer persönlichen Erfahrung in unterschiedlichsten Organisationen empfehlen CEO und Rabbi drei Regeln: Bitten Sie erstens die Mitarbeiter, ihre Zunge zu hüten, und nehmen Sie auf gar keinen Fall selbst am allgemeinen Tratsch teil. Äußern Sie zweitens Beschwerden nur gegenüber der zuständigen Person, die etwas daran ändern kann. Meistens ist das entweder der für den Bereich Verantwortliche oder die Person, die das Problem verursacht. Wenn Sie beispielsweise stört, wie Menschen im Unternehmen befördert werden, sollten Sie sich an den Inhaber, den Abteilungsleiter oder den Personalchef wenden. Kann Ihr Ansprechpartner das Problem nicht zu Ihrer Zufriedenheit lösen, können Sie gemeinsam überlegen, wer zu einer Lösung besser beitragen könnte. Und wenn Sie drittens zu einem Vorgesetzten gehen, sollten Sie nicht nur das Problem, sondern auch einen oder mehrere Lösungsvorschläge unterbreiten. Aleksandr Kuzmin, Bürgermeister im westsibirischen Megion, war es leid, dass ihm seine Mitarbeiter ständig Probleme vortrugen, die nicht zu lösen waren, statt praktikable Lösungen zu liefern. 2007 gab er deswegen eine Liste mit verbotenen Sätzen heraus, darunter: „Ich weiß nicht", „Was soll ich machen?", „Wir haben Mittagspause", „Jetzt ist Feierabend", „Es fehlen notwendige Unterlagen", „Damals war ich bestimmt krankgeschrieben".[136] Sie müssen nicht gleich zu Verbotslisten greifen, sollten aber ebenso wenig wie Alekandr Kuzmin dulden, dass Ihre Mitarbeiter Probleme an Sie delegieren; halten Sie sie dazu an, Probleme selbst zu lösen.

Tool 3.2: Engagement statt Wehklagen

Jiddisch ist die perfekte Sprache zum Jammern. Michael Wex brachte es in seinem Buch *Born to Kvetch* auf den Punkt: „Das Judentum definiert sich über das Exil und Exil ohne Klage wäre Tourismus." Die unschuldige Frage „Wie geht's?" klingt auf Jiddisch, das seichtes Geplänkel zutiefst verabscheut, wie eine Provokation. Eine noch halbwegs neutrale Antwort wäre – mit ärgerlichem Unterton – die Gegenfrage: „Wie soll es mir schon gehen?" Jiddisch ist wunderschön, seelenvoll, poetisch und es eignet sich prächtig als tödliche Waffe. Amerikaner begnügen sich in der Regel mit kurzen Kraftausdrücken, wenn sie schimpfen, aber auch auf Jiddisch kann man Sachen sagen wie: *A wiste pgire af dir* (verrecke wie Schlachtvieh), was nahelegt, dass der so Beschimpfte „den Rest seines mickrigen Lebens auf einer Weide in Colorado verbringen und dann in einem schlecht geführten Schlachthaus qualvoll zu Fastfood-Burger für eine der weniger bekannten Ketten verarbeitet werden soll". Wex behauptet, das Nörgeln gehe bis auf die Torah zurück, maulten doch schon die alten Israeliten über alles und jeden unter der Sonne.[137] Als sie sich vorm Roten Meer in der Falle sahen, rief Moses Gott an, er möge sie vor den heranrückenden Ägyptern retten, und bekam von oben Bescheid: „Warum flehest du noch zu mir? Sage den Kindern Israels, dass sie aufbrechen."[138]

Jahrtausende später haben wir Menschen die Lektion immer noch nicht gelernt. Wir jammern gern und ausgiebig – über das Wetter, diverse Gebrechen und Unpässlichkeiten, Beziehungen, Politiker, dass wir ständig müde sind – und die Börsenkurse erst! Wie verkehrt man dieses allgegenwärtige Klagen in Engagement, wie bringt man trotzdem Maßnahmen voran? Ironischerweise indem man die Nörgelei für bare Münze nimmt. Fragen Sie: „Meinen Sie das ernst?", wenn sich mal wieder einer bei Ihnen ausheult: „Mein Chef ist so ein Idiot." So ärgerlich es auch ist, die schlichte Frage lehrt die Menschen, auf die Wirkung ihrer Worte zu achten.

Andere Mittel, Klagen in Engagement zu verwandeln, sind Versprechen und Bitten. Friedrich Nietzsche hat den wesentlichen Unterschied von Mensch und Tier so charakterisiert: Der Mensch sei ein Tier, „das versprechen darf", und das darf er laut Nietzsche nur, weil er „über die Zukunft voraus … verfügen" kann.[139] Der CEO trifft in seiner Beratungstätigkeit oft Führungsgremien, die sich in ineffizienten Kommunikationsmustern verstrickt haben: billige Ausreden, Schuldzuweisungen, Vorurteile, Klatsch, Gerüchte, bloße Meinungen oder Behauptungen wie: „Ich habe gleich gesagt, das funktioniert nicht, sehen Sie selbst zu, wie Sie da wieder herauskommen." Oder: „Warum hacken alle immer auf mir herum?" Konnten diese Gremien aus diesen Mustern ausbrechen und stattdessen handlungsorientierte Gespräche führen mit Versprechen, Bitten, Angeboten und Einladungen, wuchs die Produktivität erheblich (ein Unternehmen im Energiesektor konnte den Umsatz in einem Jahr um 11 Prozent steigern, während er branchenweit um 1 Prozent sank.) Zusätzlich schaffen gegebene und gehaltene Versprechen auch noch Vertrauen.

Damit Zusagen verbindlich werden, sind drei Dinge notwendig: Abgabetermin, Leistung und Empfänger müssen klar sein. „Ich werde für Kritik aufgeschlossener sein" ist kein Versprechen. „Sie können sich darauf verlassen, ich bekomme von dreien meiner Mitarbeiter noch diesen Monat Rückmeldungen", das erfüllt die Bedingungen sehr wohl. Dasselbe gilt für Bitten. Denken Sie daran, dass eine Bitte dem Gegenüber die Freiheit lässt, sie abzuschlagen oder ein Gegenangebot zu machen; bestünde diese Freiheit nicht, wäre es ein Befehl oder sogar eine Drohung, auf jeden Fall keine Bitte. Der frühere CEO der Zürcher Kantonalbank sagte, nachdem ein 56-jähriger Finanzspezialist der Bank im Tessin seinen Chef, dessen Stellvertreter und dann sich selbst erschossen hatte, wer Leistung bringe, hätte nichts zu befürchten[140] – eine kaum verhüllte Drohung.

In der Torah steht: „Wenn ein Mann dem Ewigen etwas angelobt oder schwört einen Eid, wodurch er sich etwas versagt, so soll er sein Wort nicht gering achten, sondern so tun, wie aus seinem Munde gegangen ist."[141] Kurzum: Tun Sie, was Sie sagen.

Tipp

Behandeln Sie jede Äußerung wie ein Versprechen, einen Schwur. Wenn jemand in Ihrer Gegenwart nörgelt, fragen Sie: „Würden Sie das beschwören wollen?"

Zuhören?

Das Kapitel wäre unvollständig, würden wir nicht auch die andere Seite der Medaille betrachten: missbräuchliches Zuhören. Ein Wirtschaftskapitän schnauzte als Antwort auf die Erinnerung, dass Kommunikation nun mal eine zweibahnige Straße ist: „Natürlich mache ich Zwei-Weg-Kommunikation, ich spreche zu meinen Leuten und ich schreibe an meine Leute!" Er hatte keinen Schimmer vom Zuhören als Schlüssel zur Produktivitätssteigerung. Mit Zuhören kann man viel erreichen. Gott hat, so will es die Überlieferung, Moses die ganze Torah diktiert. Und Moses hat genau zugehört. Seine ungeteilte Aufmerksamkeit gestattete ihm, das Diktat Wort für Wort mitzuschreiben. Heute haben die meisten Führungskräfte die Fähigkeit des Zuhörens verlernt, vielleicht kein Wunder, wo doch unsere Vorbilder im Fernsehen immer nur reden und offensichtlich niemals zuhören.

Jimi Hendrix sagte gern: „Wissen spricht, Weisheit lauscht." Viele Manager wissen nicht, wie man lauscht. Wenn sie die Worte ihres Gegenübers nicht komplett ignorieren, hören sie nur mit halbem Ohr hin und beantworten gleichzeitig E-Mails oder spielen mit ihrem BlackBerry herum. Sie projizieren ihre Vorurteile auf den Redenden oder bestimmen mit ihrer Körpersprache, der Mimik oder einem demonstrativen Blick auf die Uhr, was ihr Gegenüber sagen darf.[142] Doch Zuhören ist kein Luxus, den sich nur die Mitarbeiter der Personalabteilung leisten dürfen; enttäuschte, lästernde Angestellte oder gar Gerichtsverfahren könnten sonst die Folge sein. Zuhören ist eine strategische Fähigkeit. Wer nicht zuhört, verpasst wichtige Informationen. Wenn in einem Unternehmen mit sieben Hierarchieebenen jeweils 50 Prozent der Informationen an die nächsthöhere Ebene weitergereicht werden (eine ziemlich optimistische Annahme), wie viel kommt in der Unternehmensspitze an? Wer rechnen kann, kommt auf 1,6 Prozent. Die Verantwortlichen können eigentlich nur beten, dass sie anhand dieses winzigen Bruchteils die richtigen Entscheidungen treffen, dass die richtigen Bruchstücke an Informationen bei ihnen ankommen und nicht in den 98,4 Prozent begraben sind, die sie nie erreichen. Die Vertriebskräfte und selbst der Portier, der täglich Publikumsverkehr hat, wissen oft mehr vom Geschäft und können den Markt besser einschätzen als der einsame Mann oder die einsame Frau in der Chefetage. Das einzige Mittel, um strategisch wichtige Informationen bis zum CEO zu bringen, besteht darin, das Zuhören die gesamte Hierarchie bis ganz oben hin zu institutionalisieren.

Tool 3.3: Text und Subtext

Wie hört man denn nun effektiv zu und filtert die relevanten Informationen aus dem Gehörten heraus, ob nun in Verhandlungen oder beim informellen Gespräch am Kopierer? Der Schlüssel dazu liegt im Subtext. Ein jüdisches Sprichwort sagt, dass man nicht auf die Frage, sondern auf die Person antwortet. Der Kommunikationstheoretiker Friedemann Schulz von Thun vergleicht jede Aussage, ob gesprochen oder geschrieben, mit der Spitze eines Eisbergs, dessen Untergrund – für den Empfänger der Botschaft unsichtbar – die eigentliche Botschaft enthält.[143] In jedem Text stecken drei Subtexte, wie aus der Abbildung hervorgeht.

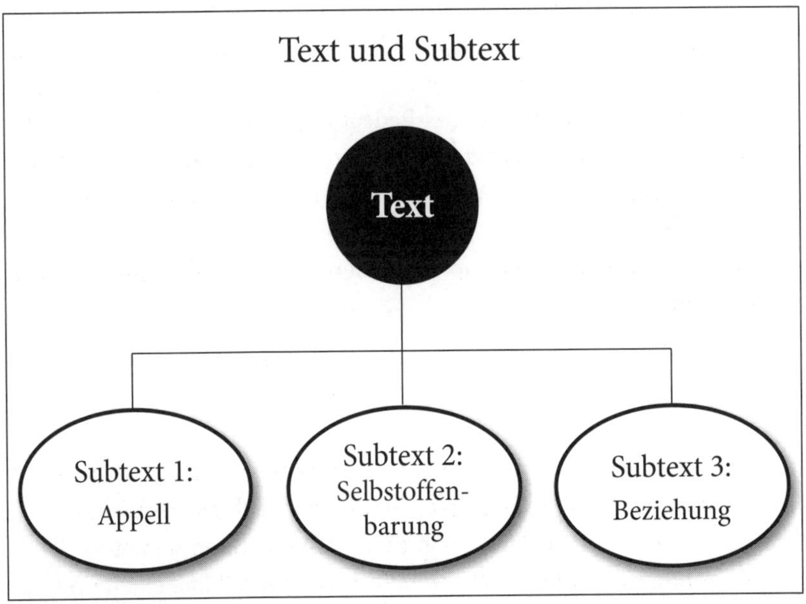

Abbildung 3.1: Text mit Subtexten (nach Friedemann Schulz von Thun)

Wenn die Frau den Ehemann fragt: „Ist dir nicht kalt?“, gibt es drei Subtexte. Bewusst oder unbewusst gibt die Senderin der Botschaft einen

Wink, eine Aufforderung, zum Beispiel: „Mach endlich die Heizung an", oder: „Gib mir deinen Pulli." Gleichzeitig gibt sie freiwillig oder unfreiwillig etwas über sich selbst preis, eine Selbstoffenbarung, eventuell: „Mir ist kalt", oder: „Ich komme mir so hilflos vor." Und dann ist da noch die Beziehungsebene: „Du bist mir wichtig", „Du bist mein Mann, mein Beschützer", oder auch: „Du könntest dich ein bisschen mehr um mich kümmern." Selbst ein Buch könnte ein Appell des Autors ans Publikum sein, ihn doch bitte genial zu finden, und dazu verrät er womöglich einiges über sein eigenes Leben (etwa um dem Leser nahezukommen? Sehen Sie sich also vor!)

Wer aktiv zuhört und die Fähigkeit, nicht nur den Sachgehalt, sondern auch die Subtexte jeder Äußerung wahrzunehmen, bewusst trainiert, wird deutlich effektiver kommunizieren und vor allem viel effektiver mit Totschlagargumenten umgehen wie: „Können Sie nicht zur Abwechslung mal einen ordentlichen Bericht abliefern?" Das tiefere Verständnis hilft bei der Entschlüsselung versteckter Bedeutungen, man kann Totgeschwiegenes zur Sprache bringen und komplizierte Probleme auflösen. Letztlich gibt es uns das Heft in die Hand, wir führen dann das Gespräch im Wortsinn.

Allerdings: Im nächsten Kapitel werden wir sehen, dass man auch zu viel kommunizieren kann.

Tipp

Registrieren Sie lieber das Wertvolle, Geistreiche, Anregende in dem, was man Ihnen erzählt, und lassen Sie den ganzen Unsinn auf sich beruhen. Denn mit der Qualität Ihres Zuhörens können Sie unter Umständen die Produktivität verdreifachen – sowohl Ihre eigene wie die der Ihnen berichtspflichtigen Personen.

Unterm Strich

- Im Alltag wird viel nutzloses Zeug geredet. Dabei sind Worte so wichtig. Gott hat die Welt in zehn Sätzen erschaffen, aber auch die Sprache gewöhnlicher Sterblicher ist ebenso schöpferisch wie zerstörerisch. Das hebräische *daber* meint sowohl Sprecher wie Führer. Führende führen durch Sprache, ihre Sprache schafft Realitäten, ihre Produktivität und die der von ihnen abhängigen Menschen lässt sich direkt auf ihre Kommunikationsfähigkeit zurückführen.
- Vertrauen entsteht durch einen einfachen Prozess in zwei Schritten: Etwas versprechen, sein Versprechen halten. Ohne Vertrauen kann man in einer komplizierten, globalisierten Welt nicht erfolgreich Geschäfte abschließen.
- Die sechs Schritte effektiven Feedbacks sind: 1. Um Erlaubnis fragen. 2. Sich an die Tatsachen halten. 3. Die Folgen benennen. 4. Eigene Gefühle mitteilen. 5. Das Gegenüber um Mitarbeit an der Lösung bitten. 6. Sich bedanken.
- Jede Äußerung hat drei Subtexte: 1. Aufforderung. 2. Selbstoffenbarung. 3. Beziehungsaussage. Hören Sie in jedem Gespräch auf den Subtext und Sie haben das Gespräch in der Hand. Effektives Zuhören ist der Hebel, um die Produktivität zu steigern.
- Ein wunderbares Mittel, um die trübe Brühe aus Nörgelei und sinnlosem Gerede zu klären, ist die Frage nach den Anliegen oder Beiträgen der Gesprächspartner: „Was fordern Sie? Was versprechen Sie?"

Viertes Kapitel

Das vierte Gebot: Den Sabbat heiligen und Nein sagen lernen

Das Gefühl der Gehetztheit ist normalerweise nicht das Ergebnis eines erfüllten Lebens, das keine Zeit lässt, sondern im Gegenteil aus der vagen Angst geboren, dass wir unser Leben vergeuden. Wenn wir nicht das tun, was wir tun sollten, haben wir keine Zeit für etwas anderes.

Eric Hoffer

Ich wollte früher Atheist werden, habe es aber aufgegeben: Die kennen ja keine Feiertage.

Henry Youngman

Das vierte Gebot: „Erinnere dich stets des Ruhetages, um ihn zu heiligen. Sechs Tage kannst du arbeiten und all dein Geschäft verrichten. Der siebente Tag aber ist ein Ruhetag, dem Ewigen deinem Gotte zu Ehren; du sollst kein Handwerk verrichten, weder du selbst, noch dein Sohn oder deine Tochter, dein Sklave, deine Sklavin, auch nicht durch dein Vieh oder durch deinen Fremden, der sich in deinen Toren aufhält. Denn in sechs Tagen hat der Ewige Himmel, Erde und Meer nebst allem, was darin ist, verfertigt, und am siebenten Tage geruht." E-Mails, Meetings, Entscheidungen, Verträge halten uns täglich auf Trab. Aber wenn wir nicht durchdrehen oder untergehen wollen, müssen wir regelmäßig innehalten und pausieren. Stille gehört zu den Markenzeichen großer Führungspersönlichkeiten: Wer sich Zeiten der Stille in seinem Leben gönnte, konnte fundierte Entscheidungen treffen, die historisch Bestand hatten. In diesem Kapitel lernen Sie, wie Sie Stress reduzieren, kürzer treten, die Batterien aufladen, Ihren Kompass neu ausrichten und Ihre Prioritäten ordnen. In einer rund um die Uhr aktiven Welt ist der Sabbat eine geniale Institution, um sinnlose Aktivitäten abzusagen, gleichgültig, wie dringlich sie daherkommen. Wer nicht Nein sagen kann, kann auch nicht führen: Er ist Spielball der Umstände oder der Vorstellungen anderer Menschen.

Am Abend des 17. April 2007 geschah das Unvorstellbare – für endlose zwölf Stunden brach das BlackBerry-Netz zusammen. Für viele Kunden wären bereits zwölf Minuten zu lang gewesen. Was, wenn sie dadurch die eine lebensentscheidende SMS oder die ultimative Finanz-Mail verpassten? Die Betriebsstörung bestätigte die von Psychologen diagnostizierte Zwangsneurose von BlackBerry-Usern (und anderen Smartphone-Nutzern), ihre Abhängigkeit und „erworbene Aufmerksamkeitsstörung". Diesen Begriff hat John Ratey, Associate Professor an der Psychiatrischen Klinik von Harvard, vor einigen Jahren für den Zustand von Menschen geprägt, die an den steten Fluss digitaler Stimulation gewöhnt und zu Tode gelangweilt sind, sollte der einmal abbrechen. Ob er über Internet, Fernsehen oder das Mobiltelefon auf die Betroffenen einströmt, das Gehirn ist in jedem Fall okkupiert. „Ich vergleiche es mit Drogen", sagte Ratey. „Drogensüchtige denken nicht, sie machen die entsprechenden Bewegungen. So wie man nach seinem BlackBerry greift." Nicht wenige Nutzer machen sich selbst über ihre Sucht lustig. „Ich drücke Tag und Nacht dauernd auf diese Taste, es ist eine nervige Angewohnheit", sagte ein in Los Angeles ansässiger Manager in der Musikbranche, David Hyman. „Wenn ich meine E-Mails nicht abrufen kann, fühle ich mich wie ein Junkie auf Entzug."[144]

2006 gab es über sieben Millionen BlackBerry-Nutzer. Und zu ihnen gehört Brad Garlinghouse, in Kalifornien wohnhaft und auf den ersten Blick ein ganz normaler Techniker. Mrs. Garlinghouse, sagt er, habe Laptops im Schlafzimmer verboten, doch sein BlackBerry darf mit ins innerste

Heiligtum. Das schicke Teil liegt griffbereit auf dem Nachttisch, falls er nachts aufwacht und eine Idee hat, die unbedingt sofort gemailt werden muss.

Menschen wie Mr. Garlinghouse riskieren lieber ein Karpaltunnelsyndrom oder eine Sehnenscheidenentzündung durch exzessives SMS-Tippen, ja sogar eine kaputte Ehe, als sich für einige Stunden von ihrem geliebten Mobilspielzeug zu trennen. Das Problem geht weit über Smartphones hinaus: Die überall abrufbaren E-Mails spülten die Arbeit ins Privatleben und in die Freizeit. Skype, Facebook oder LinkedIn sind wunderbare Medien, um ein virtuelles Netzwerk aufzubauen, doch viele Führungskräfte stöhnen unter der totalen Vernetzung. Man kann tatsächlich zu viel kommunizieren. Stanford-Professor Steve Barley schätzt, dass sich die Arbeitszeit der Führungskräfte im Silicon Valley durch die mobilen Internetverbindungen um eine Stunde pro Woche verlängert hat.[145] Das summiert sich im Jahr auf eine ganze Arbeitswoche. Steigt damit auch die Produktivität? „Heute sind die Menschen mobil auf dem Weg zur Arbeit erreichbar und die Zeit, in denen sie früher unbehelligt unterwegs waren, wird vom Arbeitgeber genutzt", sagt Gerry Sussman, Professor an der School of Urban Studies and Planning an der Portland State University. „Die elektronische Kommunikation ermöglicht eine massive kommerzielle Nutzung, die ständig weiter vordringt", ergänzt er und nennt unerwünschte E-Mails, Telefonanrufe von Computern und Werbespots.[146]

Und im Endeffekt verschwinden Stille und Ruhe. Ende 2006 ergab eine Umfrage von Harris Poll, dass sich nur 3 Prozent der Teilnehmer nicht gestresst fühlen, 56 Prozent hingegen nicht wissen, wo ihnen der Kopf steht, weil sie zu viel zu tun haben, und 33 Prozent ertrinken in Informationen. Einer Umfrage von Pew Internet & American Life Projects zufolge ärgerten sich 77 Prozent der Teilnehmer über Spam und 53 Prozent hatten Schlafprobleme.[147] Unser Seelenfrieden, der uns die Freiheit zum Nachdenken gibt, gehört längst zu den seltensten aller Güter.

Werbung für stille Momente

Eine Komponente wird bei der Diskussion von Führungsfragen fast immer übersehen, doch sowohl der CEO als auch der Rabbi halten sie für die wirksamste und am schwersten einzuhaltende Maßnahme: Kontemplation. Kontemplation heißt, bewusst Ruhephasen in seinem Leben zuzulassen oder regelmäßig einzubauen. In einer Welt des Multitasking, in der mit Öffnungszeiten und Erreichbarkeiten rund um die Uhr geworben wird, über 500 Fernsehsender durchgezappt werden können, unzählige Internetseiten aufs Durchsurft-Werden warten, bestimmte telefonische Dienstleister automatisch die Ähs und Mhms der Anrufer herausschneiden, um die Arbeitszeit der Mitarbeiter im Callcenter effektiver zu nutzen, Eltern ihren Kindern One-Minute-Gutenacht-Geschichten vorlesen und ein Restaurant in Tokio seinen Gästen die dort verbrachten Minuten statt der verzehrten Speisen berechnet,[148] wirkt die Vorstellung, sich Auszeiten zur stillen Einkehr zu nehmen, vielleicht reichlich altmodisch. In den Medien kommen Führungskräfte, die sich ausruhen, kaum vor; dieser Aspekt wird meistens übersehen oder ausgeblendet. Fernsehen und Film zeigen Führende vorzugsweise in Aktion: Sie reden, reisen und leisten, leisten, leisten. Doch schon Hemingway soll „Never mistake motion for action" gesagt haben: Verwechsle Gerenne nicht mit Aktivität.[149] Ohne Kontemplation wäre Führung hohles, blindwütiges Agieren ohne Einsicht und Weisheit, Eigenschaften, die heute, da unser Leben so kompliziert, die Risiken so hoch und die Wahl so schwierig wie wohl nie zuvor ist, einen großen Vorteil bringen. Wer sich vorübergehend aus dem Alltag ausklinkt, kann tiefer schürfen und findet zu den grundlegenden Werten, die uns die Entscheidungen ermöglichen, Entscheidungen, die sich auch nach längerer Zeit noch als richtig erweisen. Robert E. Rubin verkündete am 12. Mai 1999 seinen Rücktritt als Finanzminister der USA, zwei Tage später bot ihm Ken Lay, damals Chairman von Enron, einen Sitz im Aufsichtsrat an. Damals wurde Enron von fast allen angesehenen Wirtschaftsmagazinen, darunter auch *Fortune*, als großes Vorbild gepriesen. Kaum jemand ahnte, dass der Star am Aktienhimmel drei Jahre später an seinen Finanztricks zugrunde gehen würde. Doch Rubin hatte die Weitsicht, Lays lukratives Angebot abzulehnen und stattdessen nach seinem Rückzug aus der Regierung Berater der Citigroup zu werden. Warum, wissen wir nicht, Fakt aber ist, dass er es tat. Woher hatte er die Einsicht, Nein zu Enron zu sagen und potenzielle Interessenkonflikte (Citigroup war einer der Hauptschuldner von Enron) zu vermeiden? Weil er einen Schritt zurücktrat und so hinter die glitzernde Fassade blicken konnte. (Als Direktor der Citigroup setzte sich Rubin im Herbst 2001 für Enron ein und geriet in den Verdacht eines Interessenkonflikts, doch ein Untersuchungsausschuss des Senats sprach ihn von allen Anschuldigungen frei.)

Erst in der Kontemplation können Sie unterscheiden, was wirklich wichtig und was nur dringend ist. Sie kommen einem Burnout zuvor, mindern den Stress und finden vielleicht etwas Dauerhaftes und Zeitloses. Kontemplation hat nichts mit Passivität zu tun, sie ermöglicht vielmehr ausgewogenes, konzentriertes Handeln. Ein Leben ohne Rückzugsmöglichkeiten aus extrem angespannten Situationen, etwa im Krieg oder in anderen schweren Krisen, garantiert fast schon Fehleinschätzungen und schlechte Entscheidungen. Die Politikwissenschaftler Glenn Snyder und Paul Diesing haben ein Dutzend internationale Krisen untersucht und konnten belegen, dass im Umgang mit ihnen falsche Lagebeurteilung, schlichte Rechenfehler und andere kognitive Ausfälle ganz normal waren.[150] Stress entsteht aus der Wahrnehmung, der Zeithorizont für Entscheidungen sei extrem kurz und wir müssten umgehend handeln, ohne lange zu überlegen. Andere Studien belegen, dass psychisch ansonsten gesunde Menschen unter hohem Zeitdruck verbale Ausfälle haben, wie sie sonst nur Schizophrenen unterlaufen.[151]

Die Fähigkeit, zurückzutreten und dadurch Zusammenhänge zu erkennen, aus denen sich die richtigen Entscheidungen ergeben, kennzeichnet historisch herausragende Figuren. Große Führer, ob nun in Europa oder auf anderen Erdteilen, haben sich regelmäßig von der Welt zurückgezogen und reflektiert oder meditiert, damit sich ihnen die richtige Entscheidung zeigt. Winston Churchill wurde in einer behäbigen Zeit geboren, als Kriegserklärungen monatelang im Diplomatengepäck reisten, bevor sie ihre Empfänger erreichten. Er pflegte nach dem Mittagessen im Garten zu sitzen, am Rand eines Tümpels, den er selbst angelegt hatte, und sah den Enten zu. Er ließ sich dabei nicht stören, selbst wenn er stundenlang so dasaß. Und dann ging er energiegeladen zurück ins Parlament. Churchills Sieg über Hitler im Zweiten Weltkrieg rührt zumindest teilweise aus dem Mut, sich noch in der Hitze des Gefechts Muße zu gönnen.

Churchills Zeitgenosse (und Gegner) Mahatma Gandhi saß, fastete und betete an seinem Spinnrad, bis er seinen nächsten Auftrag für ein freies Indien erkannte. Freiheit ließe sich oft innerhalb von Gefängnismauern finden, schrieb er.[152] Und in der zweiten Hälfte des letzten Jahrhunderts verbrachte Nelson Mandela 27 Jahre in erzwungener Isolation. In der Zeit der Einzelhaft fasste er einen durch nicht zu erschütternden Entschluss. Nach seiner Entlassung von Robben Island wusste er mit äußerster Klarheit, wie die Apartheid abgeschafft und Südafrika in eine moderne Demokratie umgebaut werden konnte.

Diese Männer nahmen sich die Zeit der Einkehr für die unzähligen Menschen, die von ihrer Weisheit und Einsicht abhingen. Sie mussten in undurchsichtigen Umständen zu innerer Klarheit finden, sie wussten, dass ihre Entscheidungen das Leben von Millionen verändern würden. Kontemplation gestattete ihnen, sich über das Kampfgetümmel zu erheben, klare Prioritäten zu setzen, Nein zu dringenden, aber letztlich unerheblichen Dingen zu sagen, selbst wenn es sich um lautstark vorgetragene Forderungen der Öffentlichkeit handelte. Jeder, der führen will, ob in Politik, Wirtschaft oder im Alltag, sollte wie diese Vorbilder die Stille suchen, die zu sinnvollem Handeln führt. In der Stille findet man den eigenen Weg, sie bietet den moralischen Kompass für Führer. Kein Mensch und kein Buch hat Ratschläge genug, um auch nur durch einen Bruchteil der Herausforderungen zu helfen, die auf Führende warten. Wer nicht in der Stille weilen kann und die stille Macht erwirbt, die aus der Kontemplation erwächst, beraubt sich eines der wertvollsten Führungstools überhaupt.

Wie sich Entspannung auf das Wohlergehen von Leib und Seele auswirkt, ist mit Händen zu greifen. Wissenschaftler am MIT in Boston und von der University of Wisconsin konnten tibetische Mönche sowie den in Frankreich geborenen Buddhisten und Molekularbiologen Mathieu Ricard gewinnen, ihre Gehirnaktivität während der Meditation beobachten zu lassen.[153] Dabei ergab sich unter anderem eine erhöhte Aktivität im präfrontalen Cortex und damit in dem Bereich der Großhirnrinde, der mit Gefühlen wie Glück, Muntersein und Wohlergehen in Verbindung gebracht wird. Ähnliche Testreihen wurden mit den total gestressten Mitarbeitern eine Biotechnologie-Firma gemacht, wobei die eine Hälfte an einem achtwöchigen Meditationskurs von Jon Kabat-Zinn teilnahm (er ist Autor zahlreicher Bücher über das Meditieren, etwa *Gesund durch Meditation. Das große Buch der Selbstheilung*). Die Meditationsnovizen zeigten nicht nur eine größere Aktivität im linken präfrontalen Cortex, auch ihre Abwehrkräfte gegen die Influenza-Viren, mit denen sie von den Forschern geimpft wurden, waren deutlich stärker. Dabei galt: Je höher die Aktivität im linken Stirnlappen, desto stärker das Immunsystem. Wieder andere Studien zeigten, dass Meditation nicht nur Anspannung abbaut, sondern auch die Lebenserwartung verlängert sowie Krankheiten wie Krebs, Herz-Kreislauf-Erkrankungen und sogar AIDS verhindert, verlangsamt oder zumindest eindämmt. Die Forschung steht auf diesem Gebiet noch ganz am Anfang, aber die positive Korrelation zwischen Meditation und Gesundheit ist jetzt schon deutlich.[154]

Auch im Sport zeigt Kontemplation Wirkung. Peter Spang, heute Berater bei der Swiss Consulting Group, in den 1980er-Jahren Tennisprofi, der unter anderem gegen Ivan Lendl und Boris Becker spielte, erfuhr die Stille mitten auf dem Tennisplatz: „Meine schönsten, einfallsreichsten Schläge auf dem Tennisplatz muss ich in einem meditativen Zustand gemacht haben – ohne Gedanken und Gefühle, nur in einer kristallklaren Aufmerksamkeit."[155] Phil Jackson, einer der großen Basketballtrainer unserer Generation, spürt mit den Mitteln der Meditation die Kraft in der Mitte des Gefechts auf – für sich und seine Spieler. Er sagt: „Das beste Mittel gegen Stress ist meines Wissens Meditation. Ich starte damit jeden Morgen in den Tag. Es ist eine Übung und ein Setzen von Prioritäten." Als Jackson noch für die New York Knicks spielte, Jahre bevor er als „Zenmeister-Coach“ bekannt wurde, hat er sich einen Raum im Madison Square Garden geschaffen, in dem er Ruhe und Gelassenheit finden und sich konzentrieren konnte. Dazu nutzte er Atemtechniken: „Natürlich beeilt sich der Kopf, die Lücken zu füllen, aber jeder Atemzug bringt mich zu innerer Ruhe und innerer Stille zurück“, erklärte er. „Die Samurai sind dafür ein gutes Beispiel. Sie nutzten Meditationstechniken, um mitten im blutigen Kampf die Ruhe zu bewahren.“[156]

Jackson und Spang sind nicht die Einzigen: Rund zehn Millionen Amerikaner nutzen Meditation, um ihre Mitte zu finden und bessere Entscheidungen zu treffen. Stille und Gebet sind gut fürs Geschäft, sagen sie. Unternehmensführer wie Thomas S. Monaghan sind darunter, der Gründer des weltweit größten Pizzalieferservices Domino's Pizza.

(Haben Sie von Moishe gehört, der die Synagoge besucht, weil er sich mit Shawn treffen will, um über den Verkauf eines Diamanten zu sprechen? Shawn ist noch nicht da, Moishe wartet einen Moment und verkürzt sich das Warten dann mit der *Mincha*, dem Nachmittagsgebet. Da kommt Shawn, sieht Moishe still beten, geht zu ihm und bietet 10.000 Dollar für den Stein. Moishe darf sein Gebet nicht unterbrechen, selbst Handbewegungen sind verboten, so will es der Glaube. Also betet er weiter. Shawn denkt, 10.000 Dollar sind Moishe nicht genug, und bietet 20.000 Dollar …)

Doch im Ernst: Auch nicht als Yogis bekannte Unternehmensführer nehmen sich Zeit für Reflexion. Andy Grove, der einst die Geschicke von Intel leitete, war für seine Rastlosigkeit berüchtigt (seine Autobiografie trägt den Titel *Nur die Paranoiden überleben*) und zog sich dennoch regelmäßig zurück, um nachzudenken und die langfristigen Trends der Branche zu erkennen. Bill Gates genehmigt sich „Denkwochen“, in denen er offline ist, keinen Zugang zu PC und anderen technischen Spielereien hat, und von denen er mit neuen Ideen zurückkommt, die ihm beim Lesen und Nachforschen kamen, allein oder in Gesellschaft. „Es geht um Synthese und die Konzentration auf das Wesentliche, man erklimmt Sechstausender und denkt wirklich über Weichenstellungen nach“, sagte eine Microsoft-Sprecherin.[157]

Abgesehen davon kann Nichtstun gut für die Umwelt sein. Das Magazin *The Idler* hält fest, dass unsere rastlose Kultur zu einem desaströsen Verbrauch an fossilen Brennstoffen und dem entsprechenden Ausstoß an Treibhausgasen führt. Wenn wir nur einen Tag pro Woche unsere ameisengleiche Hektik unterbrächen, weder Heizung noch Licht noch das Auto nutzten und uns auch nicht im Flugzeug Richtung Ferien absetzten, wenn wir stattdessen im Park spazieren gingen oder mit Freunden redeten, würden wir unseren Treibstoffverbrauch signifikant vermindern. Tu nichts und rette den Planeten[158] – das wäre doch mal ein schöner Werbeslogan!

Torah und Stille

Tausende von Jahren vor Churchill, Gandhi und Mandela nennt die Torah frühe Vorbilder, die sich zurückzogen, aber auch abschreckende Beispiele blindwütiger Aktivität. Jakob, Moses und David waren Schafhirten und entwickelten ihre Führungsqualitäten in der meditativen Stille der Wüste. Die umfassende Ruhe, die riesige Leere erlaubte ihnen, unbesiegbar zu werden. Auch viele Propheten empfingen ihre Prophezeiungen und Visionen in der Wüste.

Rabbi Israel ben Elieser, der Baal Schem Tow, meditierte im 18. Jahrhundert stundenlang im Wald. Er hat den Chassidismus begründet, eine Bewegung frommer Juden und Kabbalisten, und nach seiner Lehre geschahen die drei großen Sünden der Menschheit – die Sünde von Adam und Eva, die vom Baum der Erkenntnis aßen, die Sünde der Juden, die um das Götzenbild des goldenen Kalbs tanzten, und die Sünde Davids, der es mit der schönen Bathseba trieb, obwohl sie mit Uri verheiratet war, den er in die Schlacht und damit in den sicheren Tod schickte, um ihn aus dem Weg zu räumen[159] – aus Ungeduld, Genusssucht und der Unfähigkeit, den richtigen Moment abzuwarten.[160] Noah andererseits musste 120 Jahre lang an seiner Arche bauen, damit alle Arten die Sintflut überlebten, und dann noch einmal ein Jahr warten, bis sich das Wasser wieder zurückgezogen hatte (eine unvorstellbar lange Zeit für Menschen, die vorrangig die nächsten Quartalszahlen im Blick haben).

Moderne Noahs würden wohl noch mehr Geduld brauchen. Es gibt einen Witz, dass der Herr wieder zu Noah kommt, der inzwischen in den USA lebt. Gott findet die Erde mal wieder zu sündig und überbevölkert und sieht in einem halben Jahr das Ende der Menschheit vor sich. Noah bekommt den Auftrag, bis dahin eine neue Arche zu bauen, von jedem Tier ein Paar, und ein paar gute Menschen hineinzuschaffen. Und dann sollte es wieder 40 Tage und 40 Nächte ununterbrochen regnen. Nach sechs Monaten schaut Gott herunter und sieht Noah, der im Hinterhof sitzt und heult. „Noah!", brüllt er. „Ich fange jetzt mit dem Regen an, wo bleibt die Arche?" Noah schreit: „Vergib mir, Herr! Aber die Dinge haben sich geändert. Ich brauchte eine Baugenehmigung. Meine Nachbarn haben mich verklagt, weil ich die Bauvorschriften hier im Viertel mit der Arche verletzt habe. Dann verlangte das Verkehrsamt, dass wir eine Anleihe auflegen, um die Kosten für den Transport der Arche zum Meer zu bestreiten, denn dafür müssen Stromleitungen und andere Überlandkonstruktionen ab- und wieder aufgebaut werden. Ich habe ihnen erklärt, dass das Meer zu uns kommt, aber davon wollten sie nichts wissen. Als ich die Tiere einsammelte, prozessierten Tierschützergruppen gegen mich. Sie behaupteten, es sei grausam und unmenschlich, so viele Tiere auf so kleinem Raum einzusperren. Die Einwanderungsbehörde kontrollierte die Arbeitserlaubnis der meisten Menschen, die für mich arbeiten wollten. Und obendrein hat der Internal Revenue Service mein Vermögen konfisziert, weil ich angeblich illegal das Land mit bedrohten Tierarten verlassen will. Bitte vergib mir, Herr, aber ich bräuchte mindestens zehn Jahre, um die Arche zu bauen."

Da klart der Himmel auf, die Sonne scheint und ein Regenbogen spannt sich über den Himmel. Noah sieht erstaunt hoch und fragt: „Du willst die Welt also nicht zerstören?"

„Nein", antwortet der Herr. „Die Regierung ist mir zuvorgekommen."

Mal abgesehen von Noah und seinen Problemen besteht das hebräische Wort für Warten, *mechake*, aus denselben Buchstaben wie das Wort für Weisheit, *chachma*. Nur die scheinbar müßig verbrachte Zeit gestattete Noah, die alte Welt, die Welt vor der Sintflut, hinter sich zu lassen und eine neue aufzubauen.

Eine Insel im Meer der Zeit

Der Sabbat ist eine geniale Erfindung. Einen Tag pro Woche sind wir ruhig, treiben unser Leben nicht voran, ergehen uns nicht in Hyperaktivität. Für die Juden ist es der höchste Feiertag, höher als Rosch Haschana und Jom Kipur, der Tag, an dem wir einfach sein sollen. Deswegen nannte ihn der moderne jüdische Philosoph und Kämpfer für die Bürgerrechte, der in Selma mit Martin Luther King marschierte, in seinem Beitrag *The Sabbath* eine „Insel im Meer der Zeit“:[161]

> *Im stürmischen Ozean der Zeit und Zerreißproben gibt es Inseln der Stille, an denen wir einen Hafen anlaufen und unsere Würde zelebrieren können. Diese Insel ist der siebte Tag, der Sabbat … Sechs Tage die Woche leben wir in der Tyrannei des Raums, am Sabbat versuchen wir, uns der Heiligkeit in der Zeit zuzuwenden. An diesem Tag sind wir dazu aufgerufen, an der Ewigkeit teilzuhaben …, uns von den Ergebnissen der Schöpfung ab- und den Mysterien der Schöpfung zuzuwenden, von der geschaffenen Welt hin zur Schaffung der Welt.*

Die Mischna (die erste schriftliche Fassung der bis ins erste Jahrhundert unserer Zeitrechnung nur mündlich tradierten Torah) zählt 39 Arbeiten auf, die zur Errichtung des Tempels notwendig und deswegen am Sabbat verboten waren (denn auch der Bau von etwas höchst Heiligem war am Sabbat unzulässig), darunter das Feld bestellen, Pflanzen gießen, Lasten tragen, pflügen, Feuer machen, kochen, backen, säen, schlachten oder mauern. Erweitert: Geldgeschäfte tätigen, Auto fahren, telefonieren, CD, DVD, TV oder PC nutzen. Man darf weder schreiben noch Geschriebenes löschen, denn sowohl der Stift auf dem Papier wie das Tippen auf einer Tastatur verändern die Struktur des Papiers oder der Festplatte, würde also etwas erschaffen und damit der Regel von der „Insel im Meer der Zeit“ widersprechen. Man soll leben: Zeit mit Freunden und anderen lieben Menschen verbringen, beten und die Torah studieren, singen und tanzen, essen, trinken und Liebe machen (mit der Ehefrau). Jede Woche meiden Juden, die den Sabbat achten, jegliche Aktivität vom Sonnenuntergang am Freitag bis zum Dunkelwerden am Samstag. Es ist eine Art Defragmentierung des Gehirns, wenigstens einmal die Woche ein Einswerden mit sich. Das Gefühl beginnt mit dem Anzünden der Sabbatkerze vor dem Sonnenuntergang am Freitag. Sobald sie leuchtet, ist eine Linie im Sand gezogen: Ab jetzt ist es Zeit für die Familie, eine wertvolle Zeit, eine heilige Zeit. Der Sabbat hat begonnen. Keine Hektik mehr, kein Mühen um bessere Resultate, kein Management, keine Verpflichtungen, keine Geschäfte, keine Geschäftigkeit. Der Kampf ruht, die ganze Umgebung atmet Frieden, alles ist gut so, wie es ist, nichts muss sich ändern. Die Freiheit, einfach zu sein, ist ein stilles Genießen.

Tipp

Am Beginn des Sabbatessens, nach der Segnung des Weins, waschen sich Juden die Hände und reden nicht, bis das Brot gesegnet ist. Diese Minuten der Stille sind ein Segen in sich. Man muss nicht Konversation machen, keinen Eindruck schinden oder sonstwie die Dinge vorantreiben. Sie könnten weitere Zeitinseln schaffen, aus denen Sie den Druck herausnehmen und einfach nur sind. Aus diesen Inseln heraus könnten Sie Klarheit über Ziele gewinnen. Aus dem Sein rührt die Kraft des Tuns. Schon Shakespeare ließ Hamlet sagen: „Sein oder Nichtsein, das ist hier die Frage."

Stille praktizieren

Aus der Sabbatruhe entstand die Idee des Sabbatjahres: Jedes siebte Jahr sollten in Israel die Äcker brach liegen bleiben, alle Schulden erlassen und hebräische Sklaven freigegeben werden. Bis heute widmen sich die Orthodoxen dann verstärkt der religiösen Lektüre und dem Gebet.[162] Nicht nur der Ackerboden bleibt auf diese Weise fruchtbar, auch der menschliche Geist kann sich erholen. Abraham Lincoln soll gesagt haben: „Wenn ich acht Stunden hätte, um einen Baum zu fällen, würde ich meine Axt sechs Stunden lang schärfen." Genau das bedeutet der Sabbat: Er schärft die Axt, und in der folgenden Woche wird Sie niemand aufhalten können.

Doch wie praktiziert man Stille im Alltag? Ein guter Ausgangspunkt wäre das Eingeständnis, dass man nicht eine Minute stillhalten könnte. Manchmal möchten wir voranstürmen und wären gern viel weiter, als wir es faktisch sind. Frieden und Ruhe hat man aber immer nur im Hier und Jetzt, das ist eine Binsenwahrheit, aber darum nicht weniger wahr: Wir werden immer nur hier und jetzt sein. Niemals können wir anderswo sein. Deswegen kommt für die Buddhisten alles Leid aus dem Wünschen. Das unstillbare Verlangen nach mehr oder etwas anderem oder das pure Warten verursacht Schmerzen. Wer im Augenblick lebt, stellt vielleicht überrascht fest, dass nichts fehlt. Man ist erfüllt.

Das klingt gut, aber wie soll man im Jetzt leben, wenn die Gedanken im Höchsttempo durchs Hirn jagen und vergangenen Ärger und Versäumnisse („Hätte ich doch …", „Wie konnte sie nur …") abladen oder Ängste und Sorgen hinsichtlich der Zukunft bringen? Wie entspannt sich der Dalai Lama, wohl das Symbol für Stille und Frieden unserer Zeit? „Ich lasse meine Gedanken jeden Morgen vor dem Aufstehen zu mir kommen", sagt er. „Ich meditiere ein paar Stunden, das ist wie ein Aufladen." Ein paar Stunden? „Ich arbeite im Garten, das Gärtnern gehört zu meinen Hobbys. Und ich lese gern Lexika mit Bildern." Er lachte. „Ich bin ein Mann des Friedens, aber ich sehe mir gern Bildbände über den Zweiten Weltkrieg an."[163]

Wenn sich der bekannteste Mann, der in unserer Zeit für gewaltlose politische Veränderungen kämpft, beim Betrachten von Kriegsbildern entspannt, dann können Sie frei entscheiden, was Ihnen zur Ruhe verhilft. Laufen? Spazieren gehen? Baden? Ihre Entscheidung. Einer der Coaching-Klienten des CEO beschleunigte seinen nagelneuen BMW auf deutschen Autobahnen, bis er 225 Stundenkilometer fuhr, und dann war er in seinem Element. Es gibt keine Regel, wie man Stille zu praktizieren hätte (solange man sich nicht mit dem Umbringen anderer Menschen oder Selbstverletzungen entspannt), die Entscheidung liegt allein bei Ihnen.

Und erzählen Sie nicht, Sie hätten zu viel zu tun: Rabbi Schlomo ben Aderet (auch unter der Abkürzung Raschba bekannt), einer der bedeutendsten Torah-Gelehrten des 13. Jahrhunderts mit einem vollgepackten Terminplan, fand täglich die Zeit für einen einstündigen Spaziergang.

Viele Juden folgen Raschbas Beispiel und studieren die Torah. Nach dem *Sohar* ist die Torah älter als das Universum, und zwar 2000 Jahre älter.[164] Wer sich in die Torah vertieft, hat Gott an seiner Seite, er wird eins mit dem Unendlichen. Genau genommen gibt Ihnen alles, was Sie mit ganzem Herzen und mit voller Konzentration tun, Zugang zur Ruhe. Ob Sie abwaschen und sich ganz auf das warme Wasser an Ihren Händen konzentrieren, den Geruch des Spülmittels, das Klirren von Besteck, das an die Tasse stößt, die Strahlkraft eines tropfnassen Glases, oder ob Sie achtsam gehen und sich jeden Schritt bewusst machen, wie die Ferse und der Ballen auftreten, wie die Zehen im Schuh stecken, wie die Haut gegen den Stoff reibt, oder ob Sie Liebe machen (die Details hier müssen Sie schon selbst herausfinden): Immer liegt der Schlüssel darin, ganz und gar dabei zu sein, vergessen Sie die Opportunitätskosten und was Sie alles verpassen könnten (denn da Sie hier und nicht dort sind, verpassen Sie auch nichts). Gestatten Sie sich, ganz in der Fülle der Gegenwart zu sein. Sie haben jeden Augenblick die Wahl: Wollen Sie einfach nur etwas erledigen, es überstehen, durchkommen – oder lassen Sie sich fallen, verlieren Sie sich in dem, was gerade ansteht, und verwandeln Sie den Augenblick so in ein Fenster zur Ewigkeit?

Führen heißt Neinsagen

Führungskräfte übernehmen per definitionem mehr Aufgaben, als sie bewältigen können, und so wird ihr Leben oft zu turbulent für Oasen der Stille. Viele haben ein Konzentrationsproblem der besonderen Art: Was immer sie tun, sie denken an all die anderen Dinge, die sie stattdessen tun könnten oder sollten. Das sorgt für viel Stress, Fokusangst, wie es ein Hightech-Entwickler, ein Klient des CEO, treffend nannte. Und deshalb wäre dieses Kapitel unvollständig ohne eine zentrale Übung, die erst die

Ruhe des Sabbat in den Alltag holt: Nein sagen. Der dänische Philosoph Søren Kierkegaard erkannte: „Die Reinheit des Herzens ist, Eines zu wollen."[165] Wahren Seelenfrieden findet, wer sich auf eine Sache konzentrieren kann, also Prioritäten setzt und zweitrangige Anforderungen abweist, selbst wenn sie noch so laut und aufdringlich daherkommen. Jack Welch hat es vorexerziert: In seinen 18 Jahren als Chef von General Electric hat er nur fünf größere Initiativen gestartet. Lernen kann man es auch von dem „Vater der amerikanischen Stahlindustrie", einem der großen Unternehmer des 19. Jahrhunderts, Andrew Carnegie, der ein englisches Sprichwort in seinem Sinn umformuliert hat: „Leg sämtliche Eier in einen Korb und pass gut auf den Korb auf." In seiner Autobiografie schrieb er:

> *Der wahre Weg zum Erfolg auf einer Linie heißt, diese auf ganzer Linie zu beherrschen. Ich habe kein Vertrauen in die Geschäftspolitik des Verstreuens der eigenen Ressourcen, und ich habe selten bis nie einen Mann getroffen, der an vielen Dingen interessiert gewesen und trotzdem reich geworden wäre. Das gilt ganz sicher für die Produktion. Erfolgreiche Männer haben sich für eine Linie entschieden und daran festgehalten … Mein Rat an junge Menschen wäre, sich nicht nur zeitlich und geistig auf ein Geschäft zu konzentrieren, sondern jeden Dollar Kapital, über den sie verfügen, dort zu investieren.*[166]

Tool 4.1: Das Wichtigste zuerst

Stellen Sie ein leeres Schraubglas vor sich hin, legen Sie so viele Steine hinein, dass der Deckel noch zugeht. Füllen Sie es dann mit Kieselsteinen auf. Anschließend schütten Sie die immer noch reichlich vorhandenen Leerräume mit Sand zu – in dem Glas ist mehr Platz, als Sie sich vorgestellt haben, nicht wahr? Und wenn kein Sand mehr hineingeht, für Wasser finden sich noch Hohlräume. Jetzt erst ist das Schraubglas wirklich voll. Was schließen wir daraus? Dass man immer noch mehr ins Leben quetschen kann, egal, wie gestopft voll der Terminkalender schon ist?

Nein, das sollte damit nicht gesagt sein. Die Botschaft lautet eher: Prioritäten setzen. Die großen Brocken kommen zuerst dran.

Viele Führungskräfte glauben, das hätten sie im Griff. Doch fragt man sie nach ihren Prioritäten, liefern sie eine To-do-Liste. Aufgaben sind aber keine Prioritäten, Prioritäten setzen ist die eine vorrangige Methode, wie man effektiv lebt und in einer Welt, die ein überwältigendes Überangebot von Möglichkeiten bietet, nicht den Verstand verliert. Wer Prioritäten deutlich formuliert und nach ihnen handelt, reduziert massiv die Fokusangst (die ständigen Nebengedanken an das, was man gerade nicht erledigt). Sie können in allen anderen Bereichen hervorragende Führungseigenschaften haben, wenn Sie keine Prioritäten haben, erreichen Sie niemals Ihr Ziel. Es ist, als würden Sie sich ohne Navi und Karte ins Auto setzen und nicht einmal genau wissen, wo Sie hinwollen. Da können Sie noch so schnell fahren, Sie werden nie ankommen. Selbst Martin Luther Kings fantastische Rhetorik wurde allzu abstrakt und geschraubt, sobald er sich nicht ausschließlich auf eine Sache konzentrierte, sei es der Busboykott oder drohende Gefängnisstrafen.[167] Winston Churchill wurde in Friedenszeiten eine blasse Figur, nachdem er die schier übermenschliche Aufgabe, Hitler zu bezwingen, bewältigt hatte, und verlor die Wahl 1945.

Damit Sie mit Prioritäten arbeiten können, müssen Sie diese klar aussprechen. Doch wie können Sie wissen, was das Wichtigste ist und zuerst kommt? Es sollte sich aus den langfristigen Zielen ergeben, wie wir im zweiten Kapitel gesehen haben. Wenn eine Versicherungsvertreterin 200.000 Dollar pro Jahr verdienen will, liegt ihr Fokus zum Beispiel auf einer 30-prozentigen Steigerung der Abschlüsse, einer Erweiterung des Pools potenzieller Kunden auf 300 Personen, einer verbesserten Einschätzungsmethode potenzieller Kunden, dem Beitritt zu einem Berufsverband sowie der Publikation von zwei Artikeln in Fachzeitschriften, um sich als Expertin zu positionieren. Wer seine Prioritäten kennt – für das laufende Jahr, das Quartal, den Monat, die Woche –, kann jeden Tag in einen Meilenstein auf dem Weg zur langfristigen Vision verwandeln.

Wie gut Sie die Prioritäten formulieren, trägt zu ihrer Verwirklichung erheblich bei. Nur wenn sie klar spezifiziert sind, haben Sie eine Chance: Benennen Sie die Tätigkeit, legen Sie den Zeitraum fest, bestimmen Sie überprüfbare Kriterien. Die Mindestanforderung ist, dass Ihnen kein Interpretationsspielraum bleibt, ob Sie Ihr Ziel erreicht haben oder nicht. „Interessenten anrufen" erfüllt die genannten Bedingungen nicht. Reicht es, wenn Sie zwei Leute angerufen haben? Selbst wenn Sie diese nicht erreichten? Oder mit ihnen über ganz andere Dinge redeten? „Interessenten anrufen" führt zu Betriebsamkeit, aber nicht zu Ergebnissen. „Diese Woche drei Angebote verschicken" ist hingegen klar: Spätestens am Freitag können Sie die Frage, ob Sie Ihre eigenen Erwartungen erfüllt haben, mit Ja oder Nein beantworten. Weitere Beispiele finden Sie in der folgenden Tabelle.

Tätigkeit	Priorität
Vertriebsleistung verbessern	Umsatz in allen Filialen bis Jahresende um mindestens 25 Prozent steigern
Mehr Geld verdienen	Bis 31. März Gehaltserhöhung um 5 Prozent erreichen
Mehr Spaß haben	Diesen Monat mindestens zwei Mal tanzen gehen
Ein besserer Vater sein	Den Kindern jeden Abend eine halbe Stunde lang vorlesen
Schneller Produkte auf den Markt bringen	Entwicklungszeit bis Jahresende auf unter 120 Tage halbieren

Sollten die Prioritäten für eine Gruppe von Menschen gelten, müssen Sie sicherstellen, dass alle Mitglieder dieser Gruppe auf die Prioritäten eingeschworen sind. Wenn alle an einem Strang ziehen, entwickeln sie gewaltige Kräfte. Dafür sollte sich ein Team am Anfang jedes Prioritätenzyklusses treffen – beispielsweise jeden Monatsersten oder zu Beginn des neuen Quartals –, Ergebnisse oder deren Ausbleiben besprechen, Gründe für Misserfolge untersuchen und die Ziele für den nächsten Zeitraum festlegen. (Wenn Sie richtig durchstarten wollen, ist es unter Umständen sinnvoll, sich am letzten Arbeitstag der Woche zusammenzusetzen und die nächste Woche zu planen.) Am Anfang jeder Sitzung sollte ein Rückblick auf die bisherigen Leistungen stehen, damit die Teammitglieder aus der Vergangenheit lernen und sich untereinander austauschen können (mit Tipps, wie man etwas am besten anpackt und wie man es auf gar keinen Fall machen sollte). Erkennen Sie Leistungen an, loben Sie die dafür verantwortlichen Personen, überlegen Sie gemeinsam, was hinter dem Erfolg stand. Wurde eine Priorität nicht eingelöst, suchen Sie nach den Ursachen und entfernen Sie das Hindernis. Erst nach dem Rückblick kann sich die Runde den Prioritäten des nächsten Zeitraums zuwenden. In unserer handlungsorientierten Kultur überstürzen wir die Dinge gern, aber sowenig wie man den zweiten Schritt vor dem ersten tun sollte, sollte man zur Planung übergehen, bevor man den Rückblick abgeschlossen hat.

Tipp
Wenn Sie überlastet sind, ist die Ursache wahrscheinlich, dass Sie sich nicht auf Ihre höchste Priorität konzentrieren.

Zum Setzen der Prioritäten gehört das Delegieren. Tun Sie nur, was Sie wirklich selbst tun müssen. Wer etwas erreichen will, kann das nicht, ohne andere einzubeziehen, angefangen bei Moses: Sein Schwiegervater Jethro – der erste Management-Coach, von dem wir Kunde haben – riet ihm zu Kommunikations- und Delegationsmechanismen.

Es ist nicht gut, wie du es machst. Du musst ermüden, sowohl du, als dieses Volk, welches bei dir ist, denn das Geschäft ist dir zu schwer, du kannst es nicht allein ausrichten. Gehorche vielmehr meiner Stimme, wie ich dir raten will, und Gott stehe dir bei. Diene du dem Volke bei Gott, dass du nämlich die Sachen vor Gott bringst, ihnen aber die Gesetze und die Lehren einschärfst und ihnen bekannt machst den Weg, welchen sie gehen sollen, und was sie zu tun haben. Du aber suche aus dem Volke aus, rechtschaffene Biedermänner, die Gott fürchten, Männer, die der Wahrheit ergeben sind und die den Eigennutz hassen, diese sollst du über sie setzen, Vorsteher über Tausende, Vorsteher über Hunderte, Vorsteher über fünfzig und Vorsteher über zehn. Sie mögen dem Volke Recht sprechen zu aller Zeit, dabei aber sollen sie jede wichtige Rechtssache dir vorbringen, und jede geringe Rechtssache selbst entscheiden, damit es dir leichter werde, indem sie dir tragen helfen. Wirst du nun dieses tun, so wirst du, wenn es der Wille Gottes ist, bestehen können und auch die ganze Nation wird mit Frieden nach Hause kehren.[168]

Für einen Führer kleineren Kalibers wäre Jethros Rat ein Freibrief für arrogantes Verhalten gegenüber dem Volk gewesen. Nicht so für den demütigen Moses.

Timothy Ferriss ist Chef von Brain-Quicken. Das Unternehmen mit Sitz in San Jose entwickelt und vertreibt Sportlernahrung an Großhandelskunden weltweit. Ferriss hat sich selbst einen Emanzipationskurs auferlegt und zu seinen ersten Erkenntnissen gehörte, dass bei einem Kundenstamm von rund 120 Firmen nur 5 Prozent 95 Prozent der Umsätze generierten. „Binnen 24 Stunden traf ich im Anschluss daran mehrere einfache, wenn auch emotional ausgesprochen schwierige Entscheidungen, die mein Leben grundlegend verändert haben." Er versetzte die unproduktive Mehrheit der Kunden in eine Warteposition. „Wenn sie etwas bestellten, wunderbar, die Bestellwege kannten sie ja. Wenn nicht, beschloss ich, nichts zu unternehmen, überhaupt nichts: keine Anrufe, keine E-Mails, keine Werbung, nichts." Und er beschloss, nur noch die Besprechungen zu besuchen, in denen es um Entscheidungen ging. „Wenn einer vorschlug, sich mal zusammenzusetzen, oder ein Telefonat vereinbaren wollte, bat ich um Information, worum es gehen sollte, und bestimmte einen Zeitpunkt, zu dem das Treffen beendet wäre. Entscheidungen sollten höchstens 30 Minuten dauern." Um seinen E-Mail-Verkehr einzudämmen, erteilte Ferriss Kundendienstleitern die Vollmacht, Probleme mit einem Sachwert von bis zu 100 Dollar selbstständig zu entscheiden. Und er beauftragte einen Bürodienstleister in Indien, seinen E-Mail-Eingang zu verwalten (was ihn zwischen 4 Dollar und 10 Dollar die Stunde kostete).[169]

Was Moses nützte, kann auch Ihnen helfen: Markieren Sie die Aufgaben auf Ihrer To-do-Liste mit A, B und C. Aufgaben der Kategorie A müssen Sie selbst erledigen, also etwa die Strategie des Unternehmens entwerfen oder zum Frisör gehen. B sind Dinge, die Sie gern tun würden, aber nicht unbedingt tun müssen. Also beispielsweise einen Bericht zum Klienten bringen oder ein Geburtstagsgeschenk für Ihre Tochter abholen. C betrifft alles, was Sie abgeben können: Debitoren abgleichen, Internetseite aktualisieren usw. Trotzdem kann es mitunter strategisch sinnvoll sein, scheinbar kleine oder unqualifizierte Arbeiten selbst zu erledigen. Es beeindruckt Ihre Mitarbeiter, wenn Sie sich nicht zu schade sind, ein wichtiges Paket höchstpersönlich zur Postabteilung zu bringen. Nicht zuletzt aus diesem Grund ist Mahatma Gandhi 1930 persönlich vom Aschram bei Ahmedabad über 385 Kilometer bis Dandi am Arabischen Meer gewandert, einen Bambusstecken in der Hand, das berühmte Tuch um die Hüfte geschlungen, den Oberkörper leicht vorgebeugt. Am Strand angekommen, bückte er sich und hob einige Salzbrocken auf, wandte sich mit ernster, gefasster Miene der Menschenmenge zu, die seine Handlungen gespannt beobachtete, und hielt sie ihnen auf der offenen Hand hin: Gewaltlos, so forderte er sie auf, sollten sie selbst Salz gewinnen, trotz des britischen Salzmonopols. Der Salzmarsch wurde das Symbol der indischen Unabhängigkeit. Die Briten reagierten mit einer wahnwitzigen Verhaftungswelle und warfen Zehntausende ins Gefängnis, auch Gandhi, der seinen Anhängern eine letzte Botschaft zukommen ließ: „Eine Handvoll Salz in der Faust eines Mannes der Gewaltlosigkeit“, sagte er, „ist zum Symbol der Ehre Indiens geworden. Die Hand kann gebrochen werden, aber das Salz wird sie nicht loslassen.“[170]

Tipp

Wenig steigert die Produktivität mehr – und reduziert Stress und Fokusangst besser – als die folgende Zwillingspraxis. Beginnen Sie

Ihren Tag erstens mit einer wichtigen Aufgabe und niemals mit der Beantwortung von E-Mails (es sei denn, Sie hätten die Aufarbeitung eines E-Mail-Staus für diesen Tag zur Priorität erklärt). „Keine Telefonate", so beschrieb der verstorbene schwedische Regisseur Ingmar Bergman seinen Morgen, „früh aufstehen, frühstücken, einen Spaziergang machen, keine Zeitung lesen, mit niemandem telefonieren. Sich an den Schreibtisch setzen."[171] Lassen Sie nichts dazwischenkommen, bis Sie das an diesem Tag Wichtigste erledigt haben. Danach haben Sie dann Zeit für minder wichtige Aufgaben. Und nehmen Sie sich zweitens am Ende Ihres Arbeitstages, bevor Sie das Büro verlassen, die für den nächsten Tag anstehende wichtigste Aufgabe vor.

Sagen Sie nur dann Ja, wenn eine Aktion strategisch wichtig und für Sie und für Ihr Unternehmen bedeutsam ist. Wenn Sie nicht Nein sagen lernen, sind Sie entweder schnell überfordert oder nicht mehr Herr der Lage, Sie werden Spielball der Umstände oder ein Punkt auf der Tagesordnung anderer Leute (was, es sei noch einmal gesagt, das Gegenteil von Führung bedeutet). Nein zu sagen ist nicht schlimm, im Gegenteil: Die Freiheit, eine Einladung, eine Anfrage oder eine Chance abzulehnen, kann von Verantwortungsbewusstsein und Integrität zeugen. Wenn Sie sich diese Freiheit nicht herausnehmen, können Sie im Grunde auch nie wirklich Ja sagen. Wir alle haben Verpflichtungen, hinter denen wir nicht stehen, dazu sind wir manchmal gezwungen, etwa zum Steuernzahlen, aber manchmal schleppen wir auch die Folgen früher richtiger Entscheidungen mit, die sich überholt haben, zum Beispiel wöchentliche Abteilungstreffen, die lediglich dem Informationsaustausch dienen. Besonders in Großunternehmen können die dortigen Gepflogenheiten und der Gruppendruck dazu führen, dass man anderen gefallen möchte. Doch auch hier müssen Sie sich treu bleiben.

Einer der Klienten des CEO, der in der Hierarchie eines Ölmultis ziemlich weit oben stand, merkte in einer der ersten Coaching-Sitzungen, dass er häufiger reagierte als agierte: „Ich weiß nie, welches meine Prioritäten sind und welches die von anderen. Ich setze nicht genug Prioritäten, ich mache in der Firma nicht klar, wo ich stehe." Einige Monate später hatte er sich daran gewöhnt, Nein zu sagen: „Ich lasse mich nicht herumschubsen, weil ich jetzt für langfristige Ziele und Prioritäten arbeite." Wenn es Ihnen gelingt, die verschiedenen Stränge Ihres Lebens in einer wichtige Aufgabe zu bündeln, statt diversen Verpflichtungen hinterherzujagen, die Sie schier zerreißen, dann dient alles einem Zweck. Wenn nicht, dann lassen Sie es.

Tool 4.2: Ausmisten

Zehn Jahre nach einer Kehlkopfkrebsoperation veröffentlichte der Soziologe Robert K. Merton seine „Proklamation der Selbstemanzipation". Darin schrieb er: „Hiermit erkläre ich, dass ich kein Buch schreiben, überarbeiten oder herausgeben, keine Vorlesung halten, keine Referate für Symposien verfassen werde …" So ging es eine ganze Seite lang weiter.[172] Der CEO hat eine ähnliche Gewohnheit. In seinem PDA liegt eine Liste von Projekten, die er nicht länger verfolgt. So kann er sie in der U-Bahn oder in der Schlange beim Einchecken (oder, offen gesagt, auf dem stillen Örtchen, das seinen Namen nicht umsonst trägt – wo sonst kann man heute noch ungestört seinen Gedanken nachhängen?) abrufen. Die Gewohnheit, Projekte zu verabschieden, vereinfacht das Leben ungemein. Der CEO hat außerdem eine Liste mit alten Denkmustern und Einstellungen, die er über Bord werfen will: „Ich werde bestraft, wenn ich es nicht schaffe" zum Beispiel. Oder: „Ich muss das jetzt haben." Das hat er sich bei Rabbi Schneur Salman von Liadi abgeschaut, dem Alten Rebbe, der in seinem Hauptwerk, *Das Buch Tanja*, den Umgang mit negativen oder zerstörerischen Gedanken beschrieb: Nicht gegen sie ankämpfen, einfach anerkennen, dass sie von einer anderen Macht stammen, von der Tierseele in uns, und dann wegschieben.

Sagen Sie nur dann Ja, wenn eine Aktion strategisch wichtig und für Sie und für Ihr Unternehmen bedeutsam ist. Paradoxerweise kann gerade der Verzicht auf eine Sache die Freiheit schaffen, sie dann doch zu verfolgen. Auf der Niemals-Liste des CEOs stand früher: „Keine Bücher über Strategie schreiben!“ Jahre später ging er die Liste wieder einmal durch und strich diesen Punkt. Die Freiheit dazu resultierte nicht zuletzt aus der Freiheit, mit der er sich die Idee einst untersagt hatte.

Natürlich muss man Personen, die von einem solchen Verzicht betroffen sind, darüber informieren. Das eröffnet ihnen mehrere Möglichkeiten: Ihre Kollegen können versuchen, Sie von Ihrem Verzicht wieder abzubringen, die Aufgabe selbst übernehmen oder einen Dritten suchen, der sie übernimmt. Diese Entscheidung werden Ihre Kollegen nach ihren eigenen Prioritäten treffen und für Sie ist es ein Befreiungsschlag. Die gewonnene Zeit wird Ihrem Leben und Ihrer Arbeit sehr zugute kommen.

Nicht alles hängt von Ihnen ab, Sie sind nicht für alles verantwortlich, daran sollten Sie immer denken. Sonst halten Sie nicht durch. Warum sind Menschen gestresst? Weil sie glauben, sie müssten ständig zu 100 Prozent ihr Schicksal selbst in die Hand nehmen. Natürlich können Sie auch nicht alles einer höheren Macht überlassen, aber Sie haben die Börse nicht in der Hand. Niemand hat sie in der Hand. Sie können Ihr Produkt auf dem Markt anbieten, aber Sie können keinen zwingen, es zu kaufen. Verfallen Sie also nicht der Hybris, halten Sie sich nicht (wie Enron) für omnipotent, versuchen Sie nicht, alles zu kontrollieren. Sie können etwas unternehmen, aber ob Sie Ihr Ziel erreichen, liegt nicht allein in Ihrer Verantwortung. Es gibt ein jiddisches Sprichwort: „Man darf tan, nischt uftan.“ (Man muss etwas tun, nichts vollenden.) Sie können den Boden vorbereiten, die Pflanze wässern, wachsen muss sie schon selbst. Der verstorbene Großvater des Rabbis, Reb Aharon Leib, besuchte 1927 kurz vor der Ausreise seines Rebbe aus Russland Rabbi Josef Schneersohn[173] und bat ihn, seine Kinder zu segnen. Der Rebbe antwortete: „Ein junger Mann sollte wissen, dass es mit dem Segen wie mit dem Regen ist: Erst muss man pflügen und säen, dann schickt Gott auch den Regen dazu.“ Üben Sie sich in der Kunst, Dinge geschehen zu lassen, statt sie zwingen zu wollen. Versuchen

Sie, Ergebnisse herbeizulocken, statt sie mit aller Gewalt herbeizuzwingen. Das ist die hohe Kunst der Führung – wenn die Dinge mühelos und elegant gelingen. Versuchen Sie es. Üben Sie es. Es ist der Kern des dritten Gebots: Halte den Sabbat in Ehren.

Unterm Strich

- Führungskräfte stehen ständig in Gefahr, sich zu überfordern. Sie neigen zu Verantwortungsbewusstsein und Selbstverpflichtung und deswegen scheint die Welt oft mehr und mehr von ihnen zu fordern. Sie sehen Chancen, wo andere Schwierigkeiten sehen, und deswegen ertrinken sie schnell in dem Meer der Möglichkeiten. Um sich nicht vorzeitig zu verausgaben und um Herr der Lage zu bleiben, müssen sie sich regelmäßig Auszeiten gönnen, zur Ruhe kommen und sich neu fokussieren.
- In einer niemals ruhenden Welt ist die Erfindung des Sabbat die geniale Lösung für den Umgang mit Stress, zur Verhinderung von Herzinfarkten und zur Nachjustierung Ihres Managementkompasses.
- Kennzeichen großer Führer ist der Mut, Nein zu sagen und Aufgaben mit niedriger Priorität abzugeben. Wer zu allen Chancen und Anfragen Ja sagt, ist kein Führer, sondern ein Getriebener, einer, der früher oder später dem Burnout zum Opfer fallen wird.
- Mit folgenden Tools können Sie Ihr Leben vereinfachen: Prioritäten setzen, ausmisten, aufschreiben, was Sie nicht tun wollen.

Fünftes Kapitel

Das fünfte Gebot: Vater und Mutter ehren, denn Anerkennung macht mächtig

Öffne mir die Augen, Gott, für die Wunder um mich herum.
Zeig mir das Wunder jedes meiner Atemzüge,
jedes Gedanken, jedes Wortes, jeder Bewegung.
Lass mich die Wunder der Welt erfahren, die ich wahrnehme,
stets bewusst und dankbar für alles, was Du gemacht hast.

Rabbi Nachman aus Breslau

Das Bemerkenswerteste an meiner Mutter ist,
dass sie der Familie 30 Jahre lang nichts als Reste servierte.
Das ursprüngliche Essen wurde nie gefunden.

Calvin Trillin

Das fünfte Gebot: „Ehre deinen Vater und deine Mutter, damit du lange lebest auf dem Erdreich, welches der Ewige, dein Gott, dir eingeben wird." Anerkennung ist eins der wichtigsten Instrumentarien für Führungskräfte. Und doch nehmen wir so vieles als selbstverständlich gegeben hin – unsere Eltern, Kollegen und Mitarbeiter an unserem Arbeitsplatz, überhaupt die Mitmenschen, die vielen Kleinigkeiten, die sich zu großen Errungenschaften summieren. Was oder wen man anerkennt, gibt uns Macht. Anerkennung ist unverzichtbar in einer Welt, in der hoch qualifizierte Mitarbeiter ihr Wissen jeden Abend mit nach Hause nehmen (wenn sie nicht sowieso schon von zu Hause aus arbeiten) und zu einer anderen Firma wechseln, sobald sie sich nicht mehr genügend gewürdigt fühlen. Dieses Kapitel zeigt, wie Sie Anerkennung strategisch einsetzen: Wie Sie Menschen freie Hand lassen, wie Sie Hindernisse und sogar Widersacher auf Ihrem Weg anerkennen, wie Sie Kleinigkeiten, die andere übersehen, erfolgreich einsetzen, wie Sie Anerkennung als Strategie der Verantwortungsübernahme begreifen können.

Das Gebot, Vater und Mutter zu ehren, ist Gemeingut. Doch kaum jemand anders kann uns so schnell auf die Palme bringen, wahrscheinlich gerade weil wir sie so sehr lieben. Ihre Kritik („Hoffentlich verdienst du mal so viel, dass du mir zum Muttertag einen Strauß Blumen schenken kannst“, „Er kommt nur zehn Tage zu Besuch“, „Kannst du dir immer noch keinen anständigen Pulli leisten?“ usw.) schleudert manchen reifen Erwachsenen umgehend zurück in die Teenagerjahre, so sehr hauen die Sprüche ins Kontor. Nehmen wir einen Mann, der auf der Feier seiner eigenen Silberhochzeit einen Toast ausbrachte und mit einem Witz krönte. Der Witz war weder besonders witzig noch besonders originell, trotzdem lachten Freunde und Verwandte herzlich – bis auf die Mutter des Mannes. „Mit deinem dummen Witz“, schnaubte sie vor der versammelten Festgesellschaft, kaum dass er sein Glas erhob, „hast du die ganze Ansprache verdorben.“

Das Lachen erstarb, eisige Stille breitete sich aus, die Gäste sahen schockiert den so Gescholtenen an. Wie würde er reagieren? Er sah die Mutter direkt an und sagte: „Mutter, du bist das Familienoberhaupt, ich respektiere deine Meinung.“ Egal, wie sehr er innerlich getobt haben mag, seine reife Erwiderung rettete das Fest.

Wenn Sie Ihren Eltern gegenüber Dank empfinden für alles, was Sie sind und haben, wenn Sie anerkennen, dass Sie buchstäblich nicht existieren würden, gäbe es diese Eltern nicht, dann werden Sie erwachsen und reifer und können besser führen. Es gibt eine Geschichte über den Lubawitscher Rabbi Dow Bär (1773–1827, er war der Sohn des Alten Rebbe und wurde der Mittlere Rebbe): Als zwölfjähriger Junge hörte er die öffentliche Lesung der *Ki Tavo*, eines Teils der Torah, in dem die Juden mit 98 Flüchen belegt werden, und wurde sehr krank. Die Männer besuchten ihn am Krankenlager und fragen: „Warum bist du krank geworden?“ Das frühreife Kind konnte kaum den Kopf vom Kissen heben, flüsterte schließlich: „Weil ich die 98 Flüche hörte.“ „Aber die hast du doch schon mehrmals gehört und bist noch nie davon krank geworden.“ „Sonst hat sie mein Vater gelesen und da habe ich keine Flüche gehört, sondern Segenssprüche.“ Für Dow Bär wurden durch den Vortrag des geliebten Vaters selbst die härtesten Schläge erträglich.

Der spätere Rabbi mag von der bedingungslosen Bewunderung eines Zwölfjährigen für den scheinbar unfehlbaren Vater geblendet gewesen sein, doch das ist nicht der Punkt. Der Punkt ist die Kraft, die Sie aus dem Respekt für die Eltern und andere Menschen Ihr Leben lang schöpfen. Der deutsche Philosoph Martin Heidegger hat auf die enge Verbindung von Denken und Danken hingewiesen,[174] die etymologisch wie auch der Sache nach besteht: Wer dankbar ist, egal ob seinen Eltern, seinen Mitarbeitern oder den unscheinbaren Details, aus denen ein Lebenswerk entsteht, der denkt besser, trifft die besseren Entscheidungen und führt effektiver.

Im Talmud findet sich eine berühmte Geschichte zur Anerkennung. Rabbi Akiba, ein Schüler des Nachum aus Gimso, pflegte zu sagen: „Kol d'avid rachmana le'tov hu d'avid.“ (Was Gott auch tut, es ist zum Besten.) Akiba reiste einst mit einem Esel, einem Hahn und einer Kerze: Die Kerze erlaubte das Studium der Torah bei Dunkelheit, der Hahn weckte ihn des Morgens zum Torahstudium, der Esel trug seine Sachen. Er kam zu einer Kleinstadt und wollte übernachten, doch weder fand er Platz in der Herberge noch ein Privatquartier. Rabbi Akiba sagte sich: „Was Gott auch tut, es ist zum Besten“, und baute sich im nahen Wald ein Lager für die Nacht. Da erhob sich plötzlich ein heftiger Wind und blies die Kerze aus, Akiba saß in völliger Finsternis. Kurz danach kam ein Löwe und holte sich den Esel. Nur der Hahn war noch da, der wurde von einer ausgehungerten Ratte gefressen. Rabbi Akiba war verblüfft. Die meisten Menschen hätten wohl ihr Schicksal verflucht, nicht so Akiba: „Was Gott auch tut, es ist zum Besten“, sagte er sich, legte sich schlafen und lächelte.

Am nächsten Morgen packte er seine Siebensachen und ging zurück in die Stadt. Sie war verlassen, eine Geisterstadt, keine Menschenseele konnte er finden. Später hörte er, dass eine Räuberbande die Einwohner umgebracht und alles Geld gestohlen hatte. Nach der Untat flüchtete sie in den Wald. Da begriff Akiba, dass auch er tot gewesen wäre, wenn ihm einer der Bürger Unterkunft gewährt hätte. Und hätten die Räuber seine Kerze im Wald erblickt oder den Hahn krähen oder den Esel schreien gehört, wäre sein Schicksal besiegelt gewesen.[175]

Tipp

Womit Sie es auch zu tun haben, ob mit einem widerborstigen Mitarbeiter, einem halsabschneiderischen Konkurrenten oder einem unzufriedenen Kunden, sagen Sie sich: „Es ist für etwas gut." Suchen Sie die darin versteckte Chance.

Leider wird die Macht der Anerkennung im Management kaum gewürdigt (welche Überraschung ...). Im Gegenteil: Vertrautheit scheint Verachtung zu erzeugen. Wir neigen dazu, die Menschen in unserer Umgebung für selbstverständlich zu halten, Kollegen ebenso wie Vorgesetzte. So wie die Inuit angeblich 27 Arten von Schnee unterscheiden können, haben die Juden ein unendliches Repertoire an Beleidigungen – die jiddischen Begriffe reichen von *schmuck* (Idiot) über *khazer* (Schwein), *ganev* (Schwindler), *nebbisch* (Versager), *schlemiel* (Minderbemittelter), *jold* (Trampel), *tuches lecker* (Arschkriecher), *alter kacker* (alter Furzer), *momzer* (Bastard), *schlub* (Ungehobelter), *meschugena* (Verrückter), *faigala* (Schwuchtel), *stick holz* (Holzklotz), *schmendrik* (Blödmann) bis zum Vierbuchstabenwort *putz* (Depp)[176] – aber fast keine Worte, um Anerkennung auszudrücken. Und damit sind die Juden nicht allein. 2002 war der CEO während der Fußballweltmeisterschaft in Berlin. Die deutsche Mannschaft kämpfte sich Spiel für Spiel nach oben, aber die deutschen Fans verloren kaum ein lobendes Wort über diese Leistung. „Nicht schlecht" war das Höchste, was ihnen über die Lippen kam, gefolgt von:

„Aber sie hätten sich ein bisschen mehr anstrengen können." In so einem Klima kann keiner Erfolg haben, Fußballspieler nicht und auch kein anderer Mensch. Die brasilianischen Fans hingegen, deren Team den World Cup holte, aber auch Türken und Koreaner, deren Mannschaften ins Halbfinale kamen, waren außer sich vor Begeisterung, in ihren Augen hatten die Spieler alles gegeben.

Doch nicht nur die Deutschen kritteln gern an Zeitgenossen herum, statt deren Erfolge zu genießen. Es gehört zum Menschsein, auf Fehlendes zu achten, Falsches anzumahnen und zu glauben, dass das Gras woanders grüner ist. Wir können den Hals nie voll kriegen. Wann sind Sie zum letzten Mal mit dem Gefühl aufgewacht, dass Sie genug geschlafen haben? Wann hatten Sie zum letzten Mal das Gefühl, genug Geld zu haben? Und die wenigen, die genug Zeit und Geld haben, finden sich oder ihre Partner nicht hübsch genug, vermissen Sicherheit, Liebe usw. (Nebenbei: Sind Sie mit dem Buch weit genug gekommen?) Einer der Coaching-Klienten des CEO, ein Topmanager, hegte solche entmutigenden Gedanken (über sich, seine Arbeit, seinen Chef, den er nicht mochte) und schoss sich damit unbewusst, aber unablässig selbst ins Knie. Er ahnte nichts von dem grundlegenden Axiom: Was du bekämpft, das bleibt dir erhalten. Um ihm den Ausbruch aus dem Teufelskreis zu erleichtern, ließ ihn der CEO seine Bestätigungsfähigkeit trainieren. Jeden Tag, so der Auftrag, sollte er etwas Neues gut finden und immer neuen Mitmenschen etwas Gutes aus dem eigenen Leben erzählen. Die schlichte Aufgabe veränderte seine Wahrnehmung der Wirklichkeit und in der Folge diese Wirklichkeit selbst. Es macht Freude, wie sich Dinge verändern, sobald man sie wertschätzt: Dann gewinnen sie an Wert. (Wenn Sie es nicht glauben, dann probieren Sie einmal die Übung aus.) Deswegen beten praktizierende Juden jeden Morgen beim Aufwachen 18 Segenssprüche, angefangen mit „Ich danke dir, lebendiger und ewiger König, dass du gnädig die Seele in mir erneuert hast, deine Zuverlässigkeit ist groß."[177] Denn die Seele fährt Nacht für Nacht in den Himmel, wer weiß, ob sie zurückkommt …

Tipp
Erzählen Sie täglich einer anderen Person, was Sie an Ihrem Leben schätzen. Und zwar ganz konkret.

Die härteste Nuss lässt sich knacken

Doch wäre es nicht naiv und blauäugig, das Schlechte einfach auszublenden und alles positiv zu sehen? Zugegeben, im Alltag nervt vieles: Hotlines statt Kundendienst, bedrohlich hoher Papierverbrauch, überquellende E-Mail-Briefkästen voll „dringender" Angelegenheiten, die spätestens in einem Monat völlig irrelevant sind, langatmige Wischi-Waschi-Konferenzbeiträge, Business Books of the Year, insbesondere jene, in denen CEOs (oder, noch ärgerlicher, deren Ghostwriter) ihr Genie ausbreiten (nennen Sie's meinetwegen Neid).

Tool 5.1: Energiefresser und Energiespender

Dieses Tool ermöglicht Führungskräften, beruflich und privat das Gute in ihrem Leben von dem Unerfreulichen zu trennen. Nehmen Sie ein Blatt Papier und ziehen Sie einen senkrechten Strich in der Mitte. Über die linke Spalte schreiben Sie „Zieht Energie", über die rechte „Gibt Energie". Links notieren Sie alles, was Sie Kraft kostet, Ihnen eine Last ist, als unangenehme Verpflichtung, notwendiges Übel oder undurchdringlicher Wust erscheint, kurzum das ganze unerfreuliche Zeug. Rechts gehört all das hin, was Sie gern tun, bei dem Sie glücklich wie ein Kind im Sandkasten Zeit und Raum und das Abendessen vergessen, Ihnen also einen Riesenspaß macht. Schreiben Sie alles auf, formulieren Sie sehr konkret. Wenn Ihnen beispielsweise die wöchentlichen Vorstandssitzungen ein Gräuel sind, überlegen Sie bitte genau, was Sie daran so abstößt (etwa dass ein Kollege zum 150. Mal von unkonventionellen Lösungen schwärmt, selbst aber immer nach Schema F vorgeht). Vielleicht gibt es daneben ein oder zwei Aspekte, die Sie an diesen Meetings eigentlich schätzen, Aspekte, die tief vergraben sein können (etwa dass Sie dort von Best Practices erfahren oder Ihr Blickwinkel geweitet wird). Wenn Sie lange genug durchhalten, entdecken Sie vielleicht viele positive Dinge, die Sie bisher übersehen haben. Denken Sie daran: Anerkennung verleiht Macht. Es folgt eine beispielhafte Liste zur Orientierung.

Zieht Energie	Gibt Energie
Daten einpflegen	Gemeinschaftlich arbeiten
Geschäftsführung	Kontakt mit Kunden
Auf Verträge dringen	Mitarbeiter coachen
E-Mails abarbeiten	Schreiben
Verwaltungsaufgaben	Interviews geben
Angebote korrigieren	Studieren, lernen, lesen
Angst ums finanzielle Überleben	Überblick gewinnen, Strategiearbeit

Wenn Sie beide Spalten ausgefüllt haben, überlegen Sie sich Ihre Änderungswünsche. Wie können Sie den Energiegewinn maximieren und den Energieverlust minimieren, beispielsweise indem Sie die verhassten Aufgaben delegieren?

Manchmal fällt es schwer, die Welt zu akzeptieren, wie sie ist, vor allem nach Tragödien wie der Zerstörung des World Trade Center am 9. September 2001 und dem sinnlosen Tod von 2975 Bürgern (ohne die Entführer mitzurechnen). Warum hat Gott zugelassen, dass 6 Millionen Juden unter den Nationalsozialisten ermordet wurden, weil diese immer auf das Gute hofften, statt aufs Schlimmste gefasst zu sein? Warum lässt Gott es geschehen, dass täglich rund 20.000 Kinder an Hunger oder Unterernährung sterben? (Von den Opferzahlen entspricht das dem Absturz von 100 Jumbojets pro Tag.) Warum ließ Gott es zu, dass die Schwester des CEO mit 18 Jahren an einer Überdosis Heroin starb? Sind solche Tragödien nicht furchtbar ungerecht? In solchen Nöten erscheint Anerkennung geradezu unmöglich. Und dennoch stellte der CEO fest: Wenn er solche Krisen überwunden hatte, wurde er stärker. Der viel zu frühe Tod der Schwester lehrte ihn mehrere Lektionen: Du sollst Vater und Mutter ehren (in seinem Fall gewann er eine viel tiefere Beziehung zu beiden), nimm nichts für selbstverständlich hin, liebe das Leben und sieh zu, dass du etwas änderst am Elend der Welt. Auf übergeordneter Ebene: Israel würde wohl nicht existieren, hätte es den Holocaust nicht gegeben; ohne das weltweite Entsetzen über die Vernichtung durch Hitlers Schergen hätten die Juden wohl kaum einen eigenen Staat bekommen. „There is a crack, a crack in everything“, singt Leonard Cohen in „Anthem“: Es ist immer ein Spalt offen, durch den das Licht einfallen kann.

Tipp
Rufen Sie sich das Schlimmste in Erinnerung, was Ihnen im Leben widerfahren ist, ob nun privat oder beruflich. Überlegen Sie, was Sie daraus gelernt oder welche Chancen sich daraus für Sie eröffnet haben. Stellen Sie sich vor, wo Sie heute stünden, wäre das damals nicht passiert.

Gott steckt im Detail

Eine entscheidende Facette der Anerkennung ist die Wertschätzung von Details. Der jüdische Glaube kennt viele Beispiele für die in ihnen verborgene göttliche Macht und das fängt in den eigenen vier Wänden an. An jedem Türrahmen hängt in jüdischen Haushalten ein Mesusa-Behälter, meist wunderschön verziert. Darin steckt ein Pergament mit den Torah-Versen Dwarim 6,4-9; 11,13-21 in hebräischer Sprache, die mit den Worten „Höre, Israel! der Ewige, unser Gott, ist ein einiges, ewiges Wesen“ (Dtn 6,4) beginnen. Doch selbst die kostbarste Schriftkapsel, und sei sie mit Silber, Gold oder Diamanten bestückt, hilft wenig, wenn nicht auf die Details geachtet wurde. (Der Gebetstext muss mit einem nicht metallischen Schreibgerät auf die Haut eines koscher geschlachteten Tieres geschrieben worden sein, es darf sich kein einziger Schreibfehler einschleichen und so weiter.) Stimmt eine Kleinigkeit nicht, verliert die Mesusa ihre Kraft und wird zur bloßen Dekoration. Rabbi Yehoshua Segall, ein *sofer*, also ein Schreiber, erzählte folgende Anekdote: Ein Amerikaner hatte einen israelischen Rabbiner zu Besuch und zeigte ihm seine Mesusa (was unter praktizierenden Juden ganz üblich ist). Der Rabbi öffnete das Futteral: Die Schriftkapsel war leer. Wo war die Pergamentrolle? „Die Anweisungen?", der Besitzer zuckte die Achseln. „Die waren hebräisch geschrieben, ich kann kein Hebräisch, also habe ich sie weggeworfen." Aber ohne Gebet verliert die *mesusa* ihre Schutzfunktion für das Haus – und genauso wird selbst die anregendste Vision für ein Unternehmen wertlos, wenn Sie nicht auf die kleinen, scheinbar trivialen oder symbolischen Dinge achten.

Als die Oscar-Preisträger Martin Scorsese und Robert De Niro an *King of Comedy* arbeiteten, drehten sie eine besonders wichtige Dialogszene 26 Mal, bis jede Kleinigkeit stimmte. 20 Jahre später nannte Scorsese diese Besessenheit „einigermaßen quälend".[178] Viele Führungskräfte denken irrtümlich, Details lohnten die Aufmerksamkeit nicht, sie sollten sich besser auf die großen Dinge konzentrieren: „Berge in Staub verwandeln und Felsen zerschlagen, die Welt auf den Kopf stellen", wie Rabbi Menachem M. Schneersohn sich auszudrücken beliebte.[179] Zu oft glauben Manager, über angeblich niedrige Tätigkeiten erhaben zu sein, es genüge doch, eine großartige Geschäftsidee zu haben, die Trivialitäten könnten die anderen erledigen: „Das Produkt verkauft sich selbst", so die beiden Mitgründer eines australischen Start-ups. Doch genau hier liegt die Sollbruchstelle (das Start-up verschwand rasch wieder von der Bildfläche). Und deswegen warnt der Talmud: „Häute und zerlege ein Tier auf dem Markt und verdiene dein Geld, sag nicht: ‚Ich bin ein großer Mann, das ist unter meiner Würde.'"[180] Kein Mensch sollte sich für zu wichtig halten und die Details anderen überlassen. Wenn die Einzelheiten nicht stimmen, kommt nichts oder, schlimmer noch, das Falsche heraus. Für Rabbi Schneur Salman, den Alten Rebbe, kann die geringste Tat die ganze Welt verändern. Er schrieb: „Man sinne folglich nach, wie groß die in der Vielzahl der Welten und all ihren Scharen bestehenden Werke Gottes sind und wie sie alle – gemessen an einer einzigen detaillierten Vorschrift der Torah – völlig nichtig sind, denn es ist die Tiefe des Oberen Gedankens und der Weisheit des Gesegneten. Denn durch [die Erfüllung] einer geringfügigen Einzelvorschrift steigen alle Welten empor und empfangen ihre Lebenskraft und geistige Nahrung – oder aber das Gegenteil, Gott behüte.“[181]

Man kann Geschichte als unendliche Abfolge zahlloser kleiner Handlungen betrachten; keine Tat ist per se groß. Selbst wenn ein Staatschef einen Vertrag unterzeichnet, besteht das sogenannte historische Ereignis nur aus einem Stift, der übers Papier geführt wird. Es ist der Schlusspunkt vieler kleiner Handlungen, die diesem Akt vorangingen, und jede verlangte volle Aufmerksamkeit. 1962 entging Kennedys Kabinett knapp einer Katastrophe und schlitterte womöglich nur deshalb nicht in den Dritten Weltkrieg, weil John F. Kennedys Bruder ein Detail auffiel, das alle anderen übersehen hatten. Während der Kuba-Krise ging der amerikanische Präsident mit seinen Beratern akribisch genau alle politischen Optionen mit allen Pros und Kontras durch, darunter auch die Blockade der Karibikinsel. Nach vielen schlaflosen Nächten und tagelanger Agonie atmeten Kennedys Ratgeber erleichtert auf. Das zuständige Militär gab den Befehl, die Blockade zu beenden und die US-Marine zurückzuziehen, und legte sich völlig erschöpft von den angespannten Stunden schlafen. Doch es gab eine Schwachstelle, die keiner bedacht hatte: Die Beendigung einer Blockade war in den Unterlagen der Navy nicht vorgesehen. Es gab keine Mechanismen dafür. Ohne die persönliche Intervention des damaligen Justizministers, Robert F. Kennedy, wäre die Anweisung des Präsidenten irgendwo in der Befehlskette versickert. So aber hängte sich der Justizminister gemeinsam mit Verteidigungsminister Robert McNamara ans Telefon und befahl dem Kommandanten der bereits in Stellung gebrachten Schiffe in einer teils schreiend geführten Auseinandersetzung, die Vorschriften der Marine zu ignorieren und die Schiffe zurückzuziehen. Hätte Kennedy die Anweisung seines Bruders nicht persönlich übermittelt, hätten die sowjetischen Kommandeure den unterbliebenen Rückzug vielleicht als feindlichen Akt interpretiert. Das winzige Detail hätte den Dritten Weltkrieg auslösen können.

Ein Detail hätte John F. Kennedy das Leben retten können. An jenem schicksalhaften 22. November 1963 sah der 18-jährige Arnold Rowland zusammen mit seiner Frau um 12:15 Uhr, kurz bevor die Wagenkolonne mit den Kennedys am Dealey Plaza vorbeifahren sollte, in einem Fenster gegenüber dem Westeingang von Dallas County Records Building einen Mann mit einem Gewehr. Der Mann war gut 50 Meter entfernt und sein Gewehr von der Straße aus deutlich zu erkennen. Vor der Untersuchungskommission sagte Rowland aus: „Ich bemerkte im sechsten Stock des School Book Depository Building einen Mann, der nicht aus dem Fenster lehnte, sondern dahinter stand und ein Gewehr hielt." Rowland hätte einen Polizisten informieren können, doch er dachte, es handele sich um einen Sicherheitsbeamten: „Wir hatten im Fernsehen gesehen, dass bewaffnete Securityleute an Fenstern in höheren Stockwerken postiert werden, um Menschenmengen zu überwachen. Deswegen schoben wir den Gedanken beiseite, bis es passierte."[182] Die Geschichte hätte ganz anders verlaufen können.

Vier Jahrzehnte später führte ein anderes Detail, ein kleines Stück Styropor, zum Absturz der Columbia. Am 1. Februar 2003 trat das Space-Shuttle der NASA auf dem Weg zum Kennedy Space Center über Texas wieder in die Erdatmosphäre, explodierte und riss alle sieben Besatzungsmitglieder in den Tod. Nachforschungen ergaben, dass der Isolierschaum zwischen externem Tank und Raumschiff abgefallen war und den linken Flügel beschädigt hatte. So konnten extrem heiße Gase in das Shuttle eindringen. Der Schaden ging in die Milliarden, ganz zu schweigen vom Imageverlust und vor allem den Menschenleben. Wie konnte das geschehen? In einer Welt, in der markante Sprüche, Kostensenkungen und Erfolgsdruck regieren, hatten die Verantwortlichen der NASA bei den Kleinigkeiten geschlampt. Bei den Sitzungen der Führungsriege wurden Sachverhalte extrem zusammengefasst, 40-seitige technische Analysen auf ein Schaubild reduziert. Die potenzielle Gefahr des Styropors gehörte zu den Details, die bei solchen Kurzfassungen auf der Strecke geblieben waren.

Kleine Ursache, große Wirkung: Details können über Leben und Tod entscheiden und Manager müssen sie unter Kontrolle behalten. Das gilt auch für irdische Unternehmungen. 2001 verfasste ein Experte am Johns Hopkins Hospital, Peter Pronovost, eine Checkliste für seine Intensivstation.[183] Er beschränkte sich auf ein einziges Problem: Infektionen durch Katheter. Die Ärzte sollen sich die Hände mit Seife waschen, sterilen Mundschutz, Kopfbedeckung und Handschuhe tragen, die Haut des Patienten mit Chlorhexidin desinfizieren, den Körper mit einem sterilen Tuch zudecken, auch um die Einstichstelle, sobald die Nadel gelegt ist. Fünf Häkchen auf der Checkliste. Jeder einzelne Schritt kein Problem, bestens bekannt und seit Jahren Bestandteil der Ausbildung. Dafür eine Checkliste anzulegen wirkt etwas dümmlich. Doch Pronovost bat die Schwestern auf der Intensivstation, die Kardiologen einen Monat lang beim Einführen von Kathetern zu beobachten und die Befolgung der einzelnen Schritte zu protokollieren. Ergebnis: Bei über einem Drittel der Patienten fehlte mindestens ein Häkchen.

Pronovost und seine Kollegen legten die Studie für ein Jahr an. Die Ergebnisse waren so dramatisch, dass sie es kaum glauben konnten: Die Häufigkeit der binnen zehn Tagen auftretenden Infektionen nach Kathetern sank von 11 Prozent auf null. Sie begleiteten die Patienten weitere 15 Monate lang. Nur zwei Infektionen traten in diesem Zeitraum auf. In einem einzigen Krankenhaus hatte die Checkliste 43 Infektionen und acht Todesfälle verhindert und 2 Millionen Dollar eingespart. Pronovost engagierte weitere Kollegen und gemeinsam erstellten sie weitere Checklisten. Im Dezember 2006 publizierten sie die Ergebnisse im *New England Journal of Medicine*.[184] Eine ganz normale Intensivstation hatte die vierteljährliche Infektionsrate auf null gedrückt. Im Bundesstaat Michigan war die Zahl der Ansteckungen so stark gefallen, dass eine dortige Intensivstation im Schnitt 90 Prozent der US-Intensivstationen hinter sich ließ. Bereits in den ersten 18 Monaten hatten die teilnehmenden Kliniken schätzungsweise 175 Millionen Dollar eingespart und über 1500 Menschenleben gerettet – bei Gesamtkosten von 500.000 Dollar.[185] In die Kennziffer Return on Investment (Kapitalrendite) übersetzt: 35.000 Prozent. Der Erfolg blieb auch über die folgenden vier Jahre stabil – und alles nur dank einer kleinen Checkliste.

Natürlich darf man über den Details nicht das große Ganze aus dem Blick verlieren, doch man muss gleichzeitig sämtliche Details beobachten, die auf dem Weg zur Realisierung einer Vision über den Implementierungserfolg entscheiden. Das gilt auch im Sport. Michael Jordans verblüffende Treffsicherheit war das Ergebnis seiner ruhigen, systematischen und unablässigen Arbeit an den Details der Wurftechnik – seine abendlichen Extrarunden, bei denen keiner zusah. Und in der Wirtschaft wiederum war Bill Gates für seine unglaubliche Fähigkeit berühmt, den Finger auf Ungereimtheiten zu legen, wenn seine Leute in Vorstandssitzungen Innovationen vorstellten. Ein Vice President von Microsoft beschrieb seine Arbeitsweise:

> *Man glaubt, man sei bestens vorbereitet, abgesehen von einem Bereich, in dem man sich nicht ganz sicher ist, und er kommt irgendwie sofort drauf, genau dazu die einzig richtige Frage zu stellen. Er kennt sich mit hochkomplexen Programmierschritten auf unterster Ebene aus und man fragt sich verblüfft, woher er das alles wissen kann, schließlich hatte er nie die Veranlassung, sich so genau damit auseinanderzusetzen. Irgendein Befehl oder ein technisches Detail, das nicht einmal von Microsoft stammt. Man kann es wirklich nicht fassen.*[186]

Als Terry Semel 2001 von Warner Brothers als CEO zu Yahoo wechselte, hatte er im Gegensatz dazu große Pläne, scheiterte aber an den Komplikationen bei der Umsetzung. „Terry hat den Blick für das Ganze", sagte ein Insider, der mit ihm bei Yahoo zusammenarbeitete. „Aber ab einem bestimmten Punkt sind operative Gesichtspunkte wichtiger als strategische Überlegungen."[187] 2006 errang Semel das zweifelhafte Verdienst, den besten Schnitt im Verhältnis zum Unternehmenserfolg gemacht zu haben.

Er strich ein Jahresgehalt von 53,3 Millionen Dollar ein, während Yahoo 32,9 Prozent seines Unternehmenswertes eingebüßt hatte.[188] (Semel konnte sich nicht halten. Er wurde 2007 von Jerry Yang abgelöst.[189]) Starke Führungspersönlichkeiten lassen sich von scheinbar geringfügigen Vorfällen in ihrem Markt anregen, Vorfällen, die einen neuen Trend ankündigen könnten und sie eventuell auf neue Ideen bringen.

Es lohnt sich allemal, die Details im Blick zu behalten. Keilty, Goldsmith & Company befragten über 8000 Führungskräfte in den im Fortune 100 aufgelisteten Unternehmen und fand heraus, dass zwischen dem Nachhaken auch bei Kleinigkeiten und effektiver Führung ein direkter Zusammenhang besteht. Hätte man Larry Bossidy (Ex-Chef von Allied Signal), Jack Welch (Ex-Chef von General Electric) oder irgendeinen anderen nachweislich erfolgreichen Implementierer bei Sitzungen beobachtet, hätte man immer wieder das Gleiche festgestellt: Näherte sich die Sitzung ihrem Ende, schnappten sie sich einen Stift und notierten, wer welche Aufgaben zu welchem Termin erledigt haben sollte, und ließen sich die Zusagen noch einmal bestätigen, bevor das Treffen zu Ende war. Anschließend schickten sie den Teilnehmern oft noch eine Erinnerungsmail. Durch die Beobachtung und Anerkennung auch von Einzelheiten unterscheiden sich schwache von starken Führungspersönlichkeiten.

Detailversessen wie im Bilderbuch war Sanford I. Weill, der frühere Meisterstratege der Citigroup. Anders als Jack Welch wurde er nicht zum Leitstern für künftige Managergenerationen. Anders als Warren Buffett war er kein Finanzgenie. Und doch war es Weill, der gewiefte Pragmatiker, der durch den Zusammenschluss von Investment-, Bank- und Versicherungshäusern den ersten wahrhaft globalen Finanzkonzern des 21. Jahrhunderts schuf. Zum Teil lässt sich sein Erfolg durch die Liebe zum Detail erklären. Er stand früh auf. Er lief durch die Gänge. Er war ein Meister im Nutzen scheinbar mickriger Gelegenheiten. „Sandy ist zutiefst unsicher“, sagte Jack Nusbaum, der Rechtsanwalt, der viele von Weills frühen Akquisitionen betreute. „Das macht ihn zum Perfektionisten, der jedes einzelne Puzzleteilchen verstehen will.“[190] Weill begriff, dass der Erfolg von den Einzelheiten abhängt. Ganz ähnlich begleitete der junge Sam Walton die Inventur seiner Supermärkte persönlich. Und Fred Trump, der Vater von Donald Trump, klaubte auf seinen Baustellen in den Vororten von New York City weggeworfene Nägel auf. „Es gab keinen langfristigen Plan", sagte Robert Lipp, der von der ehemaligen Chemical Bank zur Kerntruppe der Citigroup stieß. „Wir erledigten das beim Mittagessen."[191]

Es kommt auf jeden Einzelnen an

Natürlich hatte Weills Fokus auf die ganzen Details auch seine Schattenseiten. „Sandy ist überfordert, er hat zu viele Entscheidungen am Hals", sagte ein Mitarbeiter der Salomon Smith Barney Bank, der nicht namentlich genannt werden will, „die Leute haben vor ihm Angst, und darauf legt er es auch an."[192] Weill hatte auch in anderen Bereichen Fehler. Er war berüchtigt für die Rüffel, mit denen er seine Leute zusammenstauchte, war übermäßig von sich eingenommen und lechzte gleichzeitig ständig nach Bestätigung. Und er räumte langjährige Partner gnadenlos aus dem Weg, wenn sie seinen Aufstieg an die Spitze bedrohten. Das bringt uns zu einer weiteren wichtigen Facette der Anerkennung: Im Umgang mit unseren Mitmenschen liegt der Schlüssel zur Zukunft.

Bevor Moses die Israeliten aus Ägypten führte, hütete er Schafe. Warum hat Gott nicht einen Mann mit einem wichtigeren Beruf ausgesucht, etwa einen Arzt oder einen Bankier? Weil, wie im *Midrasch* steht, ein Mann erst dann als groß gelten darf, wenn er sich in scheinbar kleinen Dingen bewährt hat. Eines Tages fehlte ein Schaf. Moses suchte es überall und fand es schließlich in einem Fluss. Moses sagte zu dem Schaf: „Du bist bestimmt erschöpft", hob es auf die Schultern und trug es zurück. Gott sah, dass Moses nicht nur an großen, lukrativen Menschen und Tieren interessiert war, sondern sich auch um ein kleines Schaf kümmerte. „Wer so die Schafe jedes nach seiner Kraft zu weiden versteht, der komme und weide auch mein Volk".[193]

Tipp
Ehrfurcht und Staunen sind der Anfang der Weisheit.

Jahre später wurden die Menschen – und zwar jeder Einzelne – gezählt, die unter Moses' Führung durch die Wüste wanderten, der erste Zensus der Weltgeschichte. („Nehmt die Summe der ganzen Gemeinde der Kinder Israels auf, nach ihren Geschlechtern und Familien, mit Anzeige der Namen, alles Männliche, Haupt für Haupt.") Bis zum Auszug aus Ägypten waren die Juden eine kollektive Nation. Und dann wurden sie in Moses' Augen ein Zusammenschluss von Individuen mit einer jeweils eigenen Seele und eigenem Verstand. Diese Revolution ereignete sich Jahrtausende vor der Aufklärung des 18. Jahrhunderts (der erste Zensus der Moderne fand 1801 in Großbritannien statt) und dem Gipfelsturm der allgemeinen Menschenrechte im 20. Jahrhundert. Würden sich die Menschen nicht als Individuen mit einem einmaligen Leben und persönlichen Willen betrachten, sondern als bloße Untertanen eines Herrschers, wären gewöhnliche Menschen in Führungspositionen nicht vorstellbar.[194]

Jeder Mensch ist nach Gottes Ebenbild geschaffen. Wenn Sie einem anderen Menschen in die Augen schauen, sehen Sie göttliche Augen. Ob Sie zu einem Bewerbungsgespräch eingeladen sind oder Verkaufsgespräche führen wollen, welche Menschen müssen Sie zunächst für sich gewinnen? Denjenigen, der am Empfang arbeitet. Die Sekretärin. Den Techniker für die Diaschau. „Manche Unternehmer glauben, dass die Art, wie ein Bewerber das Personal an der Rezeption behandelt, viel über ihn verrät", sagte Greg Gostanian von ClearRock, „insbesondere dann, wenn er diese Menschen grob, herablassend oder arrogant behandelt."[195] Rabbi Akiba (eben der Rabbi Akiba, der am Leben blieb, weil er Esel, Hahn und Kerze verlor) soll eine riesige Schule mit 24.000 Schülern gehabt haben. Doch alle starben, weil sie sich nicht respektvoll behandelten und einander argwöhnisch, voller Misstrauen und Vorurteile beäugten. Nach diesem herben Rückschlag fing Akiba noch einmal ganz von vorn an. Er nahm sieben handverlesene Schüler an: Rabbi Meir, Rabbi Jehuda bar Ilai,

Rabbi Jose ben Chalafta, Rabbi Simon ben Jochai, Rabbi Elasar ben Schamua, Rabbi Elieser ben Jakob und Rabbi Johanan, genannt der Schuster. Eindringlich beschwor er sie: „Meine Söhne, die früheren Schüler starben nur deshalb, weil sie kein gutes Haar aneinander ließen. Tragt Sorge, dass es euch nicht ähnlich ergeht.“ Die kleine Gruppe verinnerlichte seinen Rat so sehr, dass sie voller Wertschätzung füreinander ganz Israel mit der Torah versorgten.[196] Das ist die Macht der Wahrnehmung: böse oder wohlwollend.

Ein jüdisches Sprichwort besagt, dass man stets der günstigsten Interpretation den Vorzug geben soll, wenn das Verhalten eines Menschen nicht eindeutig ist. Maimonides, Philosoph und Rabbiner des 12. Jahrhunderts, mahnt:

> *Wenn du von einer bestimmten Person nicht weißt, ob sie rechtschaffen oder verschlagen ist, und sie bei einer Handlung beobachtest, die zu ihren Gunsten ebenso wie zu ihren Ungunsten ausgelegt werden kann, musst du sie zu deren Gunsten interpretieren und darfst ihr keine Bosheit zuschreiben. Doch wenn eine Person als rechtschaffen bekannt ist und stets Gutes tut, dann aber eine offensichtlich schlechte Tat begeht, die sich jedoch mit äußerster Mühe rechtfertigen lässt, dann ist es recht, sie zu ihren Gunsten zu interpretieren, da zumindest die entfernte Möglichkeit besteht, dass die Tat gut ist, und dir nicht erlaubt ist, einer solchen Person böse Absichten zu unterstellen. In dieser Verbindung sagen die Weisen: „Der, der ehrenwerte Männer verdächtigt, wird mit Krankheit geschlagen.*[197]

Trotz unserer Neigung zu Schuldzuweisungen haben wir nicht das Recht, andere Menschen zu verurteilen, solange es noch die geringste Chance gibt, dass sie in gutem Glauben handelten. Maimonides fügt hastig hinzu, dass solche Zurückhaltung bei eindeutig bösen Menschen (etwa einem Saddam Hussein) nicht angebracht sei:

> *Ist eine Person hingegen berüchtigt für ihre Bosheit und du beobachtest sie bei einer Tat, die dem äußeren Anschein nach eine gute Tat*

ist, bei der jedoch die entfernte Möglichkeit besteht, dass es in Wirklichkeit eine böse Tat ist, dann ist es recht, sich vor dieser Person in Acht zu nehmen, und du bist nicht verpflichtet, ihr Güte zu unterstellen, weil es die entfernte Möglichkeit gibt, dass sie böse ist. Von einer solchen Person sagt die Schrift: „Der Hasser verstellt sich mit seiner Rede, aber im Herzen ist er falsch; wenn er seine Stimme holdselig macht, so glaube ihm nicht … [198]

„Wer ist geehrt?", so fragen die *Sprüche der Väter*, eine Kompilation von Lebensweisheiten der frühen Rabbiner, zusammengestellt ein Jahrtausend vor Maimonides und in vielem ein Lehrbuch über moralisches Verhalten, und antworten: „Wer die Menschen ehrt".[199] Rabbi Levi Yitzhak von Berdichev, einer der großen Rabbiner des 18. Jahrhunderts, sah immer das Gute in den Menschen. Eines Tages trat er mit einigen anderen frommen Männern aus der Synagoge und sah einen Mann, der mit *tallit* und *tefellin*, also mit Gebetsschal und Gebetsriemen, ein Wagenrad schmierte. Beide Kleidungsstücke sind dem Gottesdienst vorbehalten, insofern war es wirklich ein ungewöhnlicher Anblick. Etliche der frommen Männer protestierten und sahen den Mann voll Verachtung an, der offensichtlich die heiligen Regalien schändete. Rabbi Levi fand ihn im Gegenteil „so fromm, dass er selbst bei der Arbeit betet".

Tipp

Wenn Sie Menschen für eine Handlung oder Herangehensweise loben, werden sie diese wahrscheinlich beibehalten. (Eltern kennen das Phänomen: Wenn sie wollen, dass ein Kind bestimmte Dinge wiederholt, loben sie es nach Kräften, und das Kompliment ist dem Kind Motivation genug.) Dasselbe gilt für Ihnen Gleichgestellte: Anerkennung gilt nicht nur bisherigen Leistungen, sondern weist in die Zukunft.

Mangelnde Anerkennung hingegen veranlasst so manchen zu dummen Handlungen. Wer Andrew S. Fastow, den CFO im Zentrum des Enron-

Skandals, persönlich kannte, hatte oft das Gefühl, dass er etwas beweisen musste. „Meiner Meinung nach wurde Andys Arbeit geschätzt“, sagte einer seiner ehemaligen Kollegen. „Aber er fühlte sich ständig unterschätzt.“ Fastow war der erste Highschool-Schüler, der im Board of Education von New Jersey saß. Er bestürmte die Verwaltung der Tufts University, einen Studiengang für Chinesisch einzurichten, denn er wollte etwas ganz Besonderes im Lebenslauf stehen haben. Mit nicht einmal 37 Jahren wurde er Finanzvorstand in einem der weltweit größten Unternehmen, Enron. Doch trotz aller heldenhaften Vorstöße fand Fastow, dass seine Kreativität und guten Einfälle nicht ausreichend gewürdigt würden. Zwei seiner Ex-Kollegen sagten aus, er habe sich mit Scheinpartnerschaften schadlos gehalten, die er als alternative Entlohnung betrachtete für die ganze Arbeit mit der Rechnungslegung von Enron und seinem Engagement für das Ansehen der Firma an der Wall Street. Für Andy Fastow war klar, wer am meisten zu dem steilen Kursanstieg 1999 und 2000 beigetragen hatte: Andy Fastow.[200] Das soll sein Verhalten nicht entschuldigen. Es soll nur zeigen, zu welchen kriminellen oder krankhaften Machenschaften Menschen in der Lage sind, die ein unstillbares Bedürfnis nach Anerkennung haben. (Von dem Mörder John Lennons, David Chapman, Selbstmordattentätern oder Hitler fangen wir erst gar nicht an.)

Selbst berüchtigte Gangster wie John Gotti verstanden sich auf die Kunst der Anerkennung. Gut möglich, dass es seine einzige löbliche Fähigkeit war. Aneisha Howard aus Grand Rapids in Michigan war mehrere Monate lang Gottis Brieffreundin. Sie erzählte, dass sie eines Frühlingstages im Jahr 1999 einige hastige Zeilen an den berüchtigten Mafioso schickte. Zwei Monate später erhielt sie einen Brief mit einem ungewöhnlichen Absender: Gotti, #18261-053, Postfach 1000, Marion, Illinois, abgeschickt am 4. Juni 1999. Gotti wollte ihr Mut machen (und schrieb in Großbuchstaben: Denk groß!): „Deinem Brief nach hast du viel Energie, viel Ehrgeiz“, und dann lobte er sie als „liebevolle Mutter, ganz einmalig in unserer Zeit“.[201] Wenn selbst ein Mafiaboss die Macht der Anerkennung kennt, dann ist das eindeutig eine notwendige, wenn auch nicht hinreichende Bedingung für Führungsaufgaben. Eine weitere Voraussetzung ist die Kontrolle der eigenen Gefühle, der wir uns im nächsten Kapitel widmen werden.

Unterm Strich

- Anerkennung verleiht Macht. So schlimm es auch kommen mag, halten Sie Ausschau nach dem Guten hinter der Maske. Statt sich hinter Enttäuschungen zu verschanzen oder an gescheiterten Plänen zu verzweifeln, sehen Führungspersönlichkeiten jeden Augenblick Chancen. Je mehr Sie würdigen können, desto unverwundbarer werden Sie.
- Wie schnell können Sie sich von der Einstellung „Das ist falsch!" oder: „Das sollte nicht so sein!" lösen und stattdessen denken: „Auch das ist zum Besten!"? Diese Einstellung ist mit einem Muskel vergleichbar, den Sie im Fitnessstudio gezielt trainieren können.
- Gute Führungskräfte achten auf Details, Details sind das Rohmaterial des Erfolgs. Im Gegensatz zur landläufigen Meinung sollten sich auch die Bosse um den Kleinkram kümmern.
- Anerkennung bedeutet nicht nur, erbrachte Leistungen zu würdigen, sie formt auch die Zukunft der Betroffenen. Je mehr Sie Menschen und deren Beiträge anerkennen können, desto mehr werden sie beitragen.

Sechstes Kapitel

Das sechste Gebot: Nicht töten, sondern konstruktiv mit negativen Gefühlen umgehen

Ein Jähzorniger handelt töricht;
aber ein Ränkeschmied wird gehasst.
Die Unverständigen erben Torheit;
aber Erkenntnis ist der Klugen Krone.

Sprichwörter 14,17-18

Wut ist nicht gut.

Anonym

Das sechste Gebot: „Du sollst nicht morden." Die Geschichte ist voller Männer, die töteten, was sich ihnen in den Weg stellte: Kaiser, Könige und moderne Diktatoren. Viele Unternehmensführer glauben heute noch, sie müssten mit Gewalt, Einschüchterung und Angst arbeiten, wenn schon nicht als gängige Praxis, so doch als Mittel letzter Wahl, damit die Leute tun, was sie sagen. Doch schon im 12. Jahrhundert schrieb Maimonides, wer wütend werde und sein Gegenüber demütige, sei nicht besser als einer der tötet. Wer seine Wut nicht positiv umlenken kann, landet früher oder später in der Zerstörung. Dieses Kapitel zeigt Ihnen, wie Sie Ihre Wut und andere Emotionen zügeln und als konstruktive Energie nutzen.

Wie im vorherigen Kapitel gezeigt, sind Menschen produktiver, wenn ihre Leistungen anerkannt werden. Das fängt bei den eigenen Eltern an. Auch wenn Jack Welch seine Mutter oft öffentlich pries, lernte er erst spät, Menschen zu würdigen, nachdem er bereits den Ruf hatte, sie zu ignorieren.

Als CEO von General Electric bekam er den Spitznamen Neutronen-Jack, weil er zwischen 1981 und 1985 mit voller Härte ein Viertel von 400.000 Stellen strich (wie eine Neutronenbombe, welche die Menschen tötet, aber die Gebäude stehen lässt), und wegen seiner Neigung zu Wutausbrüchen gegenüber Untergebenen. GE-Manager schlichen allzu oft niedergeschlagen und eingeschüchtert aus seinem Büro, nachdem er ihnen den Kopf gewaschen hatte. Bei GE wurde jährlich der „Bodensatz", die 10 Prozent mit den geringsten Leistungen, entlassen. Natürlich kann man mit Wut und Angst Menschen motivieren. Welchs aggressiver Ansatz, sein hartes Durchgreifen verwandelte den behäbigen Riesen in eine hungrige, harte Kampfmaschine und einen der profitabelsten Konzerne der Welt. 1999 kletterte der Umsatz auf über 110 Milliarden Dollar und trug Welch den Titel „Amerikas am meisten bewunderter CEO" ein. Doch sein aggressiver Stil wurde bei der Verschmelzung von GE mit Honeywell zur Belastung. Die Verhandlungen mit der Wettbewerbskommission der EU scheiterten nach Ansicht von Michael Bonsignore, dem Ex-Chef von Honeywell, unter anderem an Welchs Wutausbrüchen. Vor allem sein Umgang mit Mario Monti sei ein Musterbeispiel gewesen, wie man es nicht machen soll.[202] Bei einem zweitägigen Treffen in Brüssel kurz nach dem 9. September 2001 appellierte Welch ein letztes Mal an Monti, doch als sich der von seiner Bitte unberührt zeigte, beschimpfte er ihn als einen, der gleichzeitig „Richter, Geschworene und Staatsanwalt" spielt und sich die Gesetze zurechtbiegt, wie er es gerade brauche. Beleidigt kündigte er an, er würde Brüssel verlassen und an seinem Buch weiterarbeiten. „Sehr gut, Mr. Welch", soll Monti mit aufreizender Gelassenheit geantwortet haben. „Unser Treffen eignet sich bestimmt gut für den Schluss."[203] Natürlich scheiterte die Fusion nicht nur an Welchs mangelnder Selbstbeherrschung, aber hilfreich war sie sicher auch nicht. Monti hatte die Situation im Griff, weil er seine Gefühle im Griff hatte.

Wut treibt Menschen zu direkten Reaktionen an, aber auf lange Sicht kommt sie teuer zu stehen. Mangelnde Selbstbeherrschung beschreibt Jim Collins in *Der Weg zu den Besten* als den zentralen Unterschied von kurzfristigen und langfristigen Erfolgen. Er fand ein Muster in jedem nicht nachhaltigen Vergleich: „Während Take-off-Unternehmen … eine dauerhafte *Kultur* der Disziplin aufbauten, hatten die Vergleichsunternehmen … Unternehmensleiter, die durch reine Machtausübung seitens ihrer *Person* für Disziplin sorgten." Unter tyrannischen Zuchtmeistern verzeichneten Unternehmen spektakuläre Zuwächse, nur um nach deren Weggang ebenso spektakulär wieder abzurutschen. Eine nachhaltige Disziplin konnte so nicht wachsen, wie das Beispiel Rubbermaid unter der Führung von Stanley Gault zeigt. Beschuldigt, ein Tyrann zu sein, gab er zurück: „Ja, aber ein integrer Tyrann." Sein Stellvertreter bestätigte, ja, Gault könne „fuchsteufelswild" werden. Ergebnis: „Unter der Tyrannenherrschaft dieses einzigartig disziplinierten Unternehmensführers verzeichnete Rubbermaid enorme Erfolge, stürzte aber nach seinem Ausscheiden genauso rasant wieder ab. Unter Gault übertraf Rubbermaid den Aktienmarkt um das 3,6fache. Nach Gault verlor das Unternehmen gegenüber dem Markt 59 Prozent seines Werts, bis es schließlich von Newell übernommen wurde."[204] Die Verluste von General Electric nach Jack Welchs Abgang fielen nicht ganz so hoch aus, waren aber immer noch erheblich: Ende 2006 lag die Aktie 14 Prozent unter dem Vorjahreswert, während der S&P 500 im gleichen Zeitraum um 25 Prozent gestiegen war. Natürlich spielten beim relativen Niedergang von GE auch andere Faktoren eine Rolle, etwa das von der Gesetzeslage her schwierigere Umfeld oder die schlichte Tatsache, dass GE stark gewachsen war und große, reife Unternehmen eben nicht so stark weiterwachsen können. Trotzdem ist es eine berechtigte Frage, inwieweit Welchs herrischer, häufig hitziger Führungsstil GE voranbrachte, solange er an der Spitze stand, mit seinem Weggang jedoch auch seine Erfolge wegbrachen.

Das sechste Gebot – „Du sollst nicht morden" – steht für eine zentrale Führungseigenschaft: die eigene Wut in Schach halten. Für den Psychotherapeuten George Anderson, der Konzernchefs, Professoren und Entscheidungsträger der Filmbranche coacht, ist „Anger Management" eine sinnvolle Methode für die Aggressionsbewältigung, eine Kunst, deren Beherrschung die Atmosphäre in einem Unternehmen völlig verändern kann: „Es ist erstaunlich, wie sich das ganze Arbeitsumfeld verändert, wenn der Mann oder die Frau an der Spitze lernt, die eigenen Gefühle unter Kontrolle zu behalten."[205]

Ein Choleriker auf der Chefetage bedeutet häufig hohe versteckte Kosten. Die Mitarbeiterinnen und Mitarbeiter bringen bis zu 42 Prozent der Arbeitszeit mit dem Lösen von Konflikten zu, also mehr als zwei volle Arbeitstage pro Woche. 42 Prozent der Beschäftigten in den USA werden am Arbeitsplatz angeschrien und übel beschimpft, einer von zehn hat dort schon Handgreiflichkeiten, 14 Prozent die Beschädigung von Maschinen und Material aus Wut erlebt. Das National Safe Workplace Institute geht für das Jahr 1993 von über 111.000 gewaltsamen Zwischenfällen aus und von Kosten in Höhe von 4,2 Milliarden Dollar für Gewalt am Arbeitsplatz. Eine neuere Studie schätzt die Kosten auf 6,4 bis 36 Milliarden Dollar, die sich auf Produktivitätseinbußen, Imageschäden, Versicherungszahlungen und höhere Ausgaben für Sicherheitsmaßnahmen verteilen.[206] Verlässliche Zahlen über die Auswirkung der Wut auf die Produktivität gibt es nicht, doch nach dem Bureau of Justice Statistics gehen 175.000 Fehltage jährlich auf das Konto häuslicher Gewalt. Das Problem ist nicht auf die Vereinigten Staaten von Amerika beschränkt. Die Führungskräfte von 66 Prozent der im Fortune 500 gelisteten Unternehmen geben an, dass Maßnahmen gegen häusliche Gewalt sich förderlich auf die Finanzergebnisse auswirken.[207]

Moses kannte sich mit „Aggressionsbewältigung" aus, er hat es auf die harte Tour gelernt, warum man seinen Zorn beherrschen sollte. Er war keineswegs abgeneigt, Widersacher und Verleumder umzubringen (wie im ersten Kapitel beschrieben). Als junger Prinz im ägyptischen Palast wurde er von Dathan und Abiram, Juden wie er, beim Pharao angeschwärzt. Er hatte einen ägyptischen Sklaventreiber getötet und sie meldeten das der Obrigkeit, welche die Todesstrafe verhängte und ihn zur Flucht außer Landes zwang.[208] In der Wüste machten ihm dieselben Männer weiterhin das Leben schwer und nutzten jede Chance, seine Autorität zu untergraben. Sie gefährdeten die Lebensmittelsicherheit, genauer: Sie hielten sich nicht an die Regeln zur Behandlung des Manna, der göttlichen Speise, ohne welche die Juden in der Wüste nicht überlebt hätten, sie ließen das Manna mutwillig verfaulen. Außerdem beteiligten sie sich an einem Aufstand: Korach („Sohn Itzha's, Sohn Kehath's, Sohn Lewi's", so übersetzt Moses Mendelssohn die Reihe von Korachs Vorvätern), Dathan, Abiram und On „nebst 250 Männern aus den Kindern Israels, Fürsten der Gemeinde, Glieder der Ratsversammlung, Männer von Ansehen" empörten sich wider Moses und Aaron.[209] Doch Moses hatte die innere Größe, seine schwierigen Gegner zum Dialog aufzurufen. Als sie ihn lächerlich machten und sich weigerten, verzichtete er auf Rache und ging zu ihnen.[210]

Wut und Zorn beherrschen bedeutet natürlich nicht, sie hinunterzuschlucken. In so mancher Kultur kippt Wut in Sarkasmus oder führt zu spitzen Bemerkungen, in wieder anderen wird sie ganz und gar unterdrückt, etwa bei den Finnen. „Selbstbeherrschung ist in Finnland ganz wichtig", sagte Liisa Keltikangas-Jarvinen, Psychologieprofessorin an der Universität von Helsinki. „Man darf seinen Ärger nicht zeigen, das hieße, man kommt nicht zurecht. Wenn jemand sehr temperamentvoll und lebendig ist und Gefühle wie Wut oder Glück zeigt, gilt er als infantil." Turo Herala, Theaterregisseur mit Hang zur Therapie, bot seinen Landsleuten Seminare an, in denen sie ihre negativen Gefühle artikulieren sollten. Doch es gab wenig Anmeldungen: „Wut ist in Finnland stärker tabuisiert als Sex", fasst er die Erfahrung zusammen.[211]

Selbstbeherrschung heißt nicht, dass man nie wütend wird. Nein: Man versteht sich nur darauf, seine Gefühle in Bahnen zu lenken und selbst zu bestimmen, wie man sie äußert, statt sie ungefiltert rauszulassen. Man muss ja nicht anderen Menschen Dinge an den Kopf werfen, die besser ungesagt geblieben wären, wie der Schauspieler Alec Baldwin, der seiner elfjährigen Tochter stocksauer auf dem Anrufbeantworter bescheinigte, sie sei „ein ungehobeltes, gedankenloses kleines Schwein":

> *Weißt du was, ich habe deine Spielchen so satt. Ich sag es dir jetzt auf diesen Anrufbeantworter, das war das letzte Mal, dass du mich so beleidigt hast. Du hast mich beleidigt. Du hast weder den Verstand noch den Anstand eines menschlichen Wesens. Dass du zwölf bist oder elf oder ein Kind und dass deine Mutter eine dumme Kuh ist,*

der es egal ist, wie du mit mir umgehst, das ist alles keine Entschuldigung. Du hast mich zum letzten Mal am Telefon gedemütigt. Also halt dich am Freitag, den 20., bereit für unser Treffen. Und dann erzähle ich dir genau, was für ein ungehobeltes, gedankenloses kleines Schwein du wirklich bist. Du bist ein ungehobeltes, gedankenloses kleines Schwein, okay?[212]

Baldwin hat sich später entschuldigt und gesagt, er habe sich von dem bitterbösen Sorgerechtsstreit mit seiner Ex-Frau Kim Basinger in die Enge getrieben gefühlt, doch der Schaden war angerichtet.

Ja, Sie müssen gelegentlich laut werden: Aber nur gegen sich selbst, damit Sie nicht in Apathie oder Hoffnungslosigkeit versinken. Roger Federer, ein Baseler wie der CEO, ist nicht nur mit dem Schläger in der Hand ein Crack, sondern auch in Sachen Selbstbeherrschung, was zum Gutteil seine sportlichen Erfolge erklären mag, denn 90 Prozent des Wettkampfes sollen sich auf der mentalen Ebene abspielen. Federer hat seit dem Sieg bei den US Open im August 2004 48 von 49 Turnieren gewonnen, nur während der Nasdaq-100-Open in Key Biscayne im April 2005 war er in Schwierigkeiten. Sein Rivale, der junge Spanier Rafael Nadal, verwandelte fast jeden Schlag des Spitzenspielers in einen Punkt für sich und gewann die ersten beiden Sätze; für Federer war es fast unmöglich, aus dieser Lage heraus noch zu gewinnen. Im dritten Satz am Ende des neunten Spiels verpasste er wieder eine Chance und warf seinen Tennisschläger in einem völlig unschweizerischen Ausbruch auf den Boden. Er sei so sauer gewesen, dass er nicht an sich halten konnte, sagte er im Nachhinein, er hätte ja wirklich einen Aufschlag nach dem anderen verschenkt. Wohlgemerkt: er selbst. Sein Wutanfall galt ihm selbst, weil er wieder einen Aufschlag versemmelt, den Punkt verschenkt und die Schnauze voll hatte. Und das, so reflektierte er später, hätte ihn wohl aufgeweckt. Der entscheidende Unterschied: Federer hat seinen Zorn nicht an anderen ausgelassen, sondern sich an die eigene Nase gefasst. Und dann hat er die Partie gewonnen. Sein Wutanfall war ein Weckruf wider den Fatalismus, wider den Gedanken: „Das ist eh nicht mehr zu schaffen."

Unkontrollierte Wut kann Sie teuer zu stehen kommen. Sie beeinträchtigt Ihre Urteilsfähigkeit, führt zu schlechten Entscheidungen, schafft Ihnen Feinde, brockt Ihnen Gerichtsprozesse ein und trübt die Stimmung in Ihrem Umfeld. Eigentlich ganz vernünftige Menschen gehen aufeinander los, wie Anfang 2007 in Serbien geschehen, als zwei Chirurgen während eines Eingriffs in Streit gerieten und den Patienten links liegen ließen, der zum Glück vom Assistenten fertig operiert wurde und aufgrund der Narkose von dem ungeheuerlichen Vorfall nichts mitbekam.[213]

Rabbi Isaak Luria alias Ariz'al, ein Esoteriker des 16. Jahrhunderts, lehrte in Anlehnung an die Kabbala Folgendes: Wer sich vergisst und seine Wut ausagiert, muss 151 Tage fasten und Buße tun.[214] Uns dürfte diese harsche Strafe etwas überzogen erscheinen, nur fallen wir ins gegenteilige Extrem und sehen die Fähigkeit, kleine und große Wutausbrüche in sinnvolle Bahnen zu lenken, häufig nicht als Teil der Führungskompetenz. Solange alles glattläuft, ist es leicht, wie ein erwachsener Mensch zu handeln. Aber wie reagieren Sie, wenn Ihnen der Wind ins Gesicht bläst? Sie können entweder explodieren, weil Sie die Situation mit Gewalt in den Griff bekommen wollen, oder Ihre Gefühle produktiv einsetzen.

Was, wenn jemand Ihre Aktionen offensichtlich sabotiert? Haben Sie dann nicht alles Recht der Welt, böse zu werden? Und ist Zorn nicht ein probates Mittel, um sich durchzusetzen? Hat nicht Bill Gates, einer der großen Unternehmer unserer Zeit, seine Wut zu seinem Vorteil eingesetzt? Ja, die Schreierei zwischen Gates, Paul Allen und den anderen Gründern von Microsoft gehören zu den Mythen des Silicon Valley. (Und wir wollen nicht verschweigen, dass es beim Erzrivalen Apple ähnliche Szenen gegeben hat.) Vern Raburn wurde 1976 einer der ersten Topmanager von Microsoft und verglich Gates, Ballmer und die anderen Microsoft-Gründer mit jungen Rock 'n' Roll-Stars, denen die grundlegendsten menschlichen Fähigkeiten abgehen und die sich über jeden Takt eines Songs streiten. Es waren brillante Unternehmer, aber zu jung für einige Bereiche der Führungsaufgabe, sagt Raburn. „Wie viele Menschen gründen ein Unternehmen, bevor sie trinken gelernt haben?“[215]

Ihre jugendliche Sprunghaftigkeit brachte die Microsoft-Gründer oft an den Rand des Abgrunds. Raburn erinnert sich noch an einen Vorschlag, den er zur Verpackung und Versendung von Hardware einbrachte. Heute erscheint es unwichtig, aber damals genügte es, um in Paul Allens Büro einen ganztägigen Schlagabtausch in beträchtlicher Phonstärke auszulösen, der nur darum endete, weil Raburn sein Flugzeug kriegen musste. „Extremdebatten" kennzeichneten laut Raburn die frühe Microsoft-Kultur. „Das Unternehmen war für einen Haufen von Alpha-Männchen, die sich gegenseitig den Rang streitig machten, nicht groß genug."

Inzwischen hat Gates gelernt, seine Emotionen zu dämpfen, aber als angepasst kann man sein Kommunikationsverhalten immer noch nicht bezeichnen. Ein Journalist, der sich einige Monate als Mäuschen bei Microsoft umhörte, berichtet von einem Gates, der vor Wut explodierte und eine „spürbare Nervosität im Raum hinterließ".[216] Nicht jeder entfaltet sein kreatives Potenzial, wenn man ihn anbrüllt, mal ganz abgesehen von der Loyalität. „Es war nur noch frustrierend", sagte Eric Engstrom, der nach acht Jahren Microsoft Ende der 1990er-Jahre Chromium Communications mitbegründete. „Man will an neuen Sachen basteln, ist aber die Hälfte der Zeit damit beschäftigt, seine Stellung zu verteidigen."[217]

Manche Führungskräfte glauben, dass sie mit Aggressivität Macht gewinnen sowie Aufmerksamkeit und Folgsamkeit erreichen. Doch diese Vorteile sind ungewiss und haben bestenfalls kurzfristig Bestand, ihr Preis ist jedoch unmittelbar fällig und offensichtlich hoch. Aber wenn Sie erst einmal angefangen haben, herumzuschreien, ist es zu spät, Ihre Schwäche und Unfähigkeit wird für alle sichtbar. Im September 2005 hat Steve Ballmer angeblich lautstark geschworen, Google abzuschießen, und seinen Schwur mit durchs Zimmer geschleuderten Stühlen bekräftigt. Und das alles, weil einer seiner Manager zu Google wechselte. Mark Lucovsky, der im November 2004 von Microsoft zu Google ging, gab in einer eidesstattlichen Erklärung zu Protokoll, wie Ballmer auf seine Kündigung reagierte: „Irgendwann im Gespräch sagte Mr. Ballmer: ‚Sagen Sie bloß nicht, Sie gehen zu Google!'" Nachdem er eben das bestätigt hatte, „nahm Mr. Ballmer einen Stuhl und warf ihn quer durchs Zimmer, wo er gegen einen Tisch prallte". Gleichzeitig hätte sein Noch-Chef eine Tirade gegen Google-CEO Eric Schmidt vom Stapel gelassen: „Den Sch...-Typen lass ich einsargen, den habe ich schon öfter versenkt und werde ihn immer wieder versenken. Ich werde dieses Sch...-Google unter die Erde bringen." Schmidt, der zuvor bei Sun Microsystems und Novell gearbeitet hatte, dürfte sich über diese Nachricht insgeheim gefreut haben – Ballmer gewann mit seiner Ausfälligkeit nichts Gutes, während Google in dieser speziellen Schlacht um Talente Oberwasser behielt.[218]

Tobsucht schadet der in Rage geratenen Person oft mehr als der, der die Wut gilt. Psychologen konnten zeigen, dass Wut zu Anspannung, Schuldgefühlen, Depression und sozialer Isolation führt. Mehr noch: Wer in Rage ist, dessen Herz rast mit bis zu 180 Schlägen pro Minute, das Dreifache der üblichen Frequenz. Und der Blutdruck steigt auf bis zu 220/130, auf jeden Fall aber über den Normalwert von 120/80. Wut kann lebensbedrohliche Ereignisse wie Schlaganfälle, Herzkrankheiten, Geschwüre und Krebs heraufbeschwören oder fördern. (Manche Wissenschaftler sehen sogar eine Verbindung zwischen Zahnfleischentzündungen und Ärger.) Eine Studie wies einer Vergleichsgruppe von Ärzten Feindseligkeitswerte zu und begleitete sie dreißig Jahre lang. Wer einen hohen Feindseligkeitswert hatte, bekam fünf Mal häufiger eine Herzkrankheit als jene mit einem niedrigen Wert. Eine andere Studie belegt, dass hemmungslos aggressive Menschen tendenziell früher sterben. Wissenschaftler bestimmten den Aggressionsgrad von ausgewählten Medizin- und Jurastudenten und begleitete sie, bis sie ihren 50. Geburtstag feierten. In der Gruppe mit niedriger Aggressivität erreichten 2 Prozent der Ärzte und 4 Prozent der Rechtsanwälte dieses Alter nicht, bei den Personen mit hohem Feindseligkeitswert hingegen verstarben 14 Prozent der Ärzte und 20 Prozent der Rechtsanwälte vor dem 50. Geburtstag. In diesen beiden Berufsgruppen haben Choleriker eine gegenüber ausgeglicheneren Temperamenten fünf- bis siebenfach erhöhte Wahrscheinlichkeit, jung zu sterben.[219]

Prominente Beispiele für unkontrollierte Wutausbrüche sind Michael Eisner, der frühere Chairman von Disney, sowie der Miramax-Mitgründer

Harvey Weinstein. Eisner zwang Jeffrey Katzenberg 1994 nach erbitterten Auseinandersetzungen, das Unternehmen zu verlassen, schien aber nach der Akquisition von Miramax 1993 in Weinstein seinen Meister gefunden zu haben. Die beiden verhakten sich über Jahre in immer heftigere Auseinandersetzungen und bedachten sich teils in aller Öffentlichkeit mit übelsten Schimpfworten. Weinstein hielt Eisner für herz- und geschmacklos und verlogen und schickte noch ein paar Bezeichnungen unter der Gürtellinie hinterher; Eisner nannte Weinstein einen verschwenderischen Hornochsen, bezichtigte ihn der Kraftmeierei und stellte die Rentabilität von Miramax infrage. Es gab heftige Auseinandersetzungen um Michael Moores *Fahrenheit 9/11*, die Disney teuer bezahlte. Weinstein, seinerseits bekannt für öffentliche Brüllattacken, erklärte in der Zeitschrift *New York*, seine Ausbrüche seien auf einen hohen Blutzuckerspiegel zurückzuführen und gehörten der Vergangenheit an.

> *Ich habe den ganzen Tag Schokoladendragees gefuttert und dachte, das gibt Energie, aber das stimmte gar nicht, das weiß ich, seit ich damit aufgehört habe. Es hat in meinem Fall nur den Blutzuckerspiegel von 50 auf 250 hochgejagt. Das muss nicht bei jedem so sein. Manche Menschen verarbeiten Süßigkeiten besser. Bei mir hat es den Adrenalinspiegel mitgezogen und das hat diese Ausbrüche veranlasst. Das mussten wir mithilfe eines Facharztes herausfinden. Ich musste zum Arzt. Der diagnostizierte bei mir einen Diabetes vom Typ II, den ich mir mit dem vielen Süßkram eingehandelt hatte, also habe ich im letzten Jahr mit einer kohlehydratarmen Ernährung über 30 Kilo abgenommen und trainiere regelmäßig. Seit ungefähr zwei, drei Jahren, nachdem ich die Geschichte mit dem Zucker gecheckt habe, gab es keine Ausbrüche mehr. Keinen einzigen. Null Komma null. Nichts. Kein böses Wort mehr.*[220]

Weinstein hat mit dem Hinweis auf die Ernährung nicht ganz unrecht, aber das Zitat zeigt deutlich, dass er immer noch nicht der Ruhigste ist und nur allzu bereit, die Schuld von sich zu schieben. Und Eisner hat sich mit seiner aggressiven Art selbst ein Bein gestellt: Er hat sich so viele Feinde geschaffen, dass er im September 2005 zum Rücktritt gezwungen wurde. Auge um Auge und die ganze Welt wäre blind, soll Gandhi gesagt haben.

Dasselbe gilt für Mannschaftssportarten. „Wut funktioniert bei Wettkämpfen nicht." Phil Jackson (der Basketballtrainer, den wir bereits im vierten Kapitel kennenlernten) bestreitet die landläufige Meinung: „Jedenfalls nicht so, wie es allgemein dargestellt wird. Und je härter der Wettkampf wird, desto weniger funktioniert sie. Im Basketball ist Wut der eigentliche Gegner, nicht die gegnerische Mannschaft." Es ist eins, das theoretisch zu wissen, es ist etwas völlig anderes, es auch anzuwenden, während man angebrüllt wird. In den Playoffs 1991 spielten die Bulls gegen die 76er, und Basketballstar Horace Grant hatte Probleme, Armon Gilliam zu decken. Er bat um Unterstützung, Trainer Jackson bestand jedoch darauf, dass er es allein schaffte, es kam zu einer Auseinandersetzung, die Grant verlor. Er brüllte Jackson an: „Ich habe es satt, dein Prügelknabe zu sein." Jackson kapierte, dass er sich Grant zum Feind gemacht hatte und dass seine Fehlentscheidung sie beide den Sieg gekostet hatte.

Natürlich kann man Zornausbrüche nicht vollständig verhindern. „Im Basketball ist man ständig mit instinktiver Wut konfrontiert", sagte Jackson. „Man steckt ständig mitten im Kampf. Die Spieler sind heute viel größer und stärker als vor 20 Jahren, Einschüchterungsversuche gehören einfach dazu. Man muss sich eine soldatische Haltung angewöhnen, wenn man nicht die Kontrolle verlieren und explodieren will." Und wenn einen der Gegner so heftig schubst, dass man zurückschlagen muss? Für Jackson liegt der Schlüssel zum Erfolg im Bewusstsein, dass „man die Wahl hat".[221]

Vom Gefangenen zum Kanzler

Josef hatte allen Grund, sich aufzuregen. Jakob, sein Vater, hatte zwölf Söhne, Josef war sein Zweitjüngster und er hatte ihn im hohen Alter mit seiner geliebten Rahel gezeugt, er war ein hübscher Junge und wegen all dem liebte ihn Jakob mehr als seine elf Brüder, eine nur allzu menschliche

Schwäche. (2005 belegte eine Umfrage der *Science Times*, dass Eltern hübschen Kindern mehr Aufmerksamkeit schenken als hässlichen.[222]) Wenig hilfreich waren zudem Josefs Träume, die er seinen Halbbrüdern auch noch erzählte: „Es war, als wenn wir Garben bänden auf dem Felde und als wenn meine Garbe sich aufrichtete und stehen blieb, eure Garben aber sich herumstellten und sich zu meiner Garbe neigten." Sie hassten ihn dafür noch mehr: „Denkst du etwa, uns als König zu regieren? Oder uns zu beherrschen?" Menschen tun verrückte Dinge, wenn sie von Eifersucht verzehrt werden. Die Brüder heckten heimlich einen Plan aus, wie sie Josef aus dem Weg räumen könnten: Sie wollten ihn umbringen. Sie zogen mit ihren Herden nach Dotan und Josef zog ihnen nach. Und da sagten sie einander: „Dort kommt der Träumer her! Nun kommt, wir wollen ihn erschlagen, in eine der Gruben werfen und sagen, ein wildes Tier habe ihn gefressen. Alsdann wollen wir sehen, was seine Träume sein werden!"[223]

Und sie warfen Josef in eine Grube voller Schlangen und Skorpione. Wie durch ein Wunder überlebte Josef, doch dann kam eine ismaelitische Karawane vorbei und die Brüder verkauften ihn für 20 Silberstücke an Sklavenhändler. So wurde Josef mit 17 Jahren nach Ägypten verschleppt und an einen Hofbedienten des Pharao, Potifar, den Obersten der Leibwache, verkauft. Dieser Herr war mit seinem Erwerb äußerst zufrieden, doch wieder wurde Josef sein gutes Aussehen zum Verhängnis: Potifars Frau warf ein Auge auf ihn. (Wie Kleopatra Jahrhunderte später badete sie in Milch, damit ihre Haut weich und duftig wurde. Sie ging barfuß im Haus herum und ließ wie zufällig die Tunika auseinanderklaffen, damit er ihre Brüste sah.) Doch Josef wies ihre Annäherungsversuche höflich, aber beharrlich zurück. Eines Tages hielt sie es nicht mehr aus: Sie riss ihm die Kleider vom Leib, er aber rannte entsetzt aus dem Haus. Die Frau verleumdete ihn, behauptete, er hätte sie verführen wollen und sie hätte ihn weggejagt. Und als Frau eines ägyptischen Hofbeamten glaubte der Richter ihr und verurteilte Josef zu zehn Jahren Gefängnis. (Doch selbst im Gefängnis erwies er sich als der geborene Führer: Der Leiter vertraute ihm alle Insassen an.)

Unterdessen hatte der Pharao zwei merkwürdige Träume. Im ersten sah er, wie sieben hässliche, magere Kühe sieben schöne, fette Kühe verschlangen. Der Pharao erwachte, schlief wieder ein und träumte erneut. Diesmal verschlangen sieben dürre, versengte Ähren sieben dicke, volle Ähren. Der Pharao wachte zum zweiten Mal auf, aufs Höchste beunruhigt, und ließ alle Wahrsager Ägyptens zu sich kommen, die ihm seine Träume deuten sollten. Doch keiner vermochte es. Da erinnerte sich sein Mundschenk an Josef und dessen Kernkompetenz: Traumdeutung. Von dieser hatte er sich als Mitgefangener überzeugen können. Der verzweifelte Pharao ließ den Hebräer aus dem Kittchen holen: „Ich habe einen Traum gehabt und niemand kann ihn deuten. Ich höre aber von dir, dass du einen Traum zu deuten verstehst." Josef hörte sich die Träume an und erklärte, dass sie Folgendes bedeuteten: Ägypten würde bald sieben fette Jahre erleben und Nahrung im Überfluss haben und dann würde es sieben Jahre lang Hunger leiden. Die Hungersnot würde so schlimm sein, dass die Menschen die guten Jahre vergäßen.

Dankbar und beeindruckt von Josefs klugen Worten ernannte der Pharao ihn zu seinem Vize (was in etwa dem heutigen Rang eines Kanzlers entspricht), weil keiner so weise und verständig sei wie er: „Du sollst über mein Haus gesetzt sein und durch deinen Befehl soll mein ganzes Volk verpflegt werden. Nur was den Thron betrifft, will ich größer sein als du." Und er fügte hinzu: „Siehe! ich setze dich über das ganze Land Mizrajim."[224]

Die sieben fetten Jahre kamen und gingen, dann traf eine schreckliche Hungersnot die Region. Als visionärer Neuerer hatte Josef eine Lösung gefunden und in der Zeit des Überflusses Nahrungsmittel einlagern lassen, Ägypten war das einzige Land im Umkreis, dessen Bevölkerung vom Hunger verschont blieb. Viele Menschen baten dort um Hilfe und wollten die dortige Best Practice kennenlernen; auch Josefs Brüder machten sich auf den Weg. Sie bekamen eine Audienz beim mächtigen Vizekönig, doch da über 20 Jahre vergangen waren, erkannten sie ihn nicht (sie hatten sich nicht sein Facebook-Profil angeschaut). Er fragte sie über ihre Vergangenheit aus und eingeschüchtert von seiner Autorität gestanden sie, dass sie sich vor Jahrzehnten an ihrem jüngsten Bruder vergangen hatten. Zunächst beschuldigte sie Josef der Spionage und ließ sie ins Gefängnis werfen, nach drei Tagen ließ er sie wieder laufen, bestand aber darauf, dass sie Jakobs jüngsten Sohn Benjamin nach Ägypten brachten und ihn damit vom Vater trennten. Als Benjamin tatsächlich mitkam, schob er ihm einen Silberbecher unter, beschuldigte ihn so des Diebstahls und brachte seine Brüder dazu, ihre Taten zu bereuen.[225] Dann erst enthüllte er seine wahre Identität: „Ich bin Josef. Lebt mein Vater noch?" Erschrocken brachten seine Brüder keinen Ton über die Lippen. Er wiederholte: „Ich bin Josef, euer Bruder, den ihr nach Ägyptenland verkauft habt." Die Brüder duckten sich und fürchteten um ihr Leben. Sie warfen sich vor ihm zu Boden und flehten um Gnade. Doch Josef sagte:

> *Nunmehr seid nicht betrübt und lasst es in euren Augen nicht verdrießen, dass ihr mich hierher verkauft habt, denn zur Erhaltung des Lebens hat mich Gott vor euch her gesendet. Denn jetzt sind schon zwei Jahre Hungersnot im Lande; es werden noch fünf Jahre kommen, in welchen weder Pflügen noch Ernten sein wird. Darum hat mich Gott vor euch her gesendet, euch ein Bleiben im Lande zu verschaffen und euch beim Leben zu erhalten durch eine große Errettung.*[226]

Überwältigt von seiner Großmut küssten die Brüder Josef und ließen ihren Tränen freien Lauf. Schließlich zog die ganze Familie nach Ägypten und nach 22 Jahren waren Vater und Söhne wieder vereint.

Als Jakob weitere 17 Jahre später starb, packte die Brüder wieder die Angst, diesmal fürchteten sie, dass ihr Halbbruder nur auf den Moment gewartet hätte, bis der Patriarch von der Bühne abtrat, um endlich gerechte Rache zu nehmen. Sie hatten allen Grund dazu. 22 Jahre war Josef von seiner Familie getrennt und hatte in dieser Zeit durchaus Grund zur Bitterkeit. Doch er war kein Hitzkopf, er blieb ruhig und gefasst und sagte seinen Brüdern: „Habt ihr gleich die Absicht gehabt, mir Böses zu tun; so hat doch Gott zur Absicht gehabt, es zum Guten zu lenken, um das auszuführen, was jetzt geschieht, ein großes Volk zu erhalten."[227] Josef wendete dasselbe Prinzip an, das Generationen später Rabbi Akiba und Rabbi Nachum aus Gimso bei der Überwindung von Widrigkeiten half: Er wusste, dass ihm das Leben nur gute Karten zuspielte, selbst wenn sich das erst nach einiger Zeit herausstellte.

Es lebe die Improvisation

Von den Führungspersönlichkeiten unserer Zeit verkörpert wohl am ehesten Mahatma Gandhi Josefs Umgang mit Wutgefühlen. Ramkrishna Bajaj, ein indischer Industrieller und als junger Mann Gandhis Buchhalter (oder „Gandhis Kuli", wie er es im Titel seiner Memoiren trocken auf den Punkt brachte), erzählte dem CEO kurz vor seinem Tod eine Anekdote über einen Gefolgsmann Gandhis, den militanten Anarchisten Dr. Mahadev Desai, der lange im Untergrund agierte und die indischen Gefängnisse von innen kannte. Später schloss er sich dem gewaltlosen Widerstand an, war ab 1942 Gandhis Assistent und eine Zeit lang für die Beantwortung von dessen Post zuständig. Und die Briefe kamen waschkorbweise. Damals gab es in Indien faktisch keine Telefone und die E-Mail war noch nicht erfunden, doch die Schneckenpost funktionierte und brachte dem Unabhängigkeitsführer nicht nur freundliche Schreiben, sondern auch Drohbriefe. Desai nahm an, dass die rachsüchtigen Schriftstücke Gandhi aufregen und von seiner gewaltlosen Mission ablenken würden. Deswegen beantwortete er sie heimlich selbst, bis Gandhi ihn eines schönen Tages sanft fragte: „Offenbar bekomme ich nur freundliche Briefe, wo sind die kritischen?" Desai wurde rot und gab zu, dass er sie vor Gandhi geheim gehalten habe. Gandhis Antwort vergaß er bis zu seinem Tod 1993 nicht mehr: „Ich brauche die negativen Briefe", sagte der Mahatma. „Meine Kritiker sind meine besten Freunde, sie zeigen mir, was ich noch lernen muss."

Gandhi befand sich damit in bester Gesellschaft. Rabbi Schalom Dow Bär, der fünfte Rebbe von Lubawitsch (1860–1920), beschwor seine Anhänger, „Kritik willkommen zu heißen, denn durch sie finden wir zu unserer wahren Größe".[228] Und eine der überragenden Führungsgestalten unserer Zeit, Nelson Mandela, erzählte Bill Moyers in einem Interview 1991, wie er mit seinen eigenen Wutgefühlen während seiner Haft auf Robben Island umging, eine Umgebung, die aus jedem einen gebrochen Menschen voller Hass und Verbitterung machen kann. Wie hielt Mandela Hassgefühle trotz Folter und schreiender Ungerechtigkeit in Schach? Ja, sagte er, er und seine Kollegen seien sehr grausam behandelt worden. Trotzdem fand er zwischen sich und den Gefängniswärtern auch Gemeinsamkeiten:

> *„Man darf nicht vergessen, dass die Wärter auch nur ihre Arbeit tun, dass sie auch Menschen mit ihren Problemen sind, dass sie auch ausgebeutet werden und Opfer des Systems sind. Eines unserer Ziele war, dass wir gute Beziehungen zum Personal aufbauten und ihnen bei ihren Problemen halfen. Und auf diese Weise vergisst man alles Negative wie den Hass. Man hat Kontakt zu Menschen und man will, dass sie friedlich mit ihren Leuten leben. Man will hingehen und ihnen dieselbe Botschaft verkünden wie den eigenen Leuten. Und in dieser Situation kann man kaum noch Raum für Hass finden.“*[229]

Drei Jahre später traf der CEO Mandela bei der Verleihung des Africa Prize for Leadership. Der damalige US-Präsident Bill Clinton ging auf die Selbstbeherrschung ein, die der wiedergewählte Präsident Südafrikas bewiesen hatte: „Seine größte Errungenschaft ist vielleicht, dass er 27 Jahre lang im Gefängnis saß und es als der freieste Mann auf Erden verlassen hat.“

Vielleicht denken Sie jetzt, Josef, Gandhi und Mandela seien überragende Gestalten, die übermenschliche Fähigkeiten gehabt haben müssen, um ihren Hass zu zügeln. Doch wie steht es mit uns Normalsterblichen? Man muss nicht in die Sklaverei verkauft werden, Drohbriefe bekommen oder Jahrzehnte im Gefängnis verbringen, um in Rage zu kommen. Manchmal ist es fast unmöglich, die zahllosen kleinen Misslichkeiten zu ignorieren, die uns beeinträchtigen. Ein kleiner Schnitt bei der morgendlichen Rasur kann einen mehr auf die Palme bringen als das ganze Blutvergießen von Al-Kaida (vorausgesetzt, kein naher Angehöriger war unter den Opfern). 2004 schenkte die Mutter des Rabbi dessen Frau ein maßgefertigtes Kostüm für die Bar Mizwa des ältesten Sohnes. Daheim betrachtete sie das gute Stück zusammen mit Shternie und die beiden Frauen entdeckten zu ihrem Entsetzen einen schwarzen Mascara-Fleck auf dem Ärmel. Sie brachten das Kostüm zurück, der Inhaber versprach, den ganzen Ärmel auszutauschen (das Mindeste, was er tun konnte bei dem Preis). Doch abends rief er an und erklärte, die Zeit sei zu knapp, sie solle das Kostüm am Sabbat tragen und anschließend zur Reparatur schicken. Ein Fahrer brachte es im Kleidersack zurück, Shternie hängte ihn in den Schrank.

Freitagnachmittag machte sie sich für die Bar Mizwa fertig und öffnete den Kleidersack: Der Rock fehlte. „Oi wei!" (jiddischer Ausruf des Entsetzens), schrie sie. Der Rabbi bekam beinahe einen Herzinfarkt: Meine Frau wird ausrasten, dachte er, sie wird stinksauer sein, das ganze Wochenende ist im Eimer. (Ja, selbst Rabbis reden manchmal so.) Sie riefen beim Geschäft an, doch so kurz vor dem Sabbat ging dort keiner ans Telefon. Also schickten sie ein Fax:

Notfall: Rock nie erhalten. Dringend herschicken! Shternie

Der Fototermin war vor Sonnenuntergang in der Synagoge (am Sonnenuntergang am Freitagabend darf nach den jüdischen Vorschriften nicht fotografiert werden), danach war Gottesdienst und anschließend das Dinner. Die ganze Zeit dachte der Rabbi, gleich explodiert Shternie, sie kriegt einen Wutanfall. Tat sie aber nicht.

Als sie spät in der Nacht nach Hause kamen, hing der Rock am Schrank. Der Babysitter hatte ihn angenommen, er war kurz vor Sonnenuntergang geliefert worden. Ein Zettel hing daran: „Bitte entschuldigen Sie die Unannehmlichkeiten, wir bedauern das Versehen sehr und bieten zum Ausgleich ein kostenloses zweites Kleid Ihrer Wahl an."

Bei allen großen und kleinen Herausforderungen des Lebens können wir unsere Selbstbeherrschung unter Beweis stellen. Hätte sich Shternie aufgeregt – hätten sich die Gäste unwohl gefühlt, der Rabbi hätte sich auch aufgeregt, und davon hätte sie immer noch nicht den Rock zur neuen Kostümjacke gehabt. Doch weil sie den Gleichmut bewahrte, waren die

Gäste froh, der Rabbi war froh und sie kann das neue Kostüm am Samstag anziehen und bekommt zusätzlich ein weiteres Kleid.

Tipp
Schauspieler müssen improvisieren können, damit sie nicht von Zwischenfällen während einer Vorstellung aus der Bahn geworfen werden. Vergisst ein Kollege seinen Text oder kommt zu spät auf die Bühne oder ist die Souffleuse gerade dann, wenn man sie braucht, auf Tauchstation, dann müssen sie das Beste aus der Situation machen. Und das gilt für alle Bereiche, auch in der Wirtschaft. Wenn die Dinge nicht so laufen wie geplant, können Sie improvisieren und neue Wege zu Ihrem Ziel finden! Wenn Sie 20 Leute zu einer Präsentation erwarten, aber nur eine Person kommt, dann können Sie diese zum Essen einladen und als Vorzugsgast behandeln. Unvorhergesehene Ereignisse können uns ärgern, weil sie die ganze Planung über den Haufen werfen, aber sie können auch als Fenster zu neuen und vielleicht besseren Dingen betrachtet werden, wenn wir uns unsere vorherigen Bilder aus dem Kopf schlagen können. Ohne Dunkelheit gäbe es kein Licht!

Was können Sie tun, wenn Sie stinksauer werden? Rabbi Yosef Y. Schneerson, der sechste Lubawitscher Rebbe, erzählt, sein Onkel hätte empfohlen, man solle mindestens einundsechzig Minuten warten, bis man wieder klar denken kann.[230] Das klingt so einfach, wenn man ruhig ist, aber wenn der gerechte Zorn in einem glüht, hält man es kaum durch.

Tool 6.1: Cool bleiben[231]

Vor einigen Jahren flippte der Basketballer Latrell Sprewell aus und ging seinem Chef an die Gurgel. Er würgte den viel kleineren und schwächeren Trainer der Golden State Warriors, drohte ihn umzubringen, rannte aus dem Raum, um sich zu beruhigen, schaffte das nicht, rannte zurück und verpasste dem Vorgesetzten einen Haken. So weit hätte es nicht kommen dürfen. Mehrere Strategien stehen Ihnen zur Verfügung, damit Sie Ihre Finger vom Hals eines keifenden Chefs lassen.

Sie können leutselig besprechen, dass da ein Missverständnis vorliegen muss und er wohl nur glaubt, Ihnen etwas gesagt zu haben. Sagen Sie ganz ruhig: „Es tut mir leid, wenn wir uns da falsch verstanden haben. Ich habe offenbar genau das Gegenteil von dem gehört, was Sie mir gerade eben gesagt haben, merkwürdig."

Sie können an die menschliche Seite Ihres Chefs appellieren. Lassen Sie sich nicht ärgern, reagieren Sie niemals emotional auf Anschuldigungen. Sagen Sie dem Chef freundlich, dass Sie sich nicht gern anschreien lassen. Sagen Sie nur, wie sein Verhalten bei Ihnen ankommt, charakterisieren Sie nicht in irgendeiner Form sein Verhalten selbst. Etwa: „Ich will es auch besser machen, aber wenn Sie X sagen, fühle ich mich ungerecht behandelt. Das macht es mir sehr schwer, besser zu werden."

Sie können mit dem Chef Ihres Chefs reden. „Ich habe nichts gegen den Kerl, er ist ein toller Trainer, aber in letzter Zeit hat er mich wirklich auf dem Kieker. Haben Sie eine Idee, wie man damit umgehen könnte?"

Sie können auch nichts sagen. Machen Sie das Spiel nicht mit. Gehen Sie hinaus, reden Sie mit Kollegen. Und stellen Sie sicher, dass die Unstimmigkeiten mit dem Chef nicht auf Ihre Leistungen durchschlagen. Zeigen Sie ihm, dass Sie sich auf die Ergebnisse konzentrieren und jeden Tag das Beste fürs Unternehmen geben.

Sie können klare Forderungen stellen: „Hören Sie bitte sofort auf, auf mir herumzuhacken."

Und wenn das alles nichts hilft, dann würgen Sie ihn halt, aber Sie sollten sich darüber klar sein, dass es das Ende Ihrer Karriere bedeutet, und vielleicht kommen Sie dann ja zu dem Schluss, dass der Job das gar nicht wert ist.

Ist ein Kunde sauer, würde es den Konflikt nur weiter anheizen, wenn wir ebenfalls sauer werden. Stattdessen kann es die Situation entspannen, wenn wir zuhören und Hilfsbereitschaft signalisieren. Holen Sie tief Luft (oder gehen Sie spazieren, wenn das möglich ist) und vermeiden Sie vor allem aggressive Reaktionen wie Schuldzuweisungen, Beschimpfungen oder Drohungen.

Tool 6.2: Das Übel bei der Wurzel packen

Tiefer ginge der Versuch, sich an die Gefühle vor dem Wutausbruch zu erinnern und, sofern ohne weitere Eskalation möglich, zu formulieren. Denn, das sollten wir nicht vergessen, manche Bemerkungen oder Situationen rufen in uns Vorurteile oder Ängste wach, Gefühle, die wir als Menschen nicht vermeiden können: Wir neigen dazu, Dinge persönlich zu nehmen. Aber wie gehen wir mit solchen Gedanken und Gefühlen um, wenn sie auftreten?

Um näher an die Wurzel zu kommen, können Sie Ihre Reaktionen beobachten, statt sie blind auszuagieren. Wenn Sie sich Ihres Verhaltens bewusst werden und nicht jede Reaktion für richtig halten, nur weil es Ihre Reaktion ist, werden Sie Muster erkennen und einen neuen Blick auf die Vorgänge in Ihrem Umfeld gewinnen. (Dann kommen Ihnen vielleicht Gedanken wie: „Interessant, jedes Mal, wenn er das glanzlose letztjährige Ergebnis erwähnt, könnte ich ihm an die Gurgel gehen." Oder: „Jedes Mal, wenn sie beruflich unterwegs ist, fühle ich mich übergangen.") Sie können Ihre Reaktionen genauso emotionslos beobachten wie das Wetter. Oder Sie können einen Schritt zurücktreten und überlegen, ob die aktuelle Auseinandersetzung den Kampf wert ist. Der Kontext darf größer sein als die Belange Ihres Egos. Fragen Sie sich: „Wie wichtig ist das in vier Wochen oder sechs Monaten?"

Wenn Sie Ihren Verhaltensmustern auf den Grund gehen wollen, suchen Sie nach den tieferen Ursachen. Warum bringt Sie eine bestimmte Äußerung auf die Palme? Wut ist nicht zuletzt ein Verteidigungsmechanismus. Laut Erich Fromm dient die „gutartige" Aggression der Selbstbehauptung sowohl des Einzelnen als auch der Gattung.[232] Man fühlt sich bedroht, steht tatsächlich oder vermeintlich mit dem Rücken zur Wand und kann sich nur kraft des Adrenalinschubs und der Wut aus einer schier aussichtslosen Lage befreien. (Wobei man faktisch nichts sieht und sich kaum erinnert, was man eigentlich gewollt hat, gerade als wäre ein Sturm aufgezogen, jedenfalls eine unsichtbare Macht, die einem Sand in die Augen wirbelt. Man ist unter dem Einfluss des Adrenalins nicht man selbst, man vergisst sich, ist wie von der Tarantel gestochen, vom Affen gebissen, vom Teufel geritten.) Fragen Sie sich: Wie alt ist dieses Gefühl? Wann hat das angefangen? Wann habe ich zum ersten Mal in meinem Leben so gefühlt? Und welche Erfahrung hat das damals ausgelöst?

Tool 6.1 stammt aus der Psychodynamik. Spirituell kann man es als *haschgacha protis,*[233] göttliche Vorsehung, bezeichnen. Der Schlüssel zur Aggressionsbewältigung ist die Einsicht (wie im *Sohar*, dem kabbalistischen Kommentar zur Torah, formuliert oder wie bei Rabbi Akiba gesehen), dass alles einen Grund hat und letztlich zum Guten ist. Das heißt nicht, dass Sie alles passiv hinnehmen sollen, was Ihnen widerfährt. Wenn etwas nicht richtig ist, haben Sie alles Recht, es zu ändern. Wenn Sie etwa auf einen bestimmten Flug gebucht sind und die Frau am Schalter mit diesem breiten Fluggesellschaftenlächeln sagt: „Es tut mir leid, aber die Maschine ist überbucht, wir können Sie nicht mehr einchecken", dann dürfen Sie sagen: „Entschuldigung, aber ich würde gern mit Ihrem Vorgesetzten sprechen. Ich habe ein Recht auf diesen Flug, ich will und muss mit dieser Maschine fliegen." Aber wenn Sie böse und rachsüchtig werden, dann verlieren Sie gleichsam Ihren Glauben – dass alles seinen Sinn hat. So sah es der Rabbi, Arzt und Weltbürger Moses Maimonides alias „Ramban" schon vor neun Jahrhunderten.

> *Wut … ist ein sehr zerstörerischer Zug, und er (der Mensch) sollte sich so weit wie möglich davon fernhalten und sich angewöhnen, nicht wütend zu werden, selbst wenn der Anlass es rechtfertigen würde.*

Gegenüber der Familie oder der Gemeinde kann er Wut spielen, wenn er als Verantwortlicher sie beeindrucken und ihr Verhalten verbessern will, doch er sollte sich im Griff haben und nicht richtig wütend sein. Die Weisen haben gesagt: Wer wütend wird, macht sich des Götzendienstes schuldig.[234]

Warum spricht Maimonides hier von Götzendienst? Das bringt uns auf einen feinen Punkt im jüdischen Gesetz. Wenn ein rücksichtsloser Fahrer Ihr Auto rammt, dann war der Unfall vorherbestimmt. Selbst wenn ein Mitglied Ihrer Familie getötet würde (was Gott verhindern möge), war dieser Mord vorherbestimmt.[235] Rabbi Schneur Salman von Liadi schrieb: „Die geschädigte Person betreffend wurde nichtsdestotrotz [dieser Vorfall] bereits im Himmel verfügt, und Gott hat viele Gesandte."[236] Der Talmud gibt ihm recht: „Gott schickt böse Menschen, um böse Dinge zu tun, und gute Menschen, um Gutes zu tun." Doch wenn der Fahrer und der Mörder nur Instrumente von Gottes Willen sind, können Sie sie dann vor Gericht zerren? Darf man einen Mörder bestrafen? Nach dem jüdischen Gesetz darf man das. Man darf Missetäter dafür bestrafen, dass sie die Aufgabe übernommen, die Rolle akzeptiert haben, wenn auch nicht für den eigentlichen Gesetzesverstoß, der als *haschgacha protis* gilt. Schließlich hat niemand den Verbrecher gebeten, seine unheilvolle Mission auszuführen. Doch aus Wut und Zorn handeln ist etwas anderes als Strafen verhängen. Wut und Zorn bedeuten, dass man den Glauben verloren hat. Noch einmal Rabbi Schneur Salman: „Der Grund ist denen klar, die Verständnis kennen, denn während seines Zornes verließ ihn der Glaube." Wer wütend wird, klebt an Bildern, wie die Dinge zu sein hätten, statt die Wirklichkeit zu nehmen, wie sie ist. Man wird Beute falscher Vorstellungen, erliegt einer Fata Morgana – wie die Israeliten, die um das goldene Kalb tanzten. Der Zornige dient Götzen.

Göttlicher Plan oder Zufallstreffer?

Das Wort „Glaube" führt uns zu einer der ewigen Fragen der menschlichen Existenz: Sind die Gegebenheiten Ausdruck eines intelligenten

Plans, blinden Zufalls oder menschlicher Willenskraft? Hatte Gott wirklich Josefs Erfolg im Sinn? War Josefs Glück purer Zufall? Oder hat er sich aus eigener Kraft aus dem Schlamassel gezogen? Eine wahre Geschichte aus Deutschland soll das noch einmal illustrieren. Aus einer Partylaune heraus versah ein Hamburger an einem Silvesterabend kurz nach der Wende einen gelben Gasballon mit einer Neujahrskarte. Die war an einen Jugendfreund in der ehemaligen DDR gerichtet, zu dem er schon lange keinen Kontakt mehr hatte. Der Ballon verschwand im kalten, sternenklaren Himmel, ein steifer Westwind trieb ihn nach Osten, in ein paar Tausend Meter Höhe verlor er an Auftrieb und landete in einem ostdeutschen Apfelbaum. Der Gartenbesitzer hielt es zunächst für einen Kinderscherz, doch dann sah er die Karte und stellte fest, dass er den Absender, der „unbedingt um einen Anruf“ bat, kannte – die Verbindung war mit der deutschen Teilung Jahrzehnte zuvor abgerissen. Dank des gelben Gasballons fanden Wolfgang Steude aus Hamburg und Uwe Kracht aus Grömitz Anfang 2003 wieder zueinander.[237]

Zufall oder nicht? Wir können das extrem unwahrscheinliche Ergebnis durch Kausalketten unwahrscheinlicher Ereignisse erklären: Herr Steude besuchte eine Silvesterparty, bei der gelbe Ballons verteilt wurden; er trank ein bisschen zu viel und war aufgekratzt, aber auch rührselig und musste an seinen alten Freund Uwe denken. Aus einem plötzlichen Impuls heraus schrieb er eine Karte und knotete sie an den Ballon. Der Wind stand genau richtig, der Auftrieb endete genau im richtigen Augenblick, der Ballon landete im Grömitzer Apfelbaum, Herr Kracht inspizierte am Neujahrsmorgen seinen Garten und so weiter. Oder wir sagen, die Wahrscheinlichkeit stand eins zu einer Milliarde, also muss es sich um ein göttliches Wunder handeln. Albert Einstein, der für alle physikalischen Phänomene eine logische Erklärung suchte, schrieb in einem Brief vom 4. Dezember 1926 an Max Born: „Der Alte“, gemeint war Gott, „würfelt nicht.“ Und der französische Dichter Anatole France schrieb: „Zufall ist vielleicht das Pseudonym Gottes, wenn er nicht unterschreiben will.“[238]

Aber auch France schrieb „vielleicht“, also finden wir keine Antwort auf unsere Frage. Wir können uns aussuchen, was wir für nützlicher halten, wir können uns für den Zufall oder für die göttliche Vorsehung entscheiden. Natürlich weigern sich manche Menschen, sich zu entscheiden, und versuchen, beide Weltanschauungen zu vereinen. Rabbi Harold Kushner, dessen Sohn mit 14 Jahren an Progeria (einer äußerst seltenen Erbkrankheit, bei der die Alterungsprozesse durch genetische Defekte extrem stark beschleunigt ablaufen) starb, schreibt in seinem Buch *Wenn guten Menschen Böses widerfährt*:

> *„Die Welt ist in der Regel geordnet und vorhersehbar und beweist Gottes Sorgfalt und Geschicklichkeit – und doch bleiben Inseln, auf denen das Chaos regiert. Die meiste Zeit folgen die Ereignisse den Naturgesetzen, aber ab und zu geschehen Dinge, die nicht im Widerspruch, sondern jenseits dieser Gesetze stehen, Ereignisse, die ebenso gut hätten anders ablaufen können.“*[239]

In einer Welt wachsender Komplexität könnte es uns mehr Entscheidungsfreiheit verleihen, wenn wir von der göttlichen Vorsehung ausgehen, denn die Annahme gibt dem Leben Sinn und wir müssen nicht über Dinge jammern, die wir ohnehin nicht ändern können. Ob richtig oder falsch, sie verhilft zu bodenständigen Entscheidungen. Rabbi Menachem M. Schneersohn schrieb 1963 in einem Brief: „Was kann garantieren, dass Menschen rechtmäßig und gerecht handeln, wenn nicht der Glaube an eine höhere Macht?“[240] Was man bejaht, darüber ärgert man sich nicht. Ricardo Levy hat Catalytica, einen der größten Hersteller der AIDS-Medikamente AZT und Sudafed, gegründet und die Erfahrung gemacht, dass das Vertrauen auf die göttliche Vorsehung bessere Entscheidungen ermöglicht. Ein Vierteljahrhundert lang verfolgte er, wie sein „Baby“ wuchs und gedieh. Aus einer kleinen Beratungsfirma im Keller seines Hauses in New Providence wurde ein Pharma- und Energieunternehmen mit Sitz im Silicon Valley und einer Fabrik in Greenville mit 1800 Angestellten und einem Umsatz von 750 Millionen Dollar. Dann musste der 56-jährige Chemieingenieur die schwerste Entscheidung seines Lebens treffen: Der Verkauf der größten, rentabelsten Sparte stand an. „Darüber hatte ich nie nachgedacht“, sagte Levy. „Ein Unternehmer will sein Baby behalten und ein Leben lang begleiten.“ Zudem konnte er den potenziellen Käufer, den niederländischen Pharma-Giganten DSM, nicht gut leiden, ja, er hatte eine massive Abneigung gegen den Unterhändler. Er kam mit dessen Art nicht klar.

Dass sich Levy zum Verkauf entschloss, ist für sich genommen nichts Besonderes. Aber wie er die Entscheidung traf, wird so heute nicht an den Management Schools gelehrt. Levy musste das Angebot von DSM genau bedenken und sich einige kritische Fragen stellen. Ein guter Preis war wichtig, aber nicht alles. Wie würde es den Mitarbeiterinnen und Mitarbeitern ergehen? Was war mit den Kunden und Kundinnen? War die Katalysatorensparte selbstständig lebensfähig? Und wie sollte er sein eigenes weiteres Leben gestalten? Levy probierte es mit Logik und ging dann tiefer. „Das sind knifflige Fragen, die sich nicht mit Excel-Tabellen lösen lassen", sagte er. „Man kann nicht einfach Pro und Kontra in zwei Spalten notieren, sondern es geht im Grunde um Gefühle. Die Frage ist nur, um welche Gefühle. Das ist der eigentliche Kompass: Wie Seele, Geist und Verstand mit dem Problem verwoben sind."[241]

Als er sich zum Verkauf entschlossen hatte, meditierte Levy, um seinen Widerstand gegen den Verhandlungspartner bei DSM zu überwinden. Er versuchte es mit einem „liebevollen Ansatz" und merkte, dass sein freundlicheres Betragen die Gespräche voranbrachte. Der Gegner war letztlich ja auch nur ein Mensch. Catalytica verkaufte 2000 die Pharma-Abteilung an DSM, die Katalysatorensparte wurde an die Börse gebracht und Levy wurde ihr Chairman.

Tipp

99,9 Prozent der Vorgänge im Alltag sind kein Angriff auf Sie. Ein Sturzregen will nicht Sie persönlich treffen, selbst wenn Ihr Golfausflug ruiniert ist, alles andere wäre ausgesprochen überheblich. Die meisten Menschen haben es die meiste Zeit nicht auf Sie abgesehen, sie sind viel zu sehr mit ihrem eigenen Leben beschäftigt, als dass sie genug Zeit und Energie hätten, andere bewusst zu ärgern. Für Maimonides ist nur der, der sich selbst nicht sonderlich wichtig nimmt, ein wahrhaft großer Mensch, dem Ehre gebührt.[242]

Tool 6.3: Aggressionsbewältigung auf institutioneller Ebene

Aggressionsbewältigung kann und sollte in einer Organisation institutionalisiert werden, die Maßnahme lohnt sich auf jeden Fall. In den USA gibt es den Terminus „going postal" und das heißt so viel wie Amok laufen. Entwickelt hat sich der Begriff aus oft tödlichen Zwischenfällen mit Postbeamten, die im Dienst komplett ausrasteten – vereinzelte Ausnahmen, über die es jedoch unzählige Witze gibt. Für die Post selbst lag das Problem mehr in der Beschwerdeflut wütender, frustrierter Mitarbeiter und Mitarbeiterinnen, die bei den Gleichberechtigungsbeauftragten eingingen. 1997 hagelte es rund 30.000 interne Anzeigen wegen Einschüchterung, sexueller Belästigung, rassistischer Diskriminierung und andere Managementvergehen. Diese erschreckende Zahl brachte die Verantwortlichen endlich zum Handeln. Sie riefen ein Mediationsprogramm namens Redress (ein Akronym für Resolve Employment Disputes, Reach Equitable Solutions Swiftly) ins Leben und schafften in der Folge einen beispiellosen Durchbruch bei der Aggressionsbekämpfung. Zwischen September 1998 und Juni 2000 wurden 17.645 Streitigkeiten verhandelt und zu 80 Prozent gelöst. In demselben Zeitraum sank die Zahl der Klagen von 14.000 im Jahr 1997 um 30 Prozent. Die Rechtsanwälte, die das Redress-Programm aus einem Musterprozess 1994 entwickelt hatten, schätzen die Einsparungen für die Behörde auf Millionen Dollar durch nicht ausgegebene Prozesskosten und gestiegene Produktivität, mal ganz abgesehen von der höheren Arbeitszufriedenheit bei den Beschäftigten. „Auch andere Unternehmen sind sehr an der transformativen Mediation interessiert", sagte eine der beteiligten Rechtsanwältinnen, Cynthia Hallberlin, „weil sie nicht nur akute Probleme lösen kann, sondern den Beteiligten auch künftig zu einer sinnvolleren Kommunikation verhilft."[243]

Wie erklärt sich der Erfolg? Die Post half vielen ihrer Angestellten mit dem Redress-Programm, vor allem unkontrollierte Aggressionen in den Griff zu bekommen. Ein Beispiel: Der weiße Abteilungsleiter regte sich fürchterlich über eine schwarze Mitarbeiterin auf, die häufig zu spät kam.

Eineinhalb Stunden schrien sich die zwei während der Mediation an, dann wurde es ruhig. Die Mediatorin Elaine Kirsch nutzte die Gelegenheit für den Hinweis, sie hätten mehr gemeinsam, als sie dächten. Als sich Abteilungsleiter und Mitarbeiterin anschließend wieder einzelne Vorfälle um die Ohren hauten, fielen plötzlich Sätze wie: „Sie haben nie gelogen, Sie haben immer gesagt, was Sie dachten.“ Das Eis war gebrochen. Die Mitarbeiterin, so stellte sich heraus, kam immer wieder zu spät, weil sie ein asthmakrankes Kind hatte und es für sie ausgesprochen schwierig war, adäquate Betreuung zu finden. Sie sicherte ihrem Chef zu, sie würde künftig anrufen, wenn es wieder Probleme gab, und er sicherte ihr mehr Verständnis zu.

Aggressionsbewältigung ist wichtig für Ihren Leumund, Ihr Standing als Führungskraft. Ein einziger Ausbruch kann Sie für lange Zeit in ein schlechtes Licht rücken. Doch ein guter Ruf verlangt mehr, wie wir im nächsten Kapitel sehen werden.

Unterm Strich

- Die Fähigkeit der Selbstbeherrschung ist integraler Bestandteil der Selbstbestimmung, dem Merkmal guter Führungskräfte. Wut ausagieren ist ungesund und kostet Sie unter Umständen Freundschaften und Verbündete. Choleriker sterben – statistisch gesehen – früher als gelassene Zeitgenossen. Wutanfälle offenbaren Schwäche, es ist, als würden Sie das Vertrauen in Ihre Bestimmung verlieren.
- Tools zur Aggressionsbewältigung: sich eine Auszeit nehmen (etwa für einen kurzen Spaziergang), Konflikte nicht durch unbedachte Ausdrucksweise weiter anheizen, die Gefühle aufdecken, kurz bevor Sie auf die Palme gehen.
- Ob Sie nun eine Erklärung haben für das, was Ihnen passiert, oder nicht: Gehen Sie davon aus, dass es zu Ihrem Besten geschieht (ob das nun stimmt oder nicht, es ist in jedem Fall eine Einstellung, die Kraft gibt).

- Wie die amerikanische Post können Sie Aggressionsbewältigung in Ihrer Organisation institutionalisieren und mit Mediation Konflikte lösen.
- Wenn Sie Ihren Gleichmut bewahren, werden Sie eines Tages vielleicht noch – wie damals Josef – Premierminister.

Siebtes Kapitel

Das siebte Gebot: Nicht ehebrechen, sondern integer bleiben

Der Ursprung aller Konflikte zwischen mir
und meinen Mitmenschen ist,
dass ich nicht sage, was ich meine,
und dass ich nicht tue, was ich sage.

Martin Buber

Illegales erledigen wir sofort,
Verfassungswidriges braucht ein bisschen mehr Zeit.

Henry Kissinger

Das siebte Gebot: „Du sollst nicht ehebrechen." Ehebruch steht ganz allgemein für Wortbruch und den Verstoß gegen eigene Prinzipien, nicht nur für die Untreue gegenüber dem eigenen Lebenspartner. Die größte Stärke bezieht eine Führungskraft aus ihrer Integrität, nicht aus Autorität, Titeln, Beliebtheit oder Finanzmitteln. Die Fähigkeit, authentisch zu sein, Worte und Taten in Übereinstimmung zu bringen, ist wahrscheinlich das größte Kapital, das Sie für diese Aufgabe mitbringen können. In einer komplexen Welt mit Cyberspace, globalen Märkten und virtuellen Firmen ist die Versuchung groß, zu betrügen, zu belügen und korrupt zu werden: Man kann damit durchkommen. Der jüdische Glaube ist ein umfassendes System für ethische Entscheidungen und zeigt den Unterschied zwischen richtig und falsch. In diesem Kapitel geht es um moralische Zweifelsfälle und wie Sie damit umgehen sollten: indem Sie sich Ihre wichtigsten Werte vor Augen halten.

In der Bibel gibt es die Geschichte von Juda, einem von Josefs Brüdern. Er hatte eine wunderschöne Schwiegertochter namens Tamar. Als zweifache Witwe hatte sie ihr Päckchen zu tragen. Nach jüdischem Gesetz musste die Witwe den Bruder des Verstorbenen heiraten, wenn die erste Ehe kinderlos blieb, damit die Familie nicht ausstirbt.[244] Als Tamars erster Mann, Er, starb, heiratete sie ihr Schwager Onan. Aber wenn er mit ihr schlief, „verderbte er es zur Erde", denn er wollte seinem Bruder keine Nachkommen verschaffen. Für die Sünde der Onanie (die nach ihm ihren Namen hat) wurde auch er von Gott mit dem Tode bestraft. Tamar hätte nun Judas drittem Sohn, Schela, zur Frau gegeben werden sollen, aber Juda hatte Angst, dass auf ihr ein Fluch lastete, dass es zwischen ihr und dem Tod seiner Söhne eine Verbindung gab. Unter dem Vorwand, Schela sei noch zu jung, schickte er sie weg: Sie solle warten. Die Jahre vergingen, Schela war längst ein Mann, doch Juda gab nicht seine Zustimmung zur Ehe. Tamar war ausgestoßen, was konnte sie dagegen tun? Sie nahm ihr Schicksal in die Hand und nutzte, was ihr zur Verfügung stand: ihren Körper. Als Juda zur Schafschur nach Timna ging, setzte sie sich wie die Prostituierten mit verhülltem Kopf ans Stadttor und wartete auf ihn. (Vor 2448, bevor sie die Torah bekamen, war den Juden die Prostitution erlaubt.) Juda war selbst Witwer und die Trauerzeit um, so gab er seiner Lust nach und bat die außerordentliche Schönheit am Straßenrand, ihm zu Diensten zu sein. Sie fragte, was er zu zahlen bereit sei, er sagte einen Ziegenbock zu, sie verlangte sein Siegel und seine Schnur und seinen Stab als Unterpfand. Als er einen Freund mit dem versprochenen Ziegenbock nach Timna schickte, war die geheimnisvolle Frau verschwunden. Juda wusste nicht, dass er seiner Schwiegertochter Tamar beigewohnt hatte. Nach drei Monaten zeigte sich, dass Tamar schwanger geworden war. Juda verurteilte sie zum Tod wegen Hurerei. Als sie zur Hinrichtung geführt wurde, schickte sie Juda seine Habseligkeiten mit dem Hinweis: „Demjenigen Mann bin ich schwanger, welchem diese Dinge gehören … Erkenne doch, wem dieser Petschaftring, dieses Tuch und dieser Stab gehöre?" Juda erkannte das Undenkbare, die beschämende Wahrheit: Er selbst war der Vater. Öffentlich bekannte er sich zu seinem Irrtum und erklärte: „Sie ist gerechter als ich".[245]

Juda war nicht der erste Mann, der einer Versuchung erlag, die so alt ist wie die Menschheit. Gott rief Adam: „Wo bist du?“, aber Adam versteckte sich aus Scham. Vom Sündenfall bis zum Tanz ums Goldene Kalb ist die Torah voll von Geschichten über Sünde und Versuchung. Kein Wunder, dass der Talmud warnt: „Der böse Trieb gleicht anfänglich dem Faden einer Spinne, schließlich aber gleicht er Wagenstricken“.[246] Selbst König David, einer der größten jüdischen Führer aller Zeiten, hatte wie wir alle dunkle Seiten. Der mutige Sieger über Goliat war zum grausamen Herrscher geworden, der seine Widersacher in den Krieg schickte, selbst im bequemen Jerusalem blieb, den Sonnenuntergang von der Dachterrasse aus genoss und dabei die schöne Bathseba beim Bade beobachtete, sie auf sein Zimmer bestellte und mit ihr schlief. Als sie ihm die Nachricht schickte, sie sei von ihm schwanger, bestellte er ihren Gatten Uria, den Hethiter, zu sich und machte ihn betrunken. Am nächsten Morgen schickte er seinem Befehlshaber die Order: „Stellt Uria vornehin, wo der Kampf am härtesten ist, und zieht euch hinter ihm zurück, dass er erschlagen werde und sterbe.“[247] Das war ein bestellter Mord, er gab das versiegelte Schriftstück obendrein dem Opfer selbst mit, Uria überbrachte dem Befehlshaber sein Todesurteil persönlich. David war Ehebrecher und Mörder.

Und auch in unserer Zeit hatten einige der größten Führer verhängnisvolle Neigungen und betrogen ihre Frauen. Auch wenn wir damit ihr Bild verdunkeln: Martin Luther King und John F. Kennedy waren Lichtgestalten des 20. Jahrhunderts, deren zahlreiche Affären gut dokumentiert sind und hier nicht weiter ausgebreitet müssen.[248] Näher beschäftigen wollen wir uns aber mit einer jüngeren Affäre, über die der frühere Gouverneur des Bundesstaates New York, Eliot Spitzer, sehr schnell und sehr tief fiel. Der Wunderknabe, der in Princeton und Harvard studierte, sich nach dem Juraexamen als beinharter Staatsanwalt mit moralischer Verve gegen die piekfeinen Verbrecher der Wall Street, skrupellose Ausbeuter von Einwanderern und andere Gangster US-weit einen Namen machte, sah als selbst ernannter Verteidiger amerikanischer Anleger überall das „öffentliche Vertrauen“ durch „schockierende“ und „kriminelle“ Machenschaften betrogen. 2007 trat er den Gouverneursposten mit dem Versprechen an, eine neue Ära sauberer Regierungsgeschäfte einzuläuten, im März 2008 trat er zurück, nachdem er mit einem Callgirl-Ring in Verbindung gebracht wurde. Aus den Unterlagen von Behörden und Gerichten ging hervor, dass Spitzer, Vater dreier halbwüchsiger Töchter, bei einem Treffen mit einer hoch bezahlten Prostituierten abgehört wurde und wohl über 80.000 Dollar für käuflichen Sex ausgab. Dabei hatte er als Generalstaatsanwalt die Prostitution mit am aggressivsten bekämpft.

Spitzers steiler Aufstieg und Fall hat die Züge eines Shakespeare-Dramas. Er ist nicht der Einzige. Senator David Vitter hielt eine Prostituierte namens D.C. Madam aus und trat gleichzeitig öffentlich als Verfechter der traditionellen Ehe auf. Der Kongressabgeordnete Mark Foley betrieb einen Kreuzzug gegen Kinderpornografie im Internet, ging aber selbst online, um ungeniert sexuell mit minderjährigen Pagen des Kongresses zu kommunizieren. Außerehelicher Geschlechtsverkehr ist weit verbreitet; um Ehefrauen Untreue nachzuweisen, nutzen viele Scheidungsanwälte E-Zpass, ein elektronisches Autobahngebührensystem, das in zwölf Bundesstaaten im Nordosten und mittleren Westen der USA betrieben wird. „So kann man leicht beweisen, dass sie auf den Abweg des Ehebruchs geraten sind", erklärt Scheidungsanwältin Jacalyn Barnett.[249] In Europa haben es Ehebrecher leichter: 2008 entschied der oberste Gerichtshof Italiens, dass niemand wegen falscher Aussagen gegenüber der Polizei zu Liebesaffären belangt werden kann. Der fragliche Fall: Eine 48-Jährige hatte ihr Handy ihrem Liebhaber überlassen, der damit den gehörnten Ehemann anrief und beschimpfte. Die Frau war von einer früheren Instanz verurteilt worden, weil sie der Polizei nicht gesagt hatte, dass der Mann ihr Liebhaber war. Doch der höchste Gerichtshof widersprach dieser Auffassung. „Ein Liebhaber beschädigt die Ehre einer Person", befand das Gericht. Wer mit der Wahrheit hinterm Berg halte, handele mithin aus einem Akt der Selbstverteidigung heraus.[250]

In Frankreich können sich Ehegatten professionelle Beihilfe zur Untreue holen. Alibila wurde von der früheren Privatdetektivin Regine Mourizard in Paris gegründet und bietet den Klienten und Klientinnen überzeugende Ausreden: Vom Anruf zu Hause mit falschen Notfällen bis zu Einladungen für nicht existente Verpflichtungen in anderen Städten unterstützt sie Ehebrecher. 19 Euro kostet ein Anruf, der zwölf Stunden Spielraum einbringt, für einen Aufpreis mietet die Firma Hotelzimmer für das Schäferstündchen an und besorgt Geschenke für die Geliebte/den Geliebten, falsche Rechnungen von fiktiven Restaurants, Mitbringsel von frei erfundenen Konferenzen sowie Alibi-Quittungen und schickt Postkarten von Orten, an denen der Kunde angeblich gewesen ist.[251]

Lug und Betrug in allen Lebenslagen

Nicht weniger verbreitet als das Fremdgehen ist die Korruption (die persönliche Bereicherung von Verantwortlichen), und es gibt sie mindestens seit der Erfindung des Geldes, wenn nicht länger. Geld stinkt nicht, soll der römische Kaiser Vespasian gesagt haben, *pecunia non olet*, und erhob eine heftig bekämpfte Steuer auf öffentliche Toiletten. Jahrhunderte später dachte sich Charles Ponzi ein cleveres System aus, mit dem er normalen Bürgern extrem hohe Gewinne versprach. Mehrere Monate lang war die Securities Exchange Company in Boston Schauplatz eines unglaublichen Rituals: Jeden Morgen drängten sich Hunderte vor deren Büro, Woche um Woche wurden es mehr. Und viele hatten ihre gesamten Ersparnisse dabei. Sie schoben die Dollars über die Theke mit altmodischen Gittern und bekamen dafür ein hübsch verziertes Papierchen, das ihnen 50 Prozent Rendite in 45 Tage versprach. Die Geldscheine stapelten sich so schnell, dass sie in Drahtkörbe geworfen wurden, weil die Schubladen die Masse nicht aufnehmen konnten. Ponzi, ein italienischer Einwanderer, eröffnete sein Büro 1919. Im Februar 1920 nahm er 5290 Dollar ein, im April über 140.000 Dollar, im Mai über 440.000 Dollar, im Juni über 2,5 Millionen Dollar, im Juli fast 6,5 Millionen Dollar. Zum Vergleich: Der Dekan von Harvard hatte 1920 ein Jahresgehalt von 6000 Dollar. Bis heute heißen Schneeballgeschäfte in den USA Ponzi-Schemes.[252] Natürlich brauchte der Mann Führungseigenschaften – Charisma, Klugheit und Charme –, um 30.000 Menschen skrupellos ihre letzten Ersparnisse aus der Tasche zu ziehen und sich Millionen Dollar unter den Nagel zu reißen, und natürlich ist er kein Vorbild, denn er nutzte seine Führungseigenschaften für ein Verbrechen.

Betrug ist bis heute an der Tagesordnung, und das womöglich in wesentlich größeren Dimensionen angesichts der Komplexität globaler Märkte und der Anonymität im Internet, das weit mehr Schlupflöcher für schnelle Dollars bietet. Die Zeitungen sind voll von Geschichten über Unterschlagung, Korruption und dunkle Machenschaften. 2001 und 2002 berichteten die Wirtschaftsteile über Kenneth Lay, Jeffrey Skilling und Andrew Fastow und deren Tricks bei Enron. Doch sie waren nur der Tropfen, der das Fass zum Überlaufen brachte. Daniel H. Bayly wurde wegen seiner Rolle beim Ankauf von drei nigerianischen Barkassen von Enron zu einer Gefängnisstrafe verurteilt. Heinrich von Pierer, Vorstandsvorsitzender des Siemens-Konzerns, sah sich 2007 wegen eines Bestechungsskandals massiven Rücktrittsforderungen ausgesetzt: 13 Milliarden Dollar soll der Elektronikriese unter der Hand gezahlt haben, um mit ausländischen Regierungen Verträge abzuschließen. Auch Opel wurde von einer Korruptionsaffäre zerrissen, ganze Abteilungen nahmen Geschenke wie Computer oder Ferienhäuser von Lieferanten an. 2005 bekannten sich Samuel Israel und Daniel Marino, Gründer des 450-Millionen-Dollar großen Hedgefonds Bayou Group, schuldig: Sie hatten Millionen Anlagegelder in ein zusammengebrochenes Unternehmen gesteckt und sich persönlich daran bereichert. Zwei Monate später stellte eine Bundeskommission fest, dass der frühere Aktienanalyst Paul E. Johnson mit seinen Research Anleger in die Irre geführt und damit gegen geltendes Finanzrecht verstoßen habe. (Johnson hat wie der CEO an der Columbia University unterrichtet, seit 1992 lehrte er dort Wertpapieranalyse. Zum Zeitpunkt seiner Verurteilung standen ausgerechnet werthaltige Investments auf dem Lehrplan. Wenigstens hat er nicht Wirtschaftsethik unterrichtet.)

Andere sogenannte Geschäftsmänner können sich der Verantwortung entziehen. Ihre Vergütung ist nicht länger an die Produktivität der von ihnen geleiteten Unternehmen gekoppelt, sie zahlen nicht den Preis für deren Niedergang. Zwei Wissenschaftler aus Harvard und Cornell haben in *Pay Without Performance* dargestellt, dass die Gehälter von Spitzenmanagern seit 1990 doppelt so schnell gestiegen sind wie der Börsenwert und erheblich schneller als die Unternehmensgewinne. Allein 2004 verdiente AIG-Chef Maurice „Hank" Greenberg 34,1 Millionen Dollar, obwohl die Aktie des von ihm geführten Versicherungsriesen ein Minus verzeichnete und seine Performance 11,4 Prozent unter dem S&P 500 lag. 2007 strich Charles Prince 29,5 Millionen Dollar ein, während die Citigroup unter seiner Verantwortung 11 Milliarden Dollar faule Hypothekenkredite abschreiben musste. Und Stanley O'Neal wurde der Abschied von Merrill Lynch mit 159 Millionen Dollar versüßt, nachdem die Investmentbank unter seiner Regie 7,9 Milliarden Dollar Hypothekendarlehnen versenkt hatte.

Übertreibungen und moralische Fehltritte sind keineswegs auf das Wirtschaftsleben beschränkt. Im akademischen Bereich wurde der Südkoreaner Hwang Woo Suk wegen gefälschter Ergebnisse in der Stammzellenforschung entlarvt. Viele Wissenschaftler fragen sich, wie er so schnell hochkommen, so viele täuschen und so tief fallen konnte. Selbst angesehene Fachzeitschriften hatten nichts bemerkt. Darlehen an Studenten kamen in den USA in Verruf, als die zuständigen Finanzabteilungen mehrerer Colleges (und unter anderem auch der Columbia University in New York) Geld annahmen und im Gegenzug das Geschäft bestimmten Darlehensgebern zuschusterten. (In einer außergerichtlichen Vereinbarung mit der New Yorker Staatsanwaltschaft sicherte die Columbia University zu, die zuständige Abteilung fünf Jahre lang überwachen zu lassen und 1,125 Millionen Dollar an einen nationalen Hilfsfonds zu zahlen.) Angesichts solcher korrupter Vorbilder überrascht es nicht, dass auch die Studenten selbst betrügen. Laut einer Umfrage von Pew geben 46 Prozent der Jugendlichen an, im Online-Profil mindestens eine falsche Angabe zu machen, 8 Prozent räumten sogar ein, dass ihr Profil „zum größten Teil oder zur Gänze erfunden" sei.[253] Auf dem Papier wissen Kinder, dass Lügen schlecht ist, in Umfragen geben 98 Prozent an, Vertrauen und Ehrlichkeit seien in persönlichen Beziehungen unentbehrlich. Doch

98 Prozent der von Nancy Darling während ihrer Zeit an der Penn State University befragten Teenager sagten ihren Eltern nicht wahrheitsgemäß, wofür sie ihr Taschengeld ausgaben, ob sie bereits eine Freundin beziehungsweise einen Freund hatten und was sie anzogen, wenn sie nicht zu Hause waren. Sie logen die Erziehungsberechtigten an, wenn diese bestimmte Freunde nicht mochten, schenkten ihnen hinsichtlich Alkohol- und Drogenkonsum keinen reinen Wein ein und erzählten auch nicht, wenn sie in Autos mitfuhren, an deren Steuer betrunkene Jugendliche saßen.[254] Wenn 98 Prozent Ehrlichkeit als unentbehrliche Eigenschaft bezeichnen, aber 98 Prozent lügen, steht es nicht gut um die nächste Generation von Führungskräften.

Zurück zur Politik: In den letzten fünf Jahren wurden in New Jersey über hundert Vertreter des Bundesstaates und der Kommunen wegen Korruption verurteilt. Allein zwischen 2002 und 2003 erhielt Suha at-Tawil, die Witwe des verstorbenen Palästinenserpräsidenten Jassir Arafat, unter der Hand 7 Millionen Dollar, Geld, das dem palästinensischen Volk zustand und eigentlich grundlegende staatliche Leistungen finanzieren sollte. Der Sohn des früheren israelischen Premiers Ariel Scharon, Omri, wurde der Dokumentenfälschung und des Meineids überführt und zu neun Monaten Haft verurteilt. Er hatte illegale Zahlungen für den Wahlkampf seines Vaters 1999 vertuschen wollen. (Der Richter schrieb angeblich in der Urteilsbegründung von einem Sumpf politischer Korruption, der ausgetrocknet werden müsse.)[255] Zheng Xiaoyu, verantwortlich für die Zulassung von Medikamenten in der Volksrepublik China, plädierte für eine Behörde zur Korruptionsbekämpfung, wurde aber selbst verurteilt, weil er von acht Pharmaunternehmen Geschenke und Bestechungsgelder angenommen und diesen im Gegenzug Gefälligkeiten erwiesen haben soll: ein Auto, eine Villa, Möbel, 300.000 Dollar in bar, Aktien, alles in allem ein Wert von 850.000 Dollar. Er wurde am 10. Juli 2007 hingerichtet.[256]

Die Liste ließe sich fortsetzen, doch das Wesentliche ist deutlich geworden: Politiker aller Couleurs haben sich zu Gesetzen oder ethischen Grundsätzen bekannt, die sie insgeheim übertraten. Den eigenen Worten treu zu bleiben hört sich leicht an und gehört doch zu den schwierigsten

Herausforderungen in Leben und Beruf, besonders für Führungskräfte, die oft unter Beobachtung stehen und nicht nur für eigene Übertretungen verantwortlich gemacht werden, sondern auch für die ihrer Untergebenen.

Aber auch unterhalb der Ebene von Gesetzesbrüchen und moralischen Verfehlungen ist es schwer, authentisch zu sein. Auf Wählerstimmen bedachte Politiker, Geschäftsmänner mit Dollar-Zeichen in den Augen, auf Budgeterhöhungen versessene UNO-Vertreter – sie alle versprechen viel und halten oft wenig. Geberländer sagen Milliarden Dollar für Darfur zu und dann tröpfelt der Geldhahn nur. Politiker versprechen vor der Wahl das Blaue vom Himmel und lösen, einmal gewählt, nichts davon ein oder schanzen, schlimmer noch, Verwandten und Gefolgsleuten die ergiebigsten Pfründe zu. Lieschen Müller und Otto Normalverbraucher fassen an Neujahr den festen Entschluss, endlich Sport zu treiben und Pfunde loszuwerden, nur um nach ein paar Wochen wieder einzuknicken. Es ist wie eine Seuche. Die Immobilienkrise 2007 wuchs sich 2008 zu einer massiven Finanzkrise aus, unter anderem weil Darlehensnehmer falsche Angaben zu ihren Einkommensverhältnissen gemacht hatten. Seit 1998 haben über sieben Millionen Menschen trotz schlechter Bonität Hypothekenkredite bekommen, bis Ende 2007 waren eine Million dieser Darlehensnehmer überschuldet. Wir können zum Mond und zurück zur Erde fliegen, wir haben die verborgensten Geheimnisse der DNA entschlüsselt, aber wir wissen immer noch nicht, wie wir zu unserem Wort stehen (und auch andere dazu anhalten).

So gesehen ist Führung eine doppelte Herausforderung. Das hebräische Wort für König, *melech*, setzt sich aus den Wortwurzeln *mal* (sprechen) und *lech* (gehen) zusammen. Führung ist demnach die Kunst, zu Menschen zu reden und sie an Orte zu bringen, die sie von sich aus nie erreicht hätten. Doch die andere Seite ist, dass ein „König" für sein Wort einstehen muss. Maimonides definiert den Rabbiner nicht als den Wissenden, sondern als den, der sein Wissen lebt. Vieles im Judentum beruht auf dem mündlich überlieferten Gesetz. Lediglich lesen genügt nicht – man muss es leben, man muss es sein. (Ein Rabbiner muss verheiratet sein und Kinder haben, sehr im Gegensatz zu manch anderer Konfession, denn sie sollen nicht aus dem Elfenbeinturm über die Herausforderungen des Lebens urteilen, sondern mitten aus dem Leben selbst.)

Der Wunsch, gut zu sein, genügt auch nicht. „Die Krise der Ethik", schrieb der Philosoph Abraham Joshua Heschel, „hat ihre Wurzel … in der Meinung, das Gute sei im Wesentlichen die gute Absicht."[257] Im Judentum zählt nicht die Theorie oder die Absicht (schließlich ist der Weg zur Hölle mit guten Absichten gepflastert), sondern nur die Tat – sie ist der beste Lehrer und die höchste Tugend. Die jüdische Lehre beruht auf der Prämisse, dass man niemandes Gedanken lesen kann, also nie weiß, ob einer wirklich ehrlich ist oder es nur vorgibt. Was einer tut, kann man hingegen sehr wohl beobachten. Ob eine Person ihr Gebet ernst meint, können wir nicht wissen, wir wissen aber, weil wir es sehen können, ob sie die jüdischen Gesetze und Vorschriften beachtet. Handeln ist der eigentliche Wert oder, wie Heschel schrieb: „Taten sind die Quelle der Heiligkeit."[258] Sie müssen vorleben, was Sie Ihren Mitarbeitern (oder auch Ihren Kindern) als richtig predigen, Sie müssen mit gutem Beispiel vorangehen.

Die Macht der Reinigung

Jean-Paul Sartre und Simone de Beauvoir wollten sich immer die Wahrheit sagen. Transparenz war das große Stichwort; 1929, am Beginn ihrer Beziehung, schlossen sie einen Pakt, in dem sie sich gegenseitig Untreue schworen. Beide wollten Zufallsbekanntschaften ausleben, ihre „wesentliche" Verbindung jedoch mit radikaler Ehrlichkeit aufrechterhalten. Sie wollten sich alle Freiheiten lassen und sich alles gegenseitig erzählen.

Kaum hatte de Beauvoir ihre erste Stelle als Lehrerin 1932 angetreten, stürmte ein ganzer „Harem" (O-Ton Sartre) von Schülerinnen ihr Schlafzimmer. Sartre versuchte, ihre Lieblingsstudentin zu verführen, die 21-jährige Olga, scheiterte jedoch kläglich. Dann umwarb er Olgas Schwester Wanda, die nach seinem ersten Kuss ins Badezimmer rannte und sich übergab.

Sartre und de Beauvoir scheiterten an ihrem Vorsatz der Transparenz und hüllten ihre Seitensprünge in fragile Lügengespinste. Als Sartre endlich bei Wanda landen konnte, erfand er ausgefeilte Geschichten, um die Fiktion von seiner ausschließlichen Verbundenheit zu Wanda aufrecht- und vor allem vor ihr geheim zu halten, dass er immer noch mit de Beauvoir und im Lauf der Jahre mit vielen anderen Frauen schlief. Während des Zweiten Weltkriegs war er einmal auf Fronturlaub in Paris, bat aber die Kameraden, Wanda täglich Briefe aus dem Elsass zu schicken, damit sie nicht mitbekam, dass er bei ihr um die Ecke mit de Beauvoir zusammen war.[259]

Spielchen wie diese veranlassten Heschel zu der zentralen Frage: „Wie bleibe ich sauber? Das wichtigste Problem eines Menschen im Alltag ist, wie er seine Integrität wahrt, während Macht, Erfolg und Besitz von der Umgebung viel höher gewertet werden. Wie bleibt man in all der Falschheit und Bosheit sauber, die den Boden unserer Gesellschaft bilden?"[260] Heschels Zeitgenosse Martin Buber antwortete, es gebe keinen anderen Ausweg als über die entscheidende Einsicht: Alles hänge von mir ab, es sei die entscheidende Entscheidung, sich am eigenen Schopf aus dem Sumpf zu ziehen.[261]

Der erste Schritt nach einem Fehltritt ist, mit sich ins Reine zu kommen. Sie müssen sich Ihren Fehler eingestehen, sonst sind Sie verloren. König David konnte sich, nachdem er Bathseba zur Frau genommen und ihren Gatten in den Tod geschickt hatte, nur retten, indem er sofort bereute und aufrichtig bekannte, dass er gesündigt hatte.

Das hebräische Wort *emet* (Wahrheit) setzt sich aus *aleph-mem-taw* zusammen, dem ersten, dem mittleren und dem letzten Buchstaben des hebräischen Alphabets. Gemäß chassidischen Überzeugungen muss etwas am Anfang, in der Mitte und am Ende wahr sein, halbwahr ist unwahr. Der Wahrheit entsprechen ist aber weder beliebt noch bequem. Die meisten Führungskräfte von Martha Stewart bis Maurice Greenberg leugnen alle Fehler und gestehen sich diese nicht einmal vor sich selbst ein; sie haben ihre Sprecher, die ihnen die Drecksarbeit abnehmen. Doch die meisten Menschen durchschauen das. Sir Francis Bacon soll sinngemäß gesagt haben, ein Affe zeige sein Hinterteil auch umso deutlicher, je höher er klettere. Martha Stewart beging den Fehler, ImClone-Aktien zu verkaufen. Sie hätte ihr Fehlurteil einfach zugeben und 50.000 Dollar Strafe zahlen können, doch sie bestand engstirnig auf ihrer Unschuld, bekam am Ende Gerichtskosten in siebenstelliger Höhe aufgebrummt und landete im Gefängnis (wenn auch in ihrem Fall ein recht bequemes).

Ex-Gouverneur Spitzer, das muss man ihm lassen, räumte die Wahrheit ein, bei seinem Rücktritt im März 2008 gelang es ihm, die Kluft zwischen Worten und Taten zu schließen, ohne in die Einzelheiten zu gehen:

> *Seit einigen Tagen versuche ich, meine persönlichen Fehler gegenüber meiner Frau Silda, den Kindern und der ganzen Familie wiedergutzumachen. Ich werde mich mein Leben lang dafür schämen. Worte können nicht sagen, wie dankbar ich für ihre Liebe und Einfühlsamkeit mir gegenüber bin.*
> *Von dem, dem viel gegeben wird, wird auch viel erwartet. Mir wurde viel gegeben: die Liebe meiner Familie, das Vertrauen der Einwohner von New York und die Chance, diesen Bundesstaat zu leiten. Ich bedaure zutiefst, dass ich nicht eingelöst habe, was von mir erwartet wurde.*
> *Bei jedem Einwohner des Bundesstaates New York und bei allen, die an das glaubten, wofür ich antrat, möchte ich mich in aller Form entschuldigen.*
> *Meine Zeit als Gouverneur betrachte ich mit Wehmut und frage mich, was hätte sein können. Und doch weiß ich, dass ich als Gouverneur zusammen mit meinen bemerkenswerten Mitstreitern und Mitstreiterinnen viel erreicht habe. Es bleibt aber viel zu tun und ich darf nicht zulassen, dass meine persönlichen Schwächen die Arbeit dieser Menschen beeinträchtigen.*
> *Während meines öffentlichen Wirkens habe ich, wie ich meine zu Recht, darauf bestanden, dass Menschen ohne Rücksicht auf ihre Stellung und Macht für ihr Verhalten Verantwortung übernehmen. Ich muss und werde das auch von mir selbst verlangen.*[262]

Eine weitere mutige Ausnahme von den üblichen Unschuldsbeteuerungen machte Richard James Roach. Keiner verfolgte mit größerem Eifer den Drogenkonsum in Texas. Fünf Distrikte des Bundesstaates badeten gleichsam in Methylamphetamin. In seinem erfolgreichen Wahlkampf 2000 erkor der hitzköpfige, jähzornige Republikaner Drogen zu seinem Thema und plädierte für drakonische Maßnahmen: „Es ist wohl ganz klar, dass gute Bürger genug von Drogen haben."[263] In seiner Eigenschaft als Staatsanwalt mit 101.000 Dollar Jahresgehalt forderte er von den Geschworenen harte Strafmaße, 36 Jahre, 38 Jahre, 40, 60, 75 und in einem Fall sogar 99 Jahre. 1996, im Zuge einer früheren Kampagne, hatte er gegenüber einer Tageszeitung geäußert: „Der Kampf gegen Drogen ist nicht so einfach, wenn die Strafbehörden schmutzig sind." Dass er selbst auch zu den schmutzigen Strafbehörden zählte, verschwieg er. Doch eines Januarmorgens im Jahre 2005 wurden die guten Bürger von Roachs Distrikt Zeugen eines schockierenden Vorfalls: FBI-Agenten führten Roach in Handschellen in Gray County dem Richter vor. Roach war während seiner Jagd auf Drogenhändler in seiner eigenen Hölle versunken und hatte Methylamphetamin und andere Drogen aus beschlagnahmten Beständen entwendet, um Depressionen und Impotenz zu kompensieren. Gestellt wurde er, als er sich „völlig sinnlos" in Anwesenheit seiner Sekretärin selbst Methylamphetamin spritzte. Die Sekretärin arbeitete insgeheim für den Geheimdienst und hatte ein Aufnahmegerät parat.

Nelson Mandela sagt von sich: „Ich bin kein Heiliger, solange man unter einem Heiligen nicht einen Sünder versteht, der es immer wieder versucht." Roach oder Spitzer sind sicher auch keine Heiligen und trotzdem mutige Führungspersönlichkeiten, weil sie sich nicht herausredeten, sondern einräumten, dass sie sich die Suppe selbst eingebrockt hatten. „Es gibt keine Entschuldigung", sagte Roach später mit einer Offenheit, die selten geworden ist. „Ich habe bekommen, was ich verdiene." Er und Spitzer wussten, dass sie die Kluft zwischen Handeln und Reden – notfalls durch eine öffentliches Bekenntnis – schließen mussten, um Erlösung zu finden und jene Macht zu erlangen, die weder Amt noch Titel, weder Popularität noch Geld verleihen: Integrität.

Was ist Integrität?

Integrität ist schlicht und einfach die Übereinstimmung von Wort und Tat im Großen wie im Kleinen. Wenn ich zusichere, einen Bericht bis 17 Uhr abzuliefern, muss er spätestens um 17 Uhr vorliegen, und wenn ich merke, dass es nicht zu schaffen ist, rufe ich zumindest rechtzeitig an, sage Bescheid und nenne einen realistischeren Termin. Das ist Integrität: Man kann sich auf mich verlassen.

Tipp

Da Zusagen im Judentum einen hohen Stellenwert haben, machen Juden meistens eine Einschränkung: *„Bli neder"*, sagen sie, ohne Gewähr. Denn auch ohne den Zusatz „Versprochen" oder „Ich schwöre" gilt Wortbruch als Sünde.

Integrität kann Ihnen niemand nehmen, selbst wenn man Ihnen jeden Besitz raubt, ja selbst wenn man Sie verstümmelt: Ihre Integrität bleibt. (Ein Steve Hawking oder ein Christopher Reeves sind Beleg genug, dass man nicht im Vollbesitz seiner körperlichen Fähigkeiten sein muss, um ein großes Vorbild zu sein.) Mut zur Integrität ist das Kapital großer Führungspersönlichkeiten.

Insider, ein Film mit Russell Crowe und Al Pacino, zeigt die Macht dieses Kapitals. Der Thriller erzählt die Geschichte eines hoch bezahlten Spitzenmanagers der Tabakfabrik Brown & Williamson in Louisville, Kentucky, der auf die Straße gesetzt wird, weil er firmeninterne Erkenntnisse über die Wirkung von Nikotin ausgeplaudert haben soll. Jeffrey S. Wigand verfügte über alle Insignien einer erfolgreichen Führungskraft, aber im März 1993 tauschte er 300.000 Dollar Jahresgehalt plus Aktienoptionen gegen einen Hochschullehrerjob mit 30.000 Dollar Jahresgehalt. Er hatte sich geweigert, einen besonders gefährlichen Zusatzstoff in Zigaretten zu verwenden. Nach eigenen Aussagen wurde er deswegen gefeuert und verwarnt, ja nicht gegen die Vertraulichkeitserklärung zu verstoßen, die Bestandteil seines Arbeitsvertrags war. Sonst müsse er mit Gerichtsverfahren rechnen und seine Familie würde die Krankenversicherung verlieren. Er habe sogar anonyme Morddrohungen erhalten, sagt er. Seine Ehe zerbrach, weil seine Frau den Druck nicht aushielt. Nach der Entlassung gründete Wigand eine Stiftung, Smoke-Free Kids, die Kinder und Jugendliche vor den Gefahren des Rauchens warnen soll. Die Stiftung ist ein Ein-Mann-Betrieb, Wigand der einzige Mitarbeiter. Doch er hat einen Gewinn aus der ganzen Aktion: Er kann sich in die Augen sehen. „Ich lebe im Einklang mit mir selbst, ich habe einen guten Ruf, einen sehr guten Ruf, auf den ich sehr achte", sagt er und ergänzt: „Mein Name steht für Integrität. Dieses Gefühl kann ich gar nicht beschreiben."[264]

Einer der größten Lehrmeister von Integrität war Mahatma Gandhi, und er lehrte durch sein Beispiel. Eine Frau reiste tagelang mit ihrem Sohn mit der Eisenbahn, der Rikscha, dem Bus und zu Fuß, um Gandhi zu sehen. Als sie vor ihm stand, bat sie: „Bitte, Mahatma, sag meinem Sohn, er soll keinen Zucker essen." Gandhi schwieg. Dann antwortete er: „Bring deinen Sohn in zwei Wochen noch einmal her." Die Frau stutzte, dankte Gandhi jedoch und sagte, sie würde tun, was er verlange. Also fuhr sie den ganzen Weg zurück zu ihrem Dorf und unternahm ein paar Tage später die gesamte Reise noch einmal. Als die zwei wieder vor ihm standen, sah Gandhi dem Jugendlichen in die Augen und sagte: „Iss keinen Zucker." Dankbar, aber verwirrt fragte die Frau: „Warum musste ich noch einmal kommen? Das hätten Sie ihm doch schon vor zwei Wochen sagen können." Gandhi erwiderte: „Vor zwei Wochen habe ich selbst Zucker gegessen."

Wenn Integrität und Betriebsergebnis kollidieren

Integer sein ist nie einfach, aber nicht sonderlich problematisch, solange man nur die Wahl zwischen richtig und falsch hat. Auch vor den Zehn Geboten wussten die meisten Menschen, dass sie weder stehlen noch töten sollen. Wir leben mit der Versuchung, Böses zu tun, aber wir wissen, was richtig ist. Der italienische Rabbiner Moses Chaim Luzzatto schlägt in seinem Buch *Mesilat jescharim* (Pfad der Aufrechten) vor, eine Liste für das Gute und eine für das Böse anzulegen:

> *Wer auf sich achten will, muss zwei Dinge bedenken. Erstens muss er überlegen, woraus das wahre Gute besteht, für das sich ein Mensch entscheiden soll, und vor welchem wahren Bösen er sich fernhalten muss; zweitens muss er seine Taten bedenken und überlegen, ob sie in die Kategorie des Guten oder in die des Bösen fallen … Wenn es um eine bestimmte Handlung geht, sollte er nichts unternehmen, bevor er die Handlung nicht im Sinn des eben besprochenen Verständnisses erwogen hat.* [265]

So weit, so gut. Doch was geschieht, wenn man die Wahl zwischen zwei gleichwertigen Handlungsmöglichkeiten hat? Es gibt einen Unterschied zwischen einer Versuchung (richtig gegen falsch) und einem moralischen Dilemma (richtig gegen richtig). Die Verantwortlichen heute stehen häufig vor moralischen Dilemmata, müssen Entscheidungen treffen, bei denen kaum erkennbar ist, welche Option sich als richtig und welche sich als falsch herausstellen wird.

William Clay Ford ist ein Fallbeispiel. 1998, mit 40 Jahren, wurde er Chairman der Ford Motor Company, mit 43 CEO. Und Ford schloss sich dem Öko-Lager an: „Der Natur gehört mein Herz."[266] Es war nicht nur der alte Ahornschreibtisch von Großvater Edsel. Das Büro des neuen Chefs war vom Fußboden bis zur Decke 100 Prozent ökologisch. Das Holz stammte aus nachhaltig bewirtschafteten Wäldern. Das Leder der Bürostühle war ohne Chemie gegerbt. Polstermöbel, die Vorhänge, der Teppich waren kompostierbar und hätten ohne Schaden für die eigene Gesundheit verzehrt werden können.

Ford war überzeugt, dass ein großes Unternehmen nicht nur rentabel sein, sondern die Welt verbessern soll. Als er die Leitung übernahm, hatte er ehrgeizige Pläne: Die Arbeiter sollten sich bei Ford wohlfühlen, die Aktionäre sollten zufriedengestellt werden und es sollten umweltfreundliche Fahrzeuge gebaut werden. Getrieben von dem dreifachen Ziel eines wirtschaftlichen, ökologischen und sozialen Unternehmens versuchte er, Ford nach seinen Grundsätzen zum Erfolg zu führen. Doch die drei Ziele harmonierten nicht miteinander, ein ethisches Problem. Der Explorer, ein großer, schwerer Wagen und Fords Flaggschiff, schluckt Unmengen Benzin; überhaupt verkörpert der Pseudolandrover das Paradoxon, in dem sich der neue CEO wiederfand: Einerseits war er naturverbunden, andererseits fühlte er sich für die Belegschaft verantwortlich und wollte das Familienerbe erhalten. Und der Explorer war nun einmal der Verkaufsschlager.

Ford enttäuschte die Umweltaktivisten bitter: unausweichliche Folge der einander ausschließenden Prinzipien des Mannes an der Spitze. Die Neunmalklugen hatten es natürlich schon immer gewusst. Saul Rubin, Analyst der damaligen UBS Warburg (heute nur noch UBS) erklärte: „Bill Ford muss seine Ambitionen auf ein umweltfreundliches Unternehmen zurückstellen und alle Ressourcen auf die Wiedererlangung der Wettbewerbsfähigkeit ausrichten."[267] Im Klartext: Ford soll grün reden und umweltschädlich handeln. Kann das der Ausweg sein? Nur William Ford allein kann das entscheiden, wenn er nachts wach liegt und über seine zentralen Werte und das Familienerbe nachdenkt. Es ist auf jeden Fall leichter gesagt als getan.

Ford ist nicht allein. Heute stehen die Verantwortlichen vor schwierigeren, komplexeren Entscheidungen als zu irgendeinem anderen Zeitpunkt der Geschichte. Nicht zuletzt reiben sie sich oft genug zwischen konkurrierenden Wertesystemen auf. Was soll man tun, wenn zwei geltende Werte miteinander kollidieren? Was soll man tun, wenn man in einem Slum von Bombay wohnt und seine Familie nur durchbringt, wenn man stiehlt? Wenn man also zwischen dem achten Gebot, du sollst nicht stehlen, und dem sechsten Gebot, du sollst nicht morden, entscheiden muss, denn das sechste Gebot umfasst auch, dass man den Tod anderer Menschen verhindert? Was soll man tun, wenn die Aktionäre Anspruch auf permanentes Wachstum erheben und der Finanzvorstand einen legalen Weg gefunden hat, einige Verluste zu verstecken, deren Bekanntwerden die Aktie auf Talfahrt schicken könnte? Was soll man tun, wenn einer der direkt Untergebenen das Zeug zur Führungskraft, aber auch eine Neigung zu unlauteren Vorgehensweisen hat? Was ist zu tun, wenn man als

Spielzeugproduzent feststellt, dass Kriegsspiele bei den Kindern sehr beliebt sind, aber aus ihnen am Ende blutrünstige Monster oder aufmerksamkeitsgestörte Computersüchtige werden?

Tool 7.1: Vier ethische Dilemmata

Wenn Sie vor einer Entscheidung zwischen richtig und richtig stehen, haben Sie es mit einem ethischen Konflikt zu tun. Und solche moralischen Dilemmata kommen in vier Ausprägungen vor.

Individuum oder Gruppe?

Stellen Sie sich folgende Situation vor: Als junger US-Offizier geraten Sie im Zweiten Weltkrieg in deutsche Gefangenschaft. Sie hocken allein in einer Zelle, da geht die Tür auf und der Wärter schiebt einen weiteren Gefangenen herein. Es ist ein hoher Offizier der Army und der erzählt Ihnen, kaum dass Sie beide allein sind, er habe Kenntnis von einigen kriegswichtigen Geheimnissen und sei sicher, er würde sie unter Folter den Deutschen verraten. Er bittet Sie daher, ihn zu erwürgen. Was tun Sie: Töten Sie ihn, damit der Sieg der Alliierten nicht in Gefahr gerät, oder schätzen Sie sein Leben als das höhere Gut ein?

In der Gegenwart offenbart sich das Dilemma zwischen Individuum und Gruppe etwa bei der Frage, ob man mutmaßliche Terroristen foltern darf, um an Informationen über geplante Anschläge zu kommen, die Tausende das Leben kosten könnten. Einerseits ist Folter ein uraltes Mittel der Politik, das nicht so recht zu modernen Demokratien passt und von der Genfer Konvention strikt verboten ist, und zivilisierte Menschen würden ohnehin vor der Gewaltanwendung – egal gegen wen – zurückschrecken. Andererseits könnte ein feindlicher Kämpfer Wissen über Vorgänge haben, mit dem sich viele Tote vermeiden ließen. Beispielsweise soll ein Verhör, das irgendwo in Pakistan durchgeführt wurde, Abu Zubaydah Hinweise entlockt haben, mit denen sich ein Anschlag mit einer schmutzigen Bombe in den USA verhindern ließ.[268]

Eins von vielen Beispielen aus dem Wirtschaftsleben ist Google. Das Unternehmen wurde von Sergey Brin und Larry Page im Sinne zweier zentraler Werte gegründet. Es soll die weltweit verfügbaren Informationen so organisieren, dass sie allseits zugänglich und nützlich sind. Das ist ein Gruppenwert: Google stellt ein allgemeines Gut zur Verfügung. (Nebenbei bemerkt hätte der CEO ohne Google gut drei Jahre länger für seine Dissertation benötigt, mal ganz zu schweigen vom vorliegenden Buch.) Das drückt sich in unaufdringlicher, gezielter Werbung aus. Google hat sich gegen sogenannte gesponserte Suchergebnisse entschieden und verschenkte unbezifferbare Millionenbeträge, weil die Suchmaske werbefrei ist. Auf den Seiten mit Suchergebnissen gibt es wohl Werbung, aber nur diskret am rechten Seitenrand, wo sie nicht störten. Wenn man auf den Link eines Unternehmens klickt, muss die Firma für die Werbung zahlen, sonst aber nicht.

Der zweite Kernwert lautet: „Tu nichts Böses." Das nahmen Brin und Page so ernst, dass sie ihn sogar in die Unterlagen für die Börsenaufsicht hineinschreiben. Bei der Erstausgabe der Aktien bestanden die Gründer auf einer Rückwärtsauktion, damit auch Kleinaktionäre einsteigen konnten und die Wall Street sich nicht den Löwenanteil der Papiere unter den Nagel riss. Lange pflegte Google das Image, der Gegenspieler von Microsoft zu sein, ein Unternehmen digitaler Literaten, einer Elite, die in der Welt der Technologie das Gute verkörpere.

Doch Google wurde zur führenden Suchmaschine und beide Kernwerte kollidierten. Das Unternehmen sammelte hemmungslos Daten über die Online-Aktivitäten der User. Es speicherte die Informationen, speichert sie womöglich bis zum Sankt-Nimmerleins-Tag und arbeitet mit Cookies, die eine Personalisierung all dieser Daten ermöglichen. Die Cookies verlieren erst 2038 ihre Gültigkeit. Gmail, der E-Mail-Dienst von Google, scannt alle E-Mails, um die User mit maßgeschneiderter Werbung zu versorgen. In den Statuten behält sich die Firma vor, Nutzerinformationen aus E-Mails zu bündeln (obwohl Google behauptet, das nicht zu tun) und in Rechnern, die in fremden Ländern stehen, zu verarbeiten.[269] Im März 2007 behauptete Google im unternehmenseigenen

Blog, alle Servereinträge nach 18 bis 24 Monaten zu anonymisieren.[270] Doch was ist, wenn US-Behörden sich die von Google gesammelten Daten aneignen und Google untersagen, die Nutzer über die Weitergabe von E-Mails und Suchhistorien zu informieren? Ein Durchsuchungsbefehl mit Strafandrohung genügt.

Obwohl exakt das mit Telefongesellschaften passierte, die den Behörden die Verbindungsdaten ihrer Kunden aushändigen mussten, ist es in Bezug auf Google Spekulation. Allerdings geriet das Unternehmen unter Beschuss, als es der chinesischen Regierung nachgab und die Inhalte nach deren Vorstellungen zensierte. Nichts Böses tun – das Motto war befleckt, weil sich Google für die allgemeine Zugänglichkeit von Information entschieden hatte, als es vor der Wahl stand, die Informationsfreiheit der Chinesen zu beschneiden oder ganz aus China verdrängt zu werden. Je größer Google wird, desto häufiger mag es vor der Wahl zwischen Eigennutz und Menschenrechten stehen: Unternehmenswachstum kontra Verbraucherinteressen.

Wahrheit oder Loyalität?

Stellen Sie sich vor, Sie sitzen in einer Besprechung mit Ihrem Chef und erfahren, dass eine Kollegin ihre Stelle verlieren wird, und zufällig sind Sie mit dieser Kollegin eng befreundet. Ihr Vorgesetzter verlangt strikte Geheimhaltung, er will es der Betroffenen unbedingt persönlich sagen. Kaum treten Sie aus dem Büro des Chefs, läuft Ihnen die Kollegin über den Weg und fragt: „Und, was hat er gesagt? Fliege ich raus?" Was machen Sie, sagen Sie Ihrer Freundin die Wahrheit oder verhalten Sie sich loyal zu Ihrem Chef?

Aaron glaubte, dass man manchmal die Wahrheit dem Frieden opfern müsse, aber sein Bruder, Moses, war für seine unbeugsame Wahrheitsliebe bekannt. Manche Führungskräfte stellen heute noch die Wahrheit über die Loyalität und setzen dafür sogar ihren guten Ruf aufs Spiel. Warren Buffett gehört zu dieser Fraktion. In den Managementrichtlinien seiner Berkshire Hathaway steht klar und deutlich: „Wir glauben, dass Aufrichtigkeit Führungskräften nützt: Wer als CEO die Öffentlichkeit täuscht, täuscht am Ende sich selbst."[271] Am 6. Januar 2005 verfasste Buffett ein Memo an Vorstand und Aufsichtsrat, während Elliot Spitzer für die New Yorker Staatsanwaltschaft gleichzeitig eine Vorladung an Berkshire Hathaway und General Re im Rahmen seiner Untersuchung von Versicherungsunregelmäßgigkeiten schickte. „Die gegenwärtigen Nachforschungen in der Versicherungsbranche unterstreichen die Bedeutung der Botschaft, die ich Ihnen plus minus alle zwei Jahre in meinen Rundschreiben sende: Berkshire kann es sich leisten, Geld zu verlieren, sehr viel Geld sogar, es kann sich auf keinen Fall eine Rufschädigung leisten, nicht einmal zum allergeringsten Teil. Sie und ich müssen den guten Ruf der Firma schützen. Auf lange Sicht haben wir den Ruf, den wir verdienen. Es gibt viel Geld in der Mitte des Platzes zu verdienen. Es ist absolut nicht notwendig, in den dunklen Ecken zu spielen." Und Buffett fügte hinzu: „Ich vertraue Ihnen, Sie werden die richtige Entscheidung treffen. Wenn Sie Ihre Auffassung gegen meine abgleichen wollen, greifen Sie bitte zum Hörer." Für Buffett war klar, dass die große Chance auf zusätzliche Einnahmen Irritationen oder Rufschäden keineswegs aufwiegt.[272] Hätten doch der damalige Vorsitzende der UBS Marcel Ospel, der damalige Bear Stearns-CEO James E. Cayne oder ein anderer Unternehmenslenker vor der Immobilienkrise solche Entschlossenheit bewiesen.

Langfristig oder kurzfristig?

Das Mission Statement (bei Johnson & Johnson „Unser Credo" genannt) kann noch so schön sein, es gerät schnell unter die Räder, wenn es mit der Existenzberechtigung jeder Aktiengesellschaft – Geld für die Anteilseigner verdienen – kollidiert. Angenommen, Sie haben (wie Johnson & Johnson) ein Babyöl im Angebot, ein echter Kassenschlager, nur leider verwenden es die Verbraucher mehrheitlich als Sonnencreme und dann ist das Öl hochgradig krebserregend. Was machen Sie, lassen Sie das Produkt im Markt und scheffeln Millionen, oder nehmen Sie es aus dem Markt und geben langfristiger Glaubwürdigkeit und dem Markenimage den Vorzug? Mit einigem Recht könnten Sie sich damit herausreden, dass die Verbraucher es besser wissen müssten, dass die schädlichen Nebenwirkungen nicht Ihr Problem sind, wenn die Käufer ein Produkt nicht für den angegebenen Zweck verwenden. J&J entschied sich anders. Das Credo, 1943 von Robert Wood Johnson geschrieben, der das Unternehmen vom kleinen Familiengeschäft zu einem Weltkonzern mit 116.200 Beschäftigten ausbaute, beginnt mit einem Schwur: „Wir glauben, dass wir zuallererst den Ärzten, Schwestern und Patienten, den Müttern und allen anderen verpflichtet sind, die unsere Produkte und Dienstleistungen nutzen. Um ihre Bedürfnisse zu erfüllen, dürfen wir nur hohe Qualität liefern."[273] Das Credo wurde in der Harvard Business School zur Fallstudie und J&J handelte nach den selbst aufgestellten Grundsätzen. Das Unternehmen rief das Babyöl freiwillig zurück und entschied sich damit für die langfristige Reputation und gegen kurzfristige Umsatzziele.

1982 starben sieben Menschen durch Produktsabotage an Paracetamol, damals das Flaggschiff von J&J. Statt den Schwarzen Peter weiterzugeben oder sich herauszureden, rief das Unternehmen freiwillig sämtliche Packungen zurück. Wieder stellte es die langfristige Reputation über kurzfristige Gewinne und platzierte damit Tylenol, wie Paracetamol in den USA genannt wird, und sich selbst als vertrauenswürdige Markennamen. Der Zwischenfall wurde ein berühmtes Fallbeispiel für die soziale Verantwortung eines Unternehmens.[274] (20 Jahre später war die Reaktion von J&J auf Probleme mit Acetaminophen, dem Wirkstoff in Paracetamol, weniger vorbildlich. Über 55 Millionen Amerikaner verwenden das Schmerzmittel jährlich, 56.000 Mal landen sie deshalb nach Angaben der Food and Drug Administration, der zuständigen Bundesbehörde der USA, in der Notaufnahme, rund 100 Todesfälle gehen auf das Konto des Wirkstoffs. Die FDA beobachtete das ein Vierteljahrhundert lang, dann verpflichtete sie den Hersteller zu einem expliziten Warnhinweis auf mögliche Leberschäden. Das Unternehmen folgte dem nur widerwillig und der Hinweis ist sehr vage formuliert.[275])

Perrier stand 1990 vor ähnlichen Problemen; die US-Behörden hatten in dem abgefüllten Mineralwasser Benzol nachgewiesen, eine toxische Flüssigkeit. Der Konzern reagierte nicht so geschickt wie J&J auf die Tylenol-Sabotage und kümmerte sich nicht richtig um die Sache. Die Führung behauptete, es handele sich um einen Einzelfall, hielt eine weltweite Warnung der Verbraucher für überflüssig und rief nur einen Teil der in Nordamerika abgefüllten Flaschen zurück. Die halbherzige Reaktion kam bei den holländischen und dänischen Behörden nicht gut an, die auch in den in Europa abgefüllten Flaschen Benzol nachwiesen. Jetzt erst riss das Unternehmen das Ruder herum, gab eine weltweite Rückrufaktion bekannt, erklärte aber gleichzeitig, Benzol sei ein natürlicher Bestandteil von Kohlendioxid und werde normalerweise vor dem Abfüllen herausgefiltert.[276] Eine Erklärung, warum es in den nachgewiesenen Fällen nicht herausgefiltert worden war, blieb Perrier schuldig. Und so klang es nach versuchter Vertuschung. Der Preis für die verzögerte Reaktion war hoch. 1989 war Perrier mit 6 Prozent Marktanteil einer der führenden Mineralwasserimporteure der USA, doch der bockige Umgang mit der Krise schadete dem guten Ruf und die FDA untersagte Perrier die Aufschrift „Naturally Sparkling" auf dem Etikett. Noch 15 Jahre danach hat Perrier in den USA den Anschluss an die bestverkauften Mineralwassermarken nicht geschafft.

Gerechtigkeit oder Gnade?

Stellen Sie sich vor, Sie wären in einem College Basketballtrainer und hätten beim letzten Training glasklar gesagt, dass beim Meisterschaftsspiel am Wochenende nur mitspielen darf, wer regelmäßig zum Training kommt. Drei Spieler sind gestern Abend nicht da gewesen, und zwar exakt die drei, die eine gewisse Aussicht auf den Sieg garantieren. Lassen Sie die um der Gerechtigkeit willen auf der Bank sitzen und die Mannschaft verlieren? Oder strafen Sie Ihre eigenen Worte Lügen und verlieren Ihre Glaubwürdigkeit beim Team? (Wer käme dann überhaupt noch zum Training?)

Wie bei allen Beispielen gibt es auch hier keine Lösung per se, ein Dilemma hat seinen Namen nicht von ungefähr. Die Lösung hängt von Ihren Wertvorstellungen ab, vor allem von der Rangfolge der Werte in Ihren Augen. Außerdem überlappen sich die vier Dilemmata teilweise. Im Fall Perrier kann man die Konfliktlinie auch zwischen Individuum und

Gruppe ziehen, im Fall des Basketballtrainers zwischen kurzfristigen und langfristigen Zielen (Sieg jetzt oder künftig eine durchtrainierte Mannschaft). Wichtig ist, dass Sie zurücktreten, sich die Sache von außen betrachten und erst nachdem Sie herausgefunden haben, welche Ihrer Werte da konkret aufeinanderprallen, eine Entscheidung treffen. Denn nur dann wissen Sie, was wirklich wichtig ist.

Tipp

„Such dir einen Lehrer", empfehlen die *Pirke Avot* (Sprüche der Väter 1,6), der sich um Sie kümmert und gleichzeitig objektiv genug ist, um Ihnen bei dieser Art von Entscheidungen zu helfen.

Integrität institutionalisieren

Ein Mission Statement wie das Credo von Johnson & Johnson ist ein gutes Vehikel, um die Kernwerte innerhalb einer Organisation bekannt zu machen, doch vergessen Sie nicht, Missionen sind noch lange keine Kultur. Die Frage ist eher, wie Sie, die anderen Führungskräfte und die Mitarbeiter an vorderster Front reagieren, wenn es zum Schwur kommt. Halten Sie sich an die eigenen Vorsätze oder werfen Sie sie über Bord, sobald es brenzlig wird?

2002 schickte Steven Ballmer ein Dokument mit 2674 Worten an alle 50.000 Microsoft-Mitarbeiter weltweit. Es ging um Werte wie Integrität, Ehrlichkeit und Verantwortung. Balmer schrieb, ab August würden alle Beschäftigten ein offizielles Gespräch mit ihren Vorgesetzten über ihr Verhältnis zu den Werten führen müssen. Hübscher Versuch, doch wie will man so etwas umsetzen? Ballmer hatte mehrere Optionen.

Eine Möglichkeit war laut Linda Klebe Trevino, die an der Pennsylvania State University „organizational behavior" unterrichtet, die Frage: „Was widerfährt Spitzenperformern, die sich nicht an diese Werte halten?"[277] Wenn es Ihnen mit den Werten ernst ist, müssen die Anreize entsprechend gesetzt sein, damit belohnt beziehungsweise bestraft wird, wer sich daran hält beziehungsweise sie verletzt. Zweitens sollten Werte wie Ehrlichkeit und Integrität bei Neueinstellungen sowohl in der Stellenanzeige als auch in den Bewerbungsgesprächen explizit angesprochen werden. Überlassen Sie Letztere nicht nur der Personalabteilung, sondern beteiligen Sie Schlüsselpersonen innerhalb des Unternehmens daran. Wenn die besten Köpfe vorleben, dass ihnen Integrität wichtig ist, wird das neu eingestellten Mitarbeiterinnen und Mitarbeitern auffallen und sie werden das übernehmen. Das Unternehmen wird damit innerhalb der Wirtschaft mit gutem Beispiel vorangehen und die Masse der lediglich juristische Mindeststandards beherzigenden Firmen hinter sich lassen. Es sollte sich freiwillig einige der in Diskussion befindlichen Corporate-Governance-Regeln zu eigen machen, etwa in regelmäßigen Abständen die Wirtschaftsprüfungsgesellschaft wechseln, externe Sachverständige in den Aufsichtsratsausschuss für Vorstandsvergütung und die interne Revision holen oder Aktienoptionen in der GuV als Ausgaben behandeln. Integrität muss von der Spitze des Unternehmens gelebt werden, denn: „Der Fisch stinkt immer am Kopf zuerst", wie der Berater der Swiss Consulting Group, Nicholas Wolfson, zu sagen pflegt. Wenn Sie bestimmte Werte im Unternehmen verankern wollen, beginnen Sie bei sich selbst, handeln Sie so, wie Sie es sich von den Angestellten wünschen.

Doch geben Sie bei all dem Acht, dass Sie nicht über Ihrem Engagement für Integrität die Umgebung aus dem Blick verlieren. Rabbi Chaim von Zans (das heutige Sacz im westlichen Galizien) verheiratete seinen Sohn mit der Tochter von Rabbi Elieser. Am Tag nach der Hochzeit besuchte er den Vater der Braut und sagte: „Jetzt, wo wir verwandt sind, kann ich dir erzählen, was an mir nagt. Meine Haare und mein Bart sind weiß geworden und ich habe es noch immer nicht abgebüßt!"

„Ach, mein Freund", antwortete Rabbi Elieser, „du denkst nur an dich. Vergiss dich doch einmal und denke an die Welt."[278] Statt wertvolle Energie mit Selbstqualen auf der Suche nach eigenen Fehlern zu verschwenden, nutzen Sie Ihre Energie lieber für die Zukunft und schaffen Sie etwas Neues. Darum geht es im nächsten Kapitel.

Unterm Strich

- Seit es Geld gibt, gibt es auch Korruption, wenn nicht länger. (Damit soll nicht gesagt werden, dass Geld schlecht ist, sondern nur, dass die Menschen häufig davor einknicken.) Sie brauchen einen moralischen Kompass: Was falsch ist, ist falsch. Punkt.
- Wie gewinnen Sie als Führungspersönlichkeit echte Macht? Weder durch Amt, Titel, Reichtum oder Autorität, sondern durch Integrität – indem Sie nicht gegen Ihre Überzeugungen handeln, sondern mit gutem Beispiel vorangehen. Schließen Sie die Kluft zwischen Worten und Taten, zwischen der Vision für Morgen und der Aktion heute.
- Wenn Sie etwas getan haben, das die meisten Menschen als falsch ansehen, dann hilft nur noch Ehrlichkeit, und sei es öffentlich im Fernsehen: Sagen Sie, was Sie getan haben, kommen Sie mit sich ins Reine.
- Führungspersönlichkeiten müssen nicht nur Versuchungen widerstehen (richtig und falsch unterscheiden) können, sondern auch mit ethischen Dilemmata klarkommen, also Entscheidungen zwischen Optionen treffen, die beide vertretbar beziehungsweise richtig sind. Die vier moralischen Dilemmata sind Individuum oder Gruppe, langfristig oder kurzfristig, Wahrheit oder Loyalität, Gerechtigkeit oder Gnade. In allen Fällen liegt die Lösung im Schritt zurück, der den Blick aufs Ganze und die Abwägung von Prioritäten erlaubt.

Achtes Kapitel

Das achte Gebot: Nicht stehlen, sondern etwas zurückgeben

Wir leben von dem, was wir bekommen,
aber leben heißt geben.

Winston Churchill

Wer ist reich? Der, der zufrieden ist.
Wer ist zufrieden? Niemand.

Benjamin Franklin

Das achte Gebot: „Du sollst nicht stehlen." Was gäbe es darüber zu diskutieren? Dass man nicht stehlen soll, ist doch selbstverständlich. Doch nur wenn Sie mit dem Mythos brechen, der hinter der Neigung zum Klauen steht, dem Mythos des „Man kann nie genug haben!", erst dann können Sie für andere ein Vorbild sein. Es geht nicht um den Einzelnen, sondern um alle. Sobald Sie nicht mehr ständig an das denken, was Ihnen fehlt und was Sie nur belastet, können Sie mit dem arbeiten, was Sie haben. Die Fähigkeit des Gebens steht im Zentrum aller Führungsaufgaben und vereint alle Gebote.

Jedes Kind weiß, dass man nicht stehlen soll. Aber was, wenn ängstlich gehortetes Geld faktisch dasselbe ist wie gestohlenes? Für den Anarchisten Pierre-Joseph Proudhon war jeder Besitz Diebstahl,[279] doch man muss kein sozialistischer Revolutionär sein, um die Vorstellung vom persönlichen Eigentum als ursprünglich rein europäische Idee zu erkennen. In Japan gilt keiner als reich, nur weil er viel Geld auf dem Konto hat. Reichtum ist eher, wenn man viel verdient und wieder ausgibt: Nach japanischem Verständnis muss Geld fließen.

Schon der erste Jude, Abraham, war bewusst großzügig, lange vor Winston Churchills Spruch, dass nur Geben Leben ist. Abrahams Zelt war zu allen vier Seiten offen, ein frühes Beispiel für „Mein Haus ist dein Haus". Gott sagte über Abraham: „Denn ich habe ihn zum Freunde erwählt und weiß, dass er seinen Kindern und seinem Hause nach ihm gebieten wird: den Weg des Ewigen zu beobachten, Tugend und Gerechtigkeit zu üben, damit der Ewige dem Abraham erfolgen lasse, was er über ihn verheißen hat".[280]

Freigebigkeit, hebräisch *zedaka*, kann einen Menschen auf ein höheres Niveau heben. Einst besuchten Abraham drei Wesen, rasch stellte sich heraus, dass es Engel waren: „Da standen drei Männer nicht weit von ihm." Aber nachdem er sie in sein Zelt eingeladen und ihnen zu essen und zu trinken gegeben hatte, sagt die Torah etwas anderes: „Er aber stand bei ihnen unter dem Baume."[281] Rabbi Menachem M. Schneersohn schrieb, Großzügigkeit „verkörpert die Überlegenheit der menschlichen Seele über die Engel, denn dieser Aufstieg wird durch einen Akt der Güte am größten, die Ausdehnung eines Gefallens auf einen anderen, im Allgemeinen ein materieller Gefallen, im Besonderen ein spiritueller Gefallen".[282] Vor Abrahams *mizwa* (eine gute Tat, wörtlich „Befehl") waren die drei Engel größer, doch sein mildtätiges Handeln erhob ihn auf neue Gipfel der Führungsstärke.

Isaak, Abrahams Sohn, stand auf den Schultern seines Vaters und entwickelte die Idee des Zehnten: Ein Zehntel des Besitzes sollte man den Armen geben; und in diesem Jahr vermehrte sich seine Ernte um das Hundertfache. Abrahams Enkelsohn Jakob behielt die Praxis bei. Ursprünglich war der Zehnte den Priestern – den Kohanim – vorbehalten, den Nachkommen Aarons, die kein eigenes Land hatten, später war er für alle Armen.[283] Seither kennen und praktizieren die Juden *zedaka*: *aser te'aser bischvil sche'tisascher* (gibt den Zehnten, um reich zu werden).

Chassidische Vorstellungen gehen über die Mildtätigkeit oder Almosen hinaus. Eigentum ist kein persönlicher Besitz, sondern dem Eigentümer lediglich anvertraut, geliehen auf Lebenszeit. Wer 10 Prozent seiner Einkünfte abgibt, reicht damit nur weiter, was ohnehin zwar seiner Obhut anvertraut war, aber nicht ihm, sondern von vornherein den Armen gehörte. Andrew Carnegie, einer jener Industriemagnaten der USA des ausgehenden 19. Jahrhunderts und Begründer der institutionellen Philanthropie (wir haben ihn bereits im vierten Kapitel kennen gelernt), war das instinktiv klar. Seiner Meinung nach hatte die Wirtschaftselite die moralische Pflicht, einen Teil ins kapitalistische System zurückfließen zu lassen: „Wer reich stirbt, stirbt entehrt."[284] Bei seinem Tod 1919 hatte er 350 Millionen Dollar gespendet, nach heutigem Wert 7 Milliarden Dollar. Mit diesem Geld wurden 2500 öffentliche Bibliotheken gegründet, um die Analphabetenrate im Land zu senken. Queen Victoria fragte einst den sagenhaft reichen Bankier Sir Moses Montefiore (Nathan Rothschilds Schwager), wie viel Geld er habe. Montefiore hatte sich 1824 aus dem Bankgeschäft zurückgezogen und sein Leben der Politik für die weltweite jüdische Gemeinde verschrieben; er antwortete dem britischen Staatsoberhaupt, dass er mehrere Tage rechnen müsse, um eine vernünftige Zahl nennen zu können. Als er ihr schließlich mitteilte, er besitze 300.000 Pfund, war die Königin wie vor den Kopf gestoßen. „Das kann nicht sein", widersprach sie, wohl weil sie den Bankier in Verdacht hatte, er wolle seinen gewaltigen Reichtum verschleiern, nicht zuletzt um Steuern zu sparen. „Jeder weiß, dass Sie viel mehr besitzen." Er lächelte: „Nein, alles andere Geld gehört nicht mir. Mir gehört nur das Geld, das ich für wohltätige Zwecke ausgebe, und das sind 300.000 Pfund."[285] Montefiore wollte weder schlaumeierisch sein noch machte er Ausflüchte, er wusste lediglich, dass ihm alle anderen Vermögenswerte nur vorübergehend gehörten, weil sie konfisziert oder von Verlusten aufgefressen werden konnten. Das gilt auch für heutige Superreiche. Im März 2007 musste James E. Cayne, der CEO der damaligen Bear Stearns, feststellen, dass sein Aktienpaket binnen eines Jahres von über 1 Milliarden Dollar auf 61 Millionen Dollar zusammengeschmolzen war.

Wer glaubt, mehr Geld bedeute mehr Glück, der irrt. Am 15. März 1996 bekam der Unternehmer Howard Jonas im Alter von 40 Jahren

100 Millionen Dollar. „Es war der Tag, an dem mein Unternehmen IDT, einer der größten Anbieter von Telekommunikations- und Internetdiensten weltweit, an die Börse ging. Als Firmengründer, Vorsitzender und Mehrheitsaktionär wurde ich im Nu reicher, als ich es mir in meinen wildesten Träumen vorstellen konnte. Ich wurde oft gefragt, ob es der größte Augenblick meines Lebens gewesen sei. Nein, war es nicht."[286] Für Erich Kästner, dessen Bücher von den Nazis verbrannt wurden, war Geld nie die Hauptsache, sondern immer nur die wichtigste Nebensache. Nach einem gut 2000 Jahre alten Ausspruch des legendären Hillel, aufgeschrieben in den *Pirke avot*, den Sprüchen oder der Weisheit der Väter, gilt: *Marbe nichosim, marbe da'aga.* Auf Deutsch: „Mehr Güter, mehr Sorgen." Oder, in einer anderen Übersetzung: „Viel Besitz – viele Prozesse."[287] Was nicht heißt, dass wir nicht nach Geld streben sollten; Geld ermöglicht vieles, es ist ein Mittel, mit dem sich einiges bewegen lässt. Mordecai Deitsch, der verstorbene Gründer von Deitsch Plastic, wollte sich aus dem Geschäft zurückziehen und die Torah studieren, aber Rabbi Schneersohn riet ihm ab. Wieso das? War nicht das Studium der Torah der höchste Gottesdienst? Nach dem Bericht von Deitschs Enkelsohn soll der Rebbe mit einer Gegenfrage geantwortet haben: „Was dient Gott wohl mehr: Wenn ein einzelner Mann die Torah studiert oder wenn dieser Mann 2000 Kindern die Möglichkeit gibt, die Torah zu studieren?"

Nicht jeder ist so spendabel wie Deitsch; ein armer Mann wurde vermögend und prompt zum Misanthropen, lud niemanden mehr zu sich nach Hause ein, weil er sich die kostspielige Einrichtung nicht von armen Schluckern besudeln lassen wollte. Er arbeitete so schwer, dass er sowieso keine Zeit mehr hatte für Geselligkeit. Einmal besuchte ihn der Rabbiner. Er ging über den schweren Teppich. Er sah erlesene Gemälde, betrachtete teure neue Möbel und Vorhänge aus feinstem Samt. Dann fiel ihm ein fantastischer Spiegel in einem schimmernden goldenen Rahmen auf. Einen größeren Spiegel hatte er nie gesehen.

„Hier hat sich viel verändert, nicht?", sagte der reiche Mann mit zufriedenem Lächeln. „Der Spiegel ist mein Lieblingsstück. Von allen schönen Dingen, die ich besitze, mag ich ihn am meisten. Er war sehr teuer, aber er ist sein Geld allemal wert. Ein echtes Meisterstück, ein Kunstwerk, finden Sie nicht?", sagte er zum Rebbe.

„Ja", antwortete der Rebbe. „Hier hat sich wirklich viel verändert", sagte er mit sanfter Stimme. Und dann meinte er: „Kommen Sie", und winkte den reichen Mann zum Fenster. Er schob den Vorhang beiseite und die beiden schauten auf die Straße. Es war eine Kleinstadt, der Mann kannte fast jeden, der draußen vorbeiging.

„Seltsam, nicht?", fing der Rebbe an. „Ein Spiegel und ein Fenster sind beide aus Glas und trotzdem völlig verschieden."

„Das stimmt", sagte der Mann. „Ein Spiegel und ein Fenster sind beide aus Glas. Das Fenster ist durchsichtig. Licht fällt durch die Scheibe. Man kann alles sehen, was auf der anderen Seite ist. Der Spiegel ist dagegen auf einer Seite mit Silber beschichtet, die Lichtstrahlen gehen nicht durch und so kann der Spiegel nur reflektieren, was vor ihm ist."

„Genau", sagte der Rebbe und nickte. „Das einfache Glas ist klar und erlaubt den Blick auf andere und ihr Leben. Doch wenn es mit Silber beschichtet wird, kann man nur noch sich selbst sehen. Was für eine Veränderung!"

Da dämmerte dem reichen Mann, wie geizig er geworden war, und seine Augen füllten sich mit Tränen.[288]

Nicht Geld regiert die Welt

„Wer sich der Armen erbarmt, der leiht dem Herrn", so heißt es in den *Sprichwörtern*, „und der wird ihm vergelten, was er Gutes getan hat."[289] Er wird gleichsam Gottes Gläubiger. Die Torah verspricht gar, dass diese Schuld 2000 Generationen lang nicht verfällt.[290] Doch *zedaka* ist mehr als Wohltätigkeit, wörtlich übersetzt heißt es Rechtmäßigkeit oder richtiges Handeln. Am eigenen Besitz festhalten ist falsch, Geben ist recht und die einzige *mizwa* (Pflicht, gute Tat), an der alle 248 Glieder des menschlichen Körpers beteiligt sind, die wir laut Talmud besitzen (damit jedes Glied für ein Gebot bitten kann). Schließlich haben wir nicht nur mit den Händen oder dem Hirn dafür gearbeitet, sondern mit jeder Faser unseres Körpers. Und da *zedaka* alle anderen *mizwot* (der Plural von *mizwa*) und

Gebote einschließt, nennt es der Jerusalemer Talmud schlicht „das Gebot".[291] Dieses Verständnis verweist auf den fundamentalen Unterschied zwischen Führen als Handel und Führen zum Wandel. Führen ist ein Handel, wenn für ein Gehalt und eventuell ein paar Aktienoptionen im Gegenzug bestimmte Ergebnisse erwartet werden. Dieses herkömmliche Modell ist nach wie vor das üblichere, versagt aber immer häufiger bei hoch qualifizierten Mitarbeitern und Mitarbeiterinnen, die mit Geld allein nicht zufrieden sind. Führen zum Wandel hingegen will etwas bewirken, es gründet auf einer Vision, nicht auf einer geschäftlichen Vereinbarung. Gandhi, King, Mandela haben ihr Land verändert, Churchill bot den Briten im Kampf gegen die deutschen Aggressoren nicht Aktienoptionen, sondern „Blut, Schweiß und Tränen". Rabbi Menachem M. Schneersohn bildete eine „Armee" aus seinen Anhängern, um eine friedliche, harmonische Welt zu erschaffen. Den großen Wirtschaftskapitänen der Gegenwart geht es um viel mehr als bloß um Geld, man arbeitet bei Microsoft, Apple, Google oder Gentech aus innerer Überzeugung und setzt sich mich Leib und Seele für diese Unternehmen ein.

Und auch *zedaka* ist viel mehr als ein Handel. Wer reich werden will, zahle Almosen, aber bitte nicht im Sinn eines Quidproquo nach dem Motto: „Lieber Gott, wenn du meinen Bruder rettest, spende ich eine Million für das Ende des Welthungers." Und wenn das Wunder geschieht, der Bruder mit dem Leben davonkommt, fangen wir an zu feilschen: „Eine halbe Million reicht doch auch, oder?" Dann stellen wir fest, dass wir nur 100.000 Dollar erübrigen können, und schließlich reden wir uns damit heraus, dass wir ja keine Währung genannt haben und zahlen in Yen … Die Übertreibung macht deutlich: Diese berechnende Einstellung ist in unserer Kultur tief verwurzelt.

Rabbi Schneersohn erhielt einst einen Brief, dessen Verfasser eine göttliche Intervention benötigte. Wenn Gott ihm helfe, schrieb der Bittsteller, würde er viel Geld für wohltätige Zwecke spenden. Der Rebbe antwortete, dass man mit Gott keine Geschäfte macht, so funktioniere das nicht. Man muss in Vorleistung gehen, aktiv werden, viel Gutes tun, dann kann man Gott demütig bitten: „Hilf!"

Zedaka heißt recht handeln, man spendet Geld, weil das gut und richtig ist, nicht weil es Ruhm und Ehre bringt. Die Torah mahnt: „Wenn du auf deinem Ackerfelde erntest und vergissest daselbst eine Garbe, so kehre nicht um, dieselbe zu holen, sondern lasse sie dem Fremden, der Waise und der Witwe bleiben, damit dich der Ewige, dein Gott, in allen deinen Verrichtungen segne."[292] Eine Garbe auf dem Feld vergessen und sie den Armen lassen ist die nächsthöhere Stufe der *zedaka*, denn es ist für die Empfänger weniger beschämend, wenn sie unerkannt bleiben können. Jamnalal Bajaj, der Vater von Ramkrishna Bajaj (siehe sechstes Kapitel) und einer der ersten Industriellen Indiens, hat Gandhi und die indische Befreiungsbewegung finanziell großzügig unterstützt. Ohne sein Geld wäre Indien womöglich noch heute britische Kronkolonie. Trotzdem steht sein Name nicht in den Geschichtsbüchern. Diese Stufe der *zedaka* verlangt tiefe Demut: Man verzichtet auf Anerkennung. Man muss bereit sein, dass der eigene Beitrag nie publik wird und keine Namensplakette an einer Bibliothek oder einem Krankenhaus prangt.

So manche führende Persönlichkeit spendet gewissermaßen aus einer Vision heraus. Michael Bloomberg, extrem erfolgreicher Unternehmer und Bürgermeister von New York, verwendet die Hälfte seines Jahresgewinns für wohltätige Zwecke. Bill und Melinda Gates haben im Juli 2004 ihre Stiftung mit 30 Milliarden Dollar ausgestattet, ein Jahr später gab Gates bekannt, 90 Prozent seines Privatvermögens, das auf 56 Milliarden Dollar geschätzt wird, einzubringen. Auftrag der Stiftung ist der Kampf gegen AIDS, Tuberkulose, Malaria und andere Krankheiten, die vor allem die Ärmsten der Armen in den Entwicklungsländern treffen; dazu kommt noch ein Programm gegen die hohe Abbrecherquote in amerikanischen Highschools. Im Sommer 2006 gab Warren Buffett bekannt, er würde 85 Prozent seines Vermögens der Gates Foundation stiften, rund 3 Milliarden Dollar pro Jahr. Buffett hatte seinen Reichtum zu seinen Lebzeiten eigentlich nicht weggeben wollen, er ging davon aus, dass seine Frau die Philanthropie nach seinem Tod übernehmen würde. Erst als sie vor ihm starb, redete er mit Gates, mit dem er eng befreundet ist und den er für einen der besten Strategen im Dienste des Gemeinwohls hält.

Manche halten Spenden für ein Privileg der Superreichen, schließlich behält Gates, wenn er 90 Prozent seines Vermögens spendet, immer noch komfortable 5 Milliarden Dollar, wenn nicht mehr. Trotzdem muss man nicht reich sein, um zu teilen. 1995 stiftete Oseola McCarty praktisch ihre gesamten Ersparnisse, die sie als Wasch- und Bügelfrau Dollar für Dollar zusammengetragen hatte. Es gäbe nichts, was sie sich kaufen wolle, und sie habe auch keine Lust auf besondere Reisen, sagte sie. Eine Plakette mit ihrem Namen an einem Gebäude oder dergleichen wollte sie auch nicht. Doch ihre Spende von 150.000 Dollar, die wildfremden jungen Menschen den Besuch eines Colleges an der University of Southern Mississippi in Hattiesburg ermöglichen sollen, sorgte weltweit für Aufsehen, nicht zuletzt von Multimilliardär Ted Turner. Er folgte ihrem Beispiel und spendete 1 Milliarde Dollar: „Wenn eine kleine Frau alles weggeben kann, was sie hat, kann ich eine Milliarde wohl entbehren."[293]

Oseola McCarty genoss wegen ihrer Spende Ruhm und Luxus, den sie für unmöglich gehalten hatte. Zum ersten Mal im Leben unternahm sie eine Flugreise, wurde von den Vereinten Nationen ausgezeichnet und schüttelte Bill Clinton die Hand. Und weil sie nie zuvor im Hotel übernachtet hatte, machte sie das Bett, bevor sie auscheckte.

Natürlich ist diese Frau die Ausnahme von der Regel. In unserer Kultur gilt Geld horten mehr als Geld spenden. L. Dennis Kozlowski, der frühere CEO von Tyco International, ist wahrscheinlich das ungeheuerlichste Beispiel. Als wäre ein achtstelliges Jahresgehalt nicht genug, ließ er sich vom Board Aktienoptionen und Zusatzleistungen im Wert von Hunderten Millionen Dollar genehmigen. Er war so geldgierig, dass er sogar auf den 75.000 Dollar bestand, die ihm für die Aufsichtsratssitzungen zustanden. Die meisten CEOs verzichten darauf, es ist ohnehin Bestandteil ihrer Arbeit.

Weltverbesserung als Kernkompetenz

Der Gesellschaft etwas zurückgeben muss nicht ein Luxus sein, den man sich nachträglich leistet. Im Januar 2007 setzte die Zeitschrift *Fortune* den Outdoor-Ausstatter Timberland auf die Liste der 100 besten Arbeitgeber.

Für Timberland-Chef Jeffrey Swartz sind wirtschaftlicher Erfolg und soziale Verantwortung untrennbar miteinander verbunden. Sein Großvater Nathan Swartz hatte als Einwanderer in Boston eine Lehre absolviert und 1952 die Hälfte einer Schuhfabrik erworben. Drei Jahre später kaufte er auch die andere Hälfte und teilte sich die Leitung mit den Söhnen. 1973 erfand Jeffreys Vater den Namen Timberland und baute ihn zu einer Weltmarke aus. Anfang der 1990er-Jahre übernahm Jeffrey das Familienunternehmen in dritter Generation. Und dann kam eines Tages ein junger Harvard-Absolvent in sein Büro, der Jurist Alan Khazei. „Er saß mir gegenüber und sagte: ‚Wissen Sie, Sie machen Schuhe und glauben, dass sei Ihr Lebenssinn. Sie denken an den Shareholder Value und wollen für sich und Ihre Familie ein Vermögen aufbauen. Und Sie glauben, darum gehe es. Aber ich habe mein Leben der Erlösung der Welt gewidmet, ich will das Selbst transformieren und die Gemeinschaft fördern. Ich baue die Gemeinde auf, von der Martin Luther King sprach. Ich habe Ihnen heute etwas mitgebracht: Ich will Ihnen zeigen, wie sich beides verbinden lässt.'"

> *Ich bin ein guter Verkäufer", erinnerte sich Swartz, „deswegen habe ich für so eine neue Masche etwas übrig. Khazai hatte ein ungewöhnliches Angebot: ‚Geben Sie mir einen halben Tag, helfen Sie mit uns, helfen Sie mit 17- bis 23-jährigen Männern und Frauen, die ein ganzes Jahr ihres Lebens in den Dienst anderer stellen. Ich werde Ihnen zeigen, dass der Dienst an anderen Sie verändern kann.'*

Trotz seines vollen Terminplans (wenn er vier Stunden Schlaf bekam, war das eine gute Nacht) sprang Swartz darauf an. Mit neun Timberland-Managern arbeitete er einen Tag lang ehrenamtlich. Sie strichen die Wände eines Rehazentrums für Drogenabhängige. Und die versprochene Transformation kam tatsächlich. An dem Tag habe er, Swartz, sich gedacht: „Aha, die dritte Generation hat ihr Thema gefunden! Mein Großvater hat den Timberland-Schuh kreiert, mein Vater hat die Marke geschaffen und ich engagiere mich sozial." Ehrenamtliche Tätigkeiten als Geschäftsstrategie, um sich von der Konkurrenz abzuheben – das wurde Jeffrey Swartz' Credo.[294]

„Path of Service“ wurde das Baby getauft und die Belegschaft einbezogen. Bei einem Vertretertreffen in Florida hätten alle ihre Golfausrüstung und Tennisschläger dabei gehabt, erzählte Swartz, doch wurden sie nicht auf den Rasen geschickt, sondern in Schulbusse gesetzt, um einen Tag lang in sozialen Projekten zu arbeiten. „Die Wirkung auf die Mitarbeiter und Mitarbeiterinnen war unglaublich.“ Im Jahr 2000 leisteten alle 6000 Timberland-Beschäftigten 40 ehrenamtliche Stunden (finanziert vom Unternehmen). 2005 betreute die Timberland-Stiftung Serv-a-palooza 170 Initiativen in 27 Ländern mit 45.000 Arbeitsstunden von Freiwilligen. „Ist das die Aufgabe einer Schuhfabrik?“, fragt Swartz rhetorisch und antwortet: „Unbedingt.“

Es gibt einen jüdischen Segen: *La'asok be'divrei Torah* (versenke dich in die Worte der Torah), dessen Sinn weit über die buchstäbliche Bedeutung hinausgeht, weil das Verb *la'asok* (sich beschäftigen, sich engagieren) denselben Wortstamm wie *isch asakim* (Geschäftsmann) hat. Der Segen betrifft also auch das Geschäft der Torah: Das soll keineswegs nur im stillen Kämmerlein im Zwiegespräch mit der Schrift stattfinden. Ein Geschäftsmann soll sich bei all seinem Tun, ob er Mitarbeiter einstellt oder mit Kunden verhandelt, immer in die Bibel vertiefen. „Jedes Telefonat hat mit der Torah zu tun“, sagt Swartz, denn es geht um die Aufrichtung eines anderen Menschen. „Keiner fühlt sich dem stärker verpflichtet als wir“, ergänzt er, „und das ist unser Wettbewerbsvorteil.“ Die Zahlen geben ihm recht: Zwischen 2000 und 2005 stieg der Umsatz durchschnittlich um 9,7 Prozent und der Gewinn je Aktie um 20 Prozent. Der Aktienkurs kletterte im selben Zeitraum um 60 Prozent. All das gründet sich auf der Timberland-Kultur „Boots, Brand, Belief“ – Schuhe, Marke, Glaube.[295]

Timberland ist damit Teil eines Trends zur Integration von Wohlstand und Wohltaten. Privatwirtschaft, öffentliche Hand und gemeinnützige Organisationen bilden den ersten, zweiten und dritten Sektor der Volkswirtschaft, aber die innovativsten Unternehmensmodelle finden sich in einem Bereich, der vielleicht einmal der vierte Sektor genannt werden wird: Eine Wirtschaftsorganisation auf der Höhe der Zeit verbindet soziale Verantwortung und Profit. „Im Augenblick entsteht eine gewaltige

Bewegung, die noch nicht als Bewegung wahrgenommen wird", sagte R. Todd Johnson, ein Rechtsanwalt aus San Francisco, der für „for-benefit corporations"[296] – seine Wortschöpfung – arbeitet, genauer: an Online-Wikis. Gesellschaftliche Verantwortung galt bisher als Domäne idealistischer Weltverbesserer. Heute ist sie kommerziell sinnvoll, die Geldgeber sehen den Ertrag für ihre Investitionen und setzen scharenweise auf das Geschäftsmodell. Selbst bei den großen Investmentfonds ändert sich die Auffassung von Profit und Wert. Die kalifornische Rentenvorsorgeanstalt für Lehrer beispielsweise, ein Pensionsfonds mit 162 Milliarden Dollar verwaltetem Vermögen, hat die Versicherungsgesellschaften unter die Lupe genommen und gefunden, dass diese dem Klimawandel nicht genug Aufmerksamkeit schenken und deswegen riskantere Anlageobjekte sind als früher. Warum? „Dafür gibt es viele Gründe", sagte Abby Joseph Cohen von Goldman Sachs. „Der Blick der Unternehmen hat sich geweitet, eine Ausgabe heute kann künftige Verbindlichkeiten senken – und niedrigere Verbindlichkeiten können die Kapitalkosten senken."[297] Mit anderen Worten: Gutes tun ist gut fürs Portemonnaie. Wohltätigkeit ist nicht nur für Unternehmen ein Wettbewerbsvorteil, sondern auch für einzelne Führungspersönlichkeiten, die ihre Karriere beschleunigen und Vermögen aufbauen wollen. Das zeigt sich am „Raul-Julia-Modell".

Tool 8.1: Das Raul-Julia-Modell

Nach jüdischen Vorstellungen gibt es vier Arten von Wohltätern. Der erste Typus will etwas geben, aber die anderen sollen nichts geben, weil er es ihnen nicht gönnt. Der zweite Typus findet, die anderen sollen spenden, er nicht: ein Geizkragen. Der dritte Typus findet, alle sollten spenden, er ist fromm. Der vierte und letzte Typus findet, keiner sollte spenden, er ist bösartig.[298]

Der Tsunami 2004 hat das alles weggefegt. Nach der Katastrophe, die das Leben von Millionen Menschen in mehreren Staaten Asiens zerstörte, wurden unzählige Menschen Wohltäter des dritten Typs: Eine Welle des

Mitleids führte zu bislang ungekannter Großzügigkeit und sehr vielen Spenden. Doch wäre es nicht schön, wenn wir nicht nur bei Katastrophen unsere Herzen und Geldbörsen öffneten? Wenn wir in die Zukunft investieren, uns für die Zukunft engagieren würden?

Diesen Typus des Wohltäters verkörperte wie kein anderer der verstorbene Schauspieler Raul Julia, bekannt aus Filmen wie *Der Kuss der Spinnenfrau*, *Aus Mangel an Beweisen*, *Die Addams Family* und *Havanna*. The Hunger Project veranstaltete 1987 eine Konferenz für potenzielle Geldgeber. Der CEO, noch im Jetlag vom Flug aus München, nahm spontan daran teil, hörte sich Vorträge von Wissenschaftlern und Politikern an und langweilte sich offensichtlich ziemlich. Bis Raul aufsprang und mit seinem unnachahmlichen, breiten Puerto-Rico-Akzent sagte: „1977 wurde The Hunger Project gegründet und ihr habt mich um alles gebeten, was ich hätte. Ich hatte kein Geld, keinen Job, keinen Vertrag, keinen Film. Ich spendete euch alles, was ich hatte, und das waren 500 Dollar. Jetzt bittet ihr mich wieder um alles, was ich habe. Ich habe weder Geld noch Job noch Film noch Vertrag. Ich spende euch 100.000 Dollar." Raul setzte sich und ein Raunen ging durch den Raum. Begeisterung brach sich Bahn, manche sprangen auf. Rund ein Dutzend Leute spendeten insgesamt mehrere Millionen Dollar. Der CEO war weder vermögend noch als Teilnehmer registriert, doch auch er füllte ein Spendenformular aus und sagte eine für ihn ebenso saftige Summe zu wie Raul: 25.000 Dollar.

Rauls Zusage verkörpert ein Prinzip. Eine solche Spende ist mehr als eine symbolische Geste, wie es die meisten von uns mit den paar Cent für den Obdachlosen an der Ecke oder die sonntägliche Kollekte oder bei anderen Spendenaktionen handhaben. (Selbst 10.000 Dollar können nicht mehr als eine symbolische Geste sein, wenn sie von Unternehmen oder reichen Einzelpersonen gespendet werden.) Es sind auch gute Taten, keine Frage, aber sie haben keine Auswirkung auf die Zukunft. Auf der nächsten Stufe spendet man einen bestimmten Anteil seines Einkommens oder Vermögens und das verdient bereits die Bezeichnung Investition. Doch die höchste Stufe des *zedaka* spendet nicht nach Maßgabe der aktuellen Finanzlage, sondern nach der in Zukunft angestrebten. Man richtet sich nicht am tatsächlichen, sondern am künftigen Wohlstand aus, man verpflichtet sich, einen Anteil des Geldes zu spenden, das man erst verdienen wird. Der Trick: Man sagt eine stolze Summe zu, bevor man das Geld hat.

Ein heiliges Versprechen ist bereits real, ist bereits so gut wie erfüllt. Ein heiliges Versprechen ist, als würde man „Ich liebe dich" sagen und es von ganzem Herzen meinen. Um seine Zusage einzulösen, musste Raul Julia in seiner Schauspielerkarriere zu neuen Ufern aufbrechen (und er hat es eingelöst, bis zu seinem Tod im Jahr 1994 hatten er und seine Frau über 1 Million Dollar gespendet). Seine Zusage zwang ihn, in Hollywood und am Broadway beinhart zu verhandeln, denn er forderte nicht nur seine Vergütung, sondern auch einen Beitrag zur Zukunft der Menschheit: Das gab ihm die Kraft zu feilschen. Und der Vertrag, den er für die Rolle als Gomez Addams aushandelte, verschaffte seiner Familie Wohlstand, machte ihn zum Star und ermöglichte ihm weitere Spenden im Kampf gegen den Hunger auf „höchstmöglichem Niveau".[299]

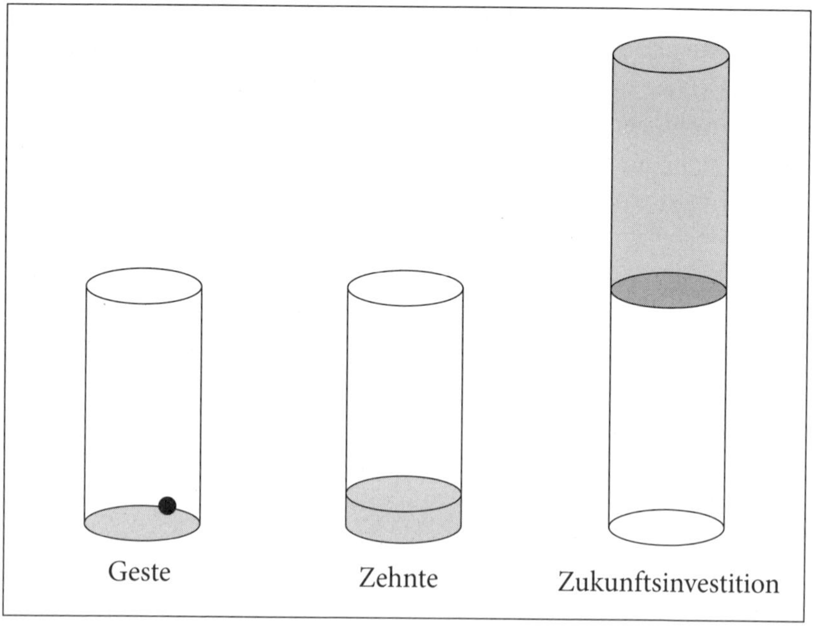

Abbildung 8.1: Die drei Stufen des *zedaka*

Im 12. Jahrhundert schrieb Maimonides in seinem *Sefer ha-mizwot*, dem Buch der Pflichten, von der Wichtigkeit, oft zu spenden, möglichst täglich, denn *zedaka* ist nicht nur eine Frage, wie viel jemand spendet, sondern auch wie oft. Es geht nicht nur um die Hilfe für andere, sondern auch um die Veränderung des eigenen Innersten. Die Philosophie von The Hunger Project vergleicht Spenden mit dem Tanzen: Wer selten tanzt, wird sich steif und ängstlich vorkommen, wenn er die Gelegenheit dazu hat, und wahrscheinlich mit scheinheiligen Ausflüchten lieber sitzen bleiben. Doch wer regelmäßig tanzt, tanzt leicht und geschmeidig. Und wer regelmäßig gibt, wird sich leichter damit tun, das Geld wieder hereinzuholen, statt regelmäßig den Angstschweiß auf der Stirn zu haben, wenn er um einen karitativen Beitrag angegangen wird.

The Hunger Project setzt auf ein weiteres Prinzip des *zedaka*: Wer spendet, baut eine Brücke zwischen sich und den Bedürftigen. Das sollten nicht getrennte Welten bleiben, es muss zu einer Fusion kommen. Für Maimonides ist „der allerhöchste und unübertrefflichste [Grad des Almosengebens] …, wenn man einen verarmten Israeliten in der Art unterstützt – sei es nun durch ein freundschaftliches Geschenk, ein Darlehen oder endlich durch Verschaffen von Arbeit –, damit er, ohne die Hilfe anderer Leute ansprechen zu müssen, sich ernähren kann".[300] Diese Investmentart schafft nicht passive Hilfsempfänger, sondern selbstverantwortliche Führer. Der Ansatz bei der Basis ist um ein Vielfaches effizienter als die herkömmliche Entwicklung von oben herab. 2007 partizipierten 3,5 Millionen Menschen in Afrika und Südamerika am „Vision, Commitment and Action Workshop" des Hunger Project. Er vermittelt ihnen, ihr Leben selbst in die Hand zu nehmen, auch auf kommunaler Ebene. Menschen, die fast keine Mittel hatten, gründeten eine Bank für 3 Millionen Menschen auf dem Land. Die African Woman Food Farmer Initiative vergab über 83.000 Darlehen an Frauen, die sich damit eine Existenz aufbauten, und im vielleicht kühnsten Führungsexperiment der Gegenwart haben gut 80.000 freiwillige „Animatoren" es Millionen Einwohner von Bangladesch ermöglicht, sich selbst zu versorgen, und das nur aus dem persönlichen Ehrgeiz heraus, ihr Land von der Geißel des Hungers zu befreien. Als The Hunger Project damit anfing, die Hungernden selbst für ein Ende des Hungers zu mobilisieren, fragten diese im ersten Reflex nach Anweisungen, doch die Organisation gab ihnen nur das Startkapital für Projekte, welche die Region wie Katalysatoren auf den Weg zur Autarkie brachten.

In Haiti arbeiteten Patrick J. Smyth Foundation und Swiss Consulting Group zusammen, um 150 Führungskräfte auszubilden, die Verantwortung für die Entwicklung ihres Landes übernahmen. Viele Teilnehmer konnten sich zunächst nicht von der Vorstellung lösen, dass sie erst Geld von der Stiftung bekommen mussten, bevor sie etwas bewegen konnten. Doch hatten sie den Gedanken der Selbstverantwortung erst einmal angenommen, gelang es 60 Prozent, aus eigenen Mitteln wegweisende Projekte von Reinigungsdiensten in den Slums von Port-au-Prince bis zu Computerkursen für Frauen ohne Anschubfinanzierung zu realisieren. Sie suchten sich Geldgeber, sie organisierten die Ausrüstung. Aus passiven Nutznießern waren Verantwortliche für die eigene Entwicklung geworden: Führer.

Tipp

Laut Talmud wird *zedaka* Kriege und Krankheiten beenden und die Erlösung der Welt beschleunigen.[301] Deswegen wollen der Rabbi und seine Frau mit ihrer ganzen Kraft *Jiddischkeit* und noachinische Gesetze (nachzulesen im Anhang) unter Menschen aller Nationen verbreiten: Sie ermöglichen unterprivilegierten Kindern eine jüdische Bildung, organisieren für kranke Krabbelkinder Spielsachen, betreiben Fundraising und vieles andere mehr. Wenn wir Gutes tun und von anderen verlangen, es uns gleichzutun, dann beschleunigen wir das Heil und die Einheit der Welt. Stellen Sie ein Sparschwein in Ihre Küche, das Kinderzimmer oder ins Büro. Werfen Sie jeden Morgen ein paar Münzen oder Scheine hinein. Ist das Sparschwein voll, spenden Sie das Geld für einen guten Zweck, der Ihnen wichtig ist. Es wird Sie bereichern.

Open Source in der Wirtschaft

In der Wirtschaft kann *zedaka* sehr wohl die Form von Open Source annehmen und es kann reiche Früchte tragen, wenn wir geistiges Eigentum der Gemeinheit zur Verfügung stellen. Linus Torvalds wurde 2004 zu einer der 25 besten IT-Führungskräfte gewählt, obwohl er weder einem Vorstand noch einem Aufsichtsrat angehört. Denn der 34-Jährige verzichtete auf Rechte an dem von ihm mit entwickelten Linux, einem Betriebssystem, das Tausende von Programmierern schufen. Torvalds glaubt an die Idee, dass ein Programm-Code niemandes Eigentum, sondern für alle Nutzer transparent sein sollte, damit sie ihn gegebenenfalls auf ihre persönlichen Bedürfnisse zuschneiden können, statt mit juristischen und anderen Mitteln Urheberrechte durchzusetzen. Der Open-Source-Ansatz ist kommerziell sinnvoll, denn Unternehmen wie Red Hat bezahlen Torvalds und anderen Entwicklern Lizenzgebühren. Und Unternehmen wie Microsoft, Apple oder Sun Microsystems mussten auf diese Konkurrenz reagieren und das eigene Geschäftsmodell ändern. Der freie Zugang war die beste Reklame für Linux und eine kluge Geschäftsstrategie, die neue Standards gesetzt hat. Der Wiedererkennungswert der Marke ist hoch. Chinas Wechsel von Windows zu Linux in den 1990er-Jahren war nur der Anfang, immer mehr Regierungen und internationale Unternehmen nutzen inzwischen das Open-Source-System.

Vielleicht folgen sogar Konzerne Torvalds Beispiel. IBM hat 2004 mehr Patente als jedes andere Unternehmen angemeldet, 3248 Patente waren es, um genau zu sein, und IBM verdiente in diesem Jahr nur mit den Lizenzeinnahmen und Patentverkäufen rund 1 Milliarde Dollar. Anfang 2005 überraschte das Unternehmen mit der Freigabe von 500 Patenten und der Ankündigung, weitere Freigaben würden folgen. Warum sollte IBM Eigentum verschenken? Tickte CEO Samuel J. Palminsano noch richtig? Durchaus. Aufgeklärtes Eigeninteresse lautet das Stichwort. Mit gesundem Menschenverstand hatten sich die Verantwortlichen ausgerechnet, dass sich allgemein zugängliche Technologie unter Umständen besser rechnet als eifersüchtig gehütete Patentrechte, Urheberrechte und

Firmengeheimnisse. „Wenn man seine Technologie verfügbar macht und schnell offenlegt, arbeiten die Leute mit dem Zeug", sagte Eric von Hippel, Lehrkraft und Fachmann für Innovationen an der Sloan School of Management am MIT in Boston. „Offenheit ist wirtschaftlich sinnvoller." Naivität kann man IBM also nicht vorwerfen. „Wir werden immer mehr Technologie offenlegen, aber dabei sicher nicht den Verstand verlieren", sagte John E. Kelly, der im Mai 2004 von Palminsano mit der Open-Source-Initiative von IBM betraut wurde. „Es ist wie bei der Abrüstung: Man verschrottet nicht gleich alle Cruise Missiles." Wer wie IBM geistiges Eigentum öffentlich zur Verfügung stellt, gewinnt gegebenenfalls neue Märkte und Kunden. Bisher hat sich der Versuch offenbar gelohnt; im Januar 2007 meldete IBM ein Umsatzwachstum von 7 Prozent, wobei das Segment Technologieberatung allein um 55 Prozent wuchs.

Torvalds ist bei Weitem nicht der erste Führer, der an Open Source glaubte. Ein halbes Jahrhundert vor ihm erfand Jonas Salk einen Impfstoff, der eine ganze Generation von der Geißel der Polio befreite, und weigerte sich, darauf ein Patent anzumelden. 1955 fragte der Fernsehjournalist Edward J. Murrow den Wissenschaftler live in *See It Now*: „Wer hält das Patent an dem Impfstoff?" Salks Antwort illustriert den Geist des Gebens: „Die Menschen, würde ich sagen. Es gibt kein Patent. Könnte man die Sonne patentieren?"

Unterm Strich

- Ihr Eigentum gehört Ihnen eigentlich nicht. Es wurde Ihnen auf Zeit anvertraut, damit Sie etwas daraus machen – für andere. Manche Kulturen definieren Reichtum nicht über Besitzstände, sondern über die Geldmenge, die man umsetzt und quasi durch sich fließen lässt.
- *Zedaka* (rechtmäßiges Geben) ist das vielleicht oberste Gebot, das alle anderen in sich vereint. Es kann Kriege beenden und Krankheiten und die Erlösung der Welt beschleunigen. Durch unzählige gute, uneigennützige Taten und die Aufforderung an andere, Ihrem Beispiel zu folgen, können Sie das Heil und die Einheit der Welt beschleunigen.

- Wenn Sie spenden, dann brechen Sie den Mythos des Mangels: Sie werden sich als jemand kennenlernen, der genug ist, genug hat und genug tut. Stolze Beiträge und Spenden für einen höheren Zweck sind ein Katalysator künftigen Reichtums.
- Wenn Sie das Engagement für höhere Ziele in der Unternehmensstrategie und -kultur verankern, stärken Sie Kundentreue und Mitarbeiterengagement – und das wirkt sich positiv auf die Produktivität aus.
- Die Freigabe geistigen Eigentums beispielsweise im Sinn des Open-Source-Gedankens kann eine vernünftige Geschäftsstrategie sein: Erstens wächst der Kuchen und zweitens setzen Sie innerhalb Ihrer Branche neue Standards.

Neuntes Kapitel

Das neunte Gebot: Kein falsches Zeugnis ablegen, sondern Einbrüche in Durchbrüche ummünzen

Vielleicht sind alle Drachen unseres Lebens Prinzessinnen,
die nur darauf warten, uns einmal schön und mutig zu sehen.

Rainer Maria Rilke

Es ist weit besser, gewaltige Dinge zu wagen,
glorreiche Siege zu erringen und selbst von Niederlagen
erschüttert zu werden, als es mit den armen Geistern aufzunehmen,
die weder genießen noch leiden, weil sie in dem grauen Zwielicht
leben, das weder Sieg noch Niederlage kennt.

Theodore Roosevelt

Das neunte Gebot: „Du sollst wider deinen Nächsten nichts aussagen als ein falscher Zeuge." Wenn alles glatt läuft, braucht es keine Führer, die können ihre Fähigkeiten erst dann unter Beweis stellen, wenn es schwierig wird. Doch sowie die Dinge nicht wie gewünscht laufen, legen wir falsch Zeugnis ab: Wir neigen dazu, Pannen zu leugnen, schämen uns, schieben die Schuld auf andere und – das ist das Schlimmste – kneifen. Statt den Stier bei den Hörnern zu packen und den Tatsachen ins Gesicht zu schauen, beschönigen wir den Schlamassel (und nicht zuletzt unsere Rolle darin). Das ist eine vollkommen menschliche Reaktion – und vollkommen kontraproduktiv. Große Führer wie Job oder Churchill hatten keine Angst vor schlechten Nachrichten. In diesem Kapitel lernen Sie, was Führer vom gemeinen Pack unterscheidet und was sie unbesiegbar macht: Im Gegensatz zu denen, die sich von Pannen ausbremsen lassen, nutzen Führer das Rohmaterial eben dieser Einbrüche aus eigener Kraft für Durchbrüche.

Eines Abends – es war Ende der 1960er-Jahre und Philip Anschutz legte die Fundamente seines späteren Milliardenvermögens – kam ein Anruf aus Denver. Der Leiter einer der Ölbohrungen in Wyoming hatte schlechte Neuigkeiten: Ein Bohrloch stand in Flammen. Wenn das Feuer nicht gelöscht werden konnte, würde es Anschutz ruinieren.

Die meisten Investoren hätten ihr Heil wohl in der Flucht gesucht: Möglichst schnell verkaufen, sich dem Risiko so weit wie möglich entziehen. Anschutz tat genau das Gegenteil. Er sah sofort das Positive: Feuer hieß, dass sie auf Öl gestoßen waren. Er organisierte ein Flugzeug, flog nach Wyoming und hatte bis acht Uhr morgens noch wesentlich mehr Geld in dieses Abenteuer investiert, genauer: Er kaufte so viel Land um die brennende Ölquelle herum, wie er nur konnte. Dann engagierte er Red Adaire, den legendären Feuerwehrmann für diese Art von Bränden, und lud ein Hollywood-Team ein, die Löschung für eine Episode des John-Wayne-Thrillers *Die Unerschrockenen* zu drehen. Vier Jahrzehnte später erinnerte sich Anschutz: „Es gibt immer einen Punkt, an dem man entweder geradeaus auf den Sieg zumarschiert und manchmal alles gewinnt oder zurückweicht und dann garantiert alles verliert.“[302]

Für Führende sind Pannen der Normalfall, ihr Weg ist selten eben. Wer nicht bereit ist, sich auf holprigen, staubigen Nebenstrecken durchrütteln zu lassen, sondern Anspruch auf glatt asphaltierte Autobahnen erhebt, der sollte sich nicht um einen solchen Posten bewerben. Pannen passieren unterwegs, ohne Pannen bräuchte es keine Person an der Spitze, welche die Richtung vorgibt. Dann könnte ein Manager oder sonst jemand den Job erledigen. Doch es bleibt nicht bei ein paar kleineren Pannen: Spitzenkräfte leben von massiven Einbrüchen, von Widrigkeiten: Diese sind Verbündete, die von den meisten Theoretikern nicht nur unterschätzt, sondern komplett ausgeblendet werden. An Widerständen und nur an Widerständen bildet sich die für Führende typische Entschlossenheit heraus. Wer Zusammenbrüche, Einbrüche, Pannen richtig analysiert und einsetzt, kann sie als Rohmaterial für Durchbrüche nutzen. So wie Ted Turner, dessen Erfolge (Multimilliardär, Gründer eines der weltweit führenden Medienunternehmen, Eigentümer der Atlanta Braves, größter Grundbesitzer der USA, Philanthrop, welcher der UNO 1 Milliarde Dollar spendete) nicht zuletzt auf überwundenen Schwierigkeiten beruhen. Als Kind wurde er von seinem cholerischen Vater oft mit einem Kleiderbügel verprügelt. Seine jüngere Schwester starb mit zwölf Jahren an einer Immunkrankheit und der Vater beging Selbstmord, als Ted 24 Jahre alt war.[303] Das Leben hielt etliche Prüfungen für ihn bereit, an denen er mit Leichtigkeit hätte zerbrechen können, er hatte gute Gründe für die Rechtfertigung eines Versagens. „Mein Leben lang haben die Leute gesagt, dass ich es nicht schaffe“, sagte er. Stattdessen nutzte er die Erfahrungen zum Guten, denn in gewisser Weise waren sie gut. Sie stärkten ihn, sie waren verkappte Wohltaten. Turner ist berühmt für seinen Ausspruch (den er sich allerdings bei dem legendären Football-Trainer Vince Lombardi ausgeborgt haben könnte): „Man darf nicht kneifen. Sieger kneifen nicht und Kneifer siegen nicht.“

Winston Churchill bewies im heißen Mai 1940 dieselbe Haltung, als er, kahl und grau, nach 40 Jahren in der Politik endlich Premierminister wurde. Weder King George VI. noch Neville Chamberlain, der zwei Jahre zuvor Hitler in München mit seiner Appeasement-Politik gestärkt hatte, waren scharf auf diesen Vorsitzenden, doch die Labour Party ließ wissen, dass sie keinen anderen Konservativen akzeptieren würde. Deswegen bekam der 66-Jährige den höchsten Posten im Staat – in einem Alter, in dem sich die meisten Menschen zur Ruhe setzen.

Die größte Herausforderung stand ihm bereits am ersten Tag im Amt bevor. Großbritannien war drauf und dran, den Zweiten Weltkrieg zu verlieren. Halb Europa war in der braunen Flut untergegangen. 220.000 britische Soldaten waren bei Dünkirchen eingekesselt, im Rücken das Meer, von allen anderen Seiten die Wehrmacht. Wenn 17.000 Tommies durchkämen, so hatte man dem König erklärt, könne man von Glück reden.

Hitler glaubte die Herrschaft über Europa in greifbarer Nähe, mit einem triumphierenden Glitzern in den Augen sagte er am 18. Juni 1940 zu Hermann Göring, seinem Stellvertreter und wichtigsten Gefolgsmann, der Krieg sei vorbei und er werde sich mit den Engländern verständigen.[304] Die Lage schien hoffnungslos, nur Churchill sah das anders. Er stand vor größeren Hindernissen, als die meisten von uns je erleben werden. Doch er verschlang sie gierig (und auch er hat geklaut, in dem Fall von Abraham Lincoln): „Ein Pessimist sieht in jeder Chance die Probleme, ein Optimist sieht in jedem Problem die Chance." Vorbilder vom Schlage eines Churchill gehören ganz offensichtlich zur Kategorie der Optimisten. Er fasste seine Philosophie im Oktober 1941 zusammen, als er immer noch mitten im Krieg bei einem Besuch in Harrow die alten Lieder hörte, die er in seiner Jugend selbst gesungen hatte, und vor den Schülern eine Rede hielt: „Gebt niemals auf. Gebt niemals auf. Nie, nie, nie, nicht im Kleinen, nicht im Großen, nicht im Wichtigen, nicht in Kleinigkeiten, gebt niemals auf, es sei denn, die Ehre oder der gesunde Menschenverstand gebieten es."[305]

Generationen vor Churchill hatte es Benjamin Disraeli als erster Jude an die Spitze eines Landes geschafft. Wenige wissen heute noch, wie viele gescheiterte Anläufe er zuvor unternommen hatte. In jungen Jahren hatte er drei Mal fürs Unterhaus kandidiert und war jedes Mal gescheitert, wahrscheinlich weil er aus einer jüdischen Familie stammte. Er war fast pleite, als es mit der Wahl zum Abgeordneten endlich klappte, nutzte jedoch die Fehlschläge, um an seinen Kommunikationsfähigkeiten zu feilen, die Strategie für den Wahlkampf zu verfeinern und sich einflussreiche Unterstützer zu suchen. Disraeli gehörte zu den am meisten verehrten Premierministern der britischen Geschichte und zu den Beratern, denen Queen Victoria am meisten vertraute. An Punkten, an denen viele Menschen aufgeben, finden Führerpersönlichkeiten von Disraeli über Churchill bis zu Kennedy, von Andy Grove (Intel) bis Ted Turner eine Herausforderung ganz nach ihrem Geschmack.

Disraeli war natürlich nicht der erste jüdische Frontmann, der mit Widrigkeiten zu kämpfen hatte. Kaum ein Volk hatte so viele Widrigkeiten zu bestehen wie die Juden. Was sie nicht umbrachte, machte sie stärker, so muss es wohl sein. Vermutlich haben sich die Jahrhunderte voller Verfolgungen, Pogrome und Ungerechtigkeiten unauslöschlich in ihre Führungs-DNA eingeprägt. Adam und Eva wurden aus dem Paradies vertrieben, Noah war mit der Sintflut konfrontiert, Sodom und Gomorrha wurden in Schutt und Asche gelegt, Israel tanzte vor dem Goldenen Kalb, die Israeliten begehrten gegen Moses auf, Hiob fiel von einer Kalamität in die nächste, Josef wurde (wie im sechsten Kapitel beschrieben) erst in eine Grube geworfen und dann in die Sklaverei verkauft, bevor er Ägypten regieren durfte. Und Josefs Vater Jakob hatte sich als junger Mann Hals über Kopf in Rahel verliebt und bei deren Vater um sie angehalten, und Laban gab sie ihm unter der Bedingung, dass Jakob ihm vorher sieben Jahre lang diente. Jakob willigte ein und nach sieben langen Jahren war endlich Hochzeit, aber in der Hochzeitsnacht schob ihm Laban heimlich Rahels ältere Schwester Lea unter. Morgens merkte Jakob den Betrug, protestierte und bekam die schlichte Erklärung serviert, es sei Sitte, zunächst die ältere Schwester zu heiraten. Wenn er Rahel wolle, müsse er weitere sieben Jahre für Laban arbeiten: „An unserem Orte pflegt es nicht zu geschehen, daß man die Jüngste vor der Ältesten ausgebe. Halte die Hochzeitwoche mit dieser aus, so sollst du auch diese bekommen für den Dienst, den du noch sieben andere Jahre dienen sollst."[306] Wenn man Menschen oder Situationen ausgeliefert ist, was kann man da tun? Zunächst einmal sollte man wissen, was man besser nicht tut.

Die vier Tücken von Pannen

Ein Wirtschaftskapitän wurde einst gefragt, wie er Vorstandsvorsitzender geworden sei. Er antwortete mit gewohnter Kürze: „Zwei Worte: Richtige Entscheidungen." Der Journalist hakte nach: „Aber wie haben Sie gelernt, richtige Entscheidungen zu treffen?" Er erhielt den knappen Bescheid: „Ein Wort: Erfahrung."

„Ja, aber wie sammelten Sie diese Erfahrung?"

„Zwei Worte: Falsche Entscheidungen."

Dieser Vorstandsvorsitzende hatte den Zusammenhang zwischen Fehlern und Erfolgen begriffen. Churchill ebenfalls, für den Erfolg darin bestand, mit nie nachlassender Begeisterung wieder und wieder zu scheitern. Doch die meisten Menschen gehen nicht so spielerisch mit Pannen um, selbst wenn es sich vergleichsweise um Kleinigkeiten handelt. Zehn Minuten vor Ihrem großen Auftritt – Sie dürfen Ihr Unternehmen dem höchsten Entscheidungsgremium eines potenziell höchst lukrativen Kunden mit einer PowerPoint-Präsentation vorstellen – gibt der Projektor den Geist auf. Ein kaputter Beamer ist normalerweise eine ärgerliche Lappalie, unter solchen Umständen kann er einen herben Rückschlag bedeuten. In Ihrem Gehirn geht entsprechend die Post ab, der Mandelkern reagiert sofort, und zwar genau so wie bei den Affen. Sie gehen gleichsam der Evolution in die Falle – nach einem von vier nur allzu menschlichen Mustern, die zwar nur zu verständlich, aber leider völlig kontraproduktiv sind: Scham, Ausreden, Hoffnung und Kneifen.

Scham

Viele Menschen glauben bei Pannen, persönlich versagt zu haben, und schämen sich. Sie geraten in Panik, Aufregung, Stress und treffen ungute Entscheidungen. Geht es um Schwierigkeiten im Kollegenkreis oder um einen zu engen Abgabetermin, verheimlichen wir das instinktiv und hoffen, das Ruder noch rechtzeitig herumreißen zu können, bevor es jemand bemerkt. Wir lassen ungern eine Bombe platzen, wir überbringen Vorgesetzten oder Kollegen ungern schlechte Nachrichten. Wir hätten gern alles unter Kontrolle, bevor etwas (falls überhaupt) durchsickert.

Doch Geheimniskrämerei kann teuer werden. Mitte der 1980er-Jahre gab es bei Xerox ein böses Erwachen: Der 5046, ein Kopiergerät für mittlere Anforderungen, setzte sich im Markt nicht durch, weil er nicht zuverlässig arbeitete. Wie war das angesichts der Initiative *Leadership Through Quality (LTQ)* möglich? CEO David Kearns höchstpersönlich hatte die Qualitätsoffensive eingeführt. Nach einigen Nachforschungen stellte sich heraus, dass die unteren Ebenen sehr genau über die Mängel Bescheid gewusst hatten, aber nichts darüber nach oben durchdringen ließen. Bis ins Management hinein hatten alle dichtgehalten und nur deswegen konnte die Markteinführung eines wichtigen neuen Produkts so eklatant scheitern. Besondere Sorge bereitete Kearns die Tatsache, dass das LTQ-Prozedere eben solche „Verschwörungen" hätte verhindern sollen. Doch die überkommene Unternehmenskultur der Angst war offensichtlich stärker gewesen, Angst, unangenehme Wahrheiten klar auszusprechen.[307] Kearns war daran nicht ganz unschuldig, es hieß, er hätte Managementebenen eliminieren wollen, jedoch die Wände zwischen den Abteilungen vergessen. Das doppelte Problem verhinderte, dass erfolgskritische Informationen die Unternehmensleitung erreichten. Aus welchen Gründen auch immer, Fakt ist, dass die Pannen nicht publik wurden. Das hat Arbeitsplätze gekostet, das Renommee von Xerox beschädigt und den Gewinn geschmälert.

Vorwürfe

„Ich durfte dem Board die Sachen erst dann präsentieren, wenn alles perfekt war", sagte ein Ex-Manager von Xerox. „Man durfte nur mit guten Nachrichten kommen."[308] Wer Schlechtes vermeldete, wurde entweder an den Pranger gestellt oder ausgebootet. Der Bote bekam vom Board den Schwarzen Peter zugeschoben. Und wenn die Chefetage die unteren Ränge zwangen, die unzureichende Performance zu erklären, führten diese kurzfristige Faktoren an: Wechselkursschwankungen, politische Unruhen in Lateinamerika … Anne Mulcahy, damals President, später CEO, sprach als Erste die Wahrheit aus: Das Geschäftsmodell des Unternehmens sei nicht nachhaltig, sagte sie im Jahr 2000 zu Analysten.[309] Doch es war zu spät, Xerox schlitterte bereits in die Pleite.

Unvorhergesehene Pannen – die Drachen, von denen Rainer Maria Rilke in seinem Gedicht spricht – sind zum Haareausreißen, Fingernägelkauen oder zum Verfluchen von allem und jedem. Der Umgang mit Krisen ist der ultimative Test für Führungskräfte und viele sind für ihre Zornausbrüche berühmt, wenn die Welt nicht nach ihrer Pfeife tanzt. Jeffrey Skilling, der vom Sockel gestoßene Ex-Enron-Chef, war immer für eine verbalen Entgleisung gut, vor allem als der Zusammenbruch des Versorgers unmittelbar bevorstand. Selbst Sherron Watkins, eine der wenigen Mutigen unter Skillings Untergebenen, durch die der Skandal ins Rollen kam, äußerte ihre Bedenken zunächst nur hinter vorgehaltener Hand.

Wir suchen oft Schuldige für Pannen – die Kollegen, wir selbst, die Umstände seien die Ursache, die Aufgabe war falsch gestellt, das Projekt unausführbar, der Job kann so nicht funktionieren, die Organisation ist idiotisch, das ganze Leben ein einziger Irrweg … Betrachten wir zum Beispiel Hiob: Sagenhaft reich war er. „Er besaß 7000 Schafe, 3000 Kamele, 500 Joch Rinder und 500 Eselinnen und sehr viel Gesinde und er war reicher als alle, die im Osten wohnten."[310] Doch Hiob war nicht nur schwerreich, er war auch „fromm und rechtschaffen, gottesfürchtig und mied das Böse. Und er zeugte sieben Söhne und drei Töchter." Und er verlor alles innerhalb weniger Stunden.

Seine Söhne und Töchter feierten gemeinsam bei einem der Brüder, da

> *kam ein Bote zu Hiob und sprach: Die Rinder pflügten und die Eselinnen gingen neben ihnen auf der Weide, da fielen die aus Saba ein und nahmen sie weg und erschlugen die Knechte mit der Schärfe des Schwerts und ich allein bin entronnen dass ich dir's ansage.*
> *Als der noch redete, kam ein anderer und sprach: Feuer Gottes fiel vom Himmel und traf Schafe und Knechte und verzehrte sie und ich allein bin entronnen, dass ich dir's ansage.*
> *Als der noch redete, kam einer und sprach: Die Chaldäer machten drei Abteilungen und fielen über die Kamele her und nahmen sie weg und erschlugen die Knechte mit der Schärfe des Schwerts und ich allein bin entronnen, dass ich dir's ansage.*
> *Als der noch redete, kam einer und sprach: Deine Söhne und Töchter aßen und tranken im Haus ihres Bruders, des Erstgeborenen, und siehe, da kam ein großer Wind von der Wüste her und stieß an die vier Ecken des Hauses; da fiel es auf die jungen Leute, dass sie starben, und ich allein bin entronnen, dass ich dir's ansage.*
> *Da stand Hiob auf und zerriss sein Kleid und schor sein Haupt und fiel auf die Erde und neigte sich tief …*[311]

Hiob war buchstäblich am Boden zerstört. Zunächst konnte er sich beherrschen, er blieb rechtschaffen und gottesfürchtig, doch nach weiteren Schicksalsschlägen brach er eines Tages zusammen und verfluchte Gott:

> *Danach tat Hiob seinen Mund auf und verfluchte seinen Tag. Und Hiob sprach: Ausgelöscht sei der Tag, an dem ich geboren bin … Warum bin ich nicht umgekommen, als ich aus dem Mutterleib kam? Warum hat man mich auf den Schoß genommen? Warum bin ich an den Brüsten gesäugt?*[312]

Derlei kommt in den besten Familien vor und Hiobs Familie war nicht schlechter als jede andere. Wir verkraften einen Rückschlag und noch einen und vielleicht noch ein paar, aber irgendwann halten wir nicht mehr stand und wir verfluchen unser ganzes Leben.

Hoffnung

Oft hoffen wir, dass sich das Problem von selbst erledigt, wir möchten es am liebsten aussitzen. Doch die Hoffnung ist vergeblich. Churchill warnte unablässig vor der Gefahr, die von Hitler ausging, doch Chamberlain und viele andere machten sich über ihn lustig (wie einst die Troer über Kassandra). Sie hofften, Hitler sei nicht so schlimm wie befürchtet, der Anschluss Österreichs 1934 ein Ausrutscher, der Einmarsch ins entmilitarisierte Rheinland 1936 ebenfalls und seine Friedensschwüre in München ernst gemeint. Churchill ließ sich nicht beirren. Er hatte Informationen aus eigenen Quellen, er wusste, dass Hitler einen Krieg vorbereitete. Er legte den Finger in die Wunde, prangerte die Untätigkeit der politisch Verantwortlichen in London an, benannte die Maßnahmen, ohne die die Demokratie dem Untergang geweiht war. Sein Blick auf die Realität war gnadenlos, selbstgefällige Zurückhaltung in seinen Augen inakzeptabel.

Anfangs war er ein einsamer Rufer, aber schließlich durchbrach er den Defätismus seiner Mitmenschen, er brachte eine Allianz zustande, die gegen die Achsenmächte antrat, holte die Vereinigten Staaten von Amerika ins Boot und besiegte die Nazis. Ohne Churchill wäre dieser Durchbruch vielleicht ausgeblieben, so wie häufig nichts geschieht, bis endlich einer das Heft in die Hand nimmt und die anderen aus ihrem Trott reißt. Das gilt vor allem für Organisationen, in denen gern der Schwarze Peter herumgeschoben wird.

Nehmen wir ein anderes, viel kleiner dimensioniertes, doch in wirtschaftlicher Hinsicht recht kostspieliges Beispiel für den falschen Umgang mit Pannen. Bei Infrastrukturprojekten, seien es öffentliche Gebäude, Brücken oder Pipelines, gibt es die Unsitte, Unwägbarkeiten in die Schätzkosten einzurechnen, etwa indem ein Bauunternehmer, der mit dem Bau eines Hotels beauftragt ist, den Auftraggeber um eine Einlage von zusätzlichen 5 Millionen Dollar bittet, mit der unplanmäßige Ausgaben und Zusatzkosten durch Terminüberschreitungen beglichen werden sollen. Doch dann geraten die Kosten außer Kontrolle. Keiner sagt was, solange die Zusatzkosten nicht das Zusatzbudget überschreiten. Die Überschreitung des ursprünglichen Kostenvoranschlags bleibt folgenlos. Jeder hofft, dass jemand was unternimmt, um die Krise abzuwenden. Und der unglückliche Kunde sieht sich explodierenden Kosten gegenüber.

Und das ist nur die Spitze des Eisbergs. Eine Umfrage des Wirtschaftsmagazins *Fortune* in den Chefetagen amerikanischer Unternehmen ergab eine verblüffende Gemeinsamkeit: Statt Versäumnisse direkt anzugehen, warten CEOs erst einmal ab. „Erstaunlicherweise haben uns viele Vorstände gesagt, dass sie Probleme verdrängen, obwohl sie genau wissen, dass da etwas im Busch ist. Die Menschen in ihrer Umgebung erkennen Probleme oft zuerst, doch die CEOs holen sich nicht verschiedene Meinungen ein.“[313] Schlimmer noch: Wenn CEOs die Gefahr spüren, konzentrieren sie sich noch stärker auf die Suche nach Erfolgschancen. Warren Bennis erklärt: „Sie verwerfen alles, was nicht ins Schema passt.“[314] Sie hängen an gestrigen Lösungen und tun damit exakt das Gegenteil von dem, was in der Situation einzig helfen würde. Die frühere Mattel-Chefin Jill Barad hatte phänomenale Fähigkeiten in PR und Werbung, aber die erwiesen sich als Bumerang: Statt den Investoren reinen Wein einzuschenken, beteuerte sie, wie gut der Spielzeughersteller dastehe, nur um anschließend riesige Abschläge bei Performance und Shareholder Value bekannt geben zu müssen.

Kneifen

Nach dem Auszug aus Ägypten siedelten sich die Juden im schönen Land Kanaan an. Moses schickte Spione voraus, einen von jedem Stamm, um das Terrain zu sondieren und strategische Informationen einzuholen. Er gab ihnen eine detaillierte Fragenliste mit auf den Weg:

> *Besehet das Land, wie es beschaffen sei, das Volk, das in demselben wohnt, ob es stark oder schwach, gering oder zahlreich ist, Was es für ein Land sei, in welchem sie wohnen, ob es gut oder schlecht ist, wie die Städte beschaffen, in welchen sie wohnen, ob in offenen oder festen Orten. Was es für ein Boden sei, ob er fett oder mager ist, ob Fruchtbäume darin fortkommen oder nicht, wagt es auch, einige Früchte des Landes mitzubringen …*
>
> *Nach vierzig Tagen kehrten sie von der Erkundigung des Landes zurück … erzählten ihm und sprachen: Wir sind in das Land gekommen, dahin du uns sandtest. Es ist ein Land, das von Milch und Honig fließt, und dieses ist seine Frucht. Jedoch das Volk, welches darin wohnt, ist mächtig, die Städte sind sehr fest und groß …*
>
> *Wir können es nicht wagen, gegen diese Nation hinaufzuziehen, denn sie ist stärker als wir …*[315]

Aufgrund des beängstigenden Berichts der Kundschafter zweifelten die Juden an Mose und Aarons Verstand. Und wie schon am Roten Meer wollten sie ihnen die Gefolgschaft verweigern (wie im zweiten Kapitel berichtet): „ Die ganze Gemeinde fuhr auf und schrie und das Volk weinte dieselbe Nacht. Alle Kinder Israels murrten über Mosche und Aaron … Sie sprachen schon wirklich einer zum andern, wir wollen ein Oberhaupt wählen und nach Mizrajim zurückkehren."[316] Es war ein Aufstand, sie wollten ihre Anführer entmachten. Das Problem jedoch waren nicht die Schwüre, das Gelobte Land zu finden, sondern ganz im Gegenteil ihre Ausflüchte. Hätten sie sich für das ursprüngliche Ziel eingesetzt, es wäre die Lösung gewesen. Hätten sie an ihrer Strategie festgehalten und wären in Kanaan eingefallen, hätten sie nicht vier weitere Jahrzehnte durch die Wüste wandern müssen.

Das Ziel unterwegs aufgeben, statt sich nach der Decke zu strecken, kann die schlimmste aller Fallen sein. Wenn man sich für etwas einsetzt, muss es zwischen der aktuellen Situation und dem angestrebten Ziel eine Lücke geben. Pannen können gar nicht auftreten, wenn man sich nicht für etwas einsetzt. Ohne Engagement für ein Ziel kann man durchaus auch Probleme haben (die Juden sagen: Schlangen könnten in die eigene Grube kriechen, man kann sich in ein Gemüse verwandeln oder sich auflösen oder krank werden), scheitern kann man nicht – weder im Großen noch im Kleinen. Und Erfolge wird man auch keine haben. Erinnern Sie sich an den kaputten Beamer: Ohne Ihre vorherige Absicht, den Vorstand von Anschaffungen in Millionenhöhe zu überzeugen, wäre es ein lästiger Umstand, so aber wird es zum bedrohlichen Hemmschuh. Aber es wäre falsch, die Latte deswegen niedriger zu hängen.

Scheitern als Motor

Um die Fallen von Scham, Ausreden, Hoffnung und Kneifen zu meiden, müssen wir das Scheitern in einem anderen Licht sehen lernen. Auf den ersten Blick ist es negativ und unbedingt zu vermeiden. Die alten Industriegiganten rühmen sich einer Fehlerrate, die gegen null tendiert. Mit Six Sigma und dessen Ziel, dass auf eine Million weniger als 3,4 Stück Ausschuss kommen, streben sie nach Vollkommenheit. Doch je weniger Fehler, desto niedriger die Chancen auf Lernerfolge und Innovationen. Wenn der CEO Führungskräfte coacht, wählt er eine ganz andere Interpretation von Scheitern, eine, die seinen Klienten erlaubt, Fehler als Ausgangsmaterial für Erfolge zu betrachten, nicht als Problem.

Laut Rabbi Isaak Luria, einem Kabbalisten des 16. Jahrhunderts, ist Gott bei der Erschaffung der Welt ein Produktionsfehler unterlaufen. Die zehn Gefäße, *sefirot*, die das unendliche Licht verwahren sollten, waren nicht auf die Belastung ausgelegt und brachen auseinander. Durch diese kosmische Katastrophe sind die archetypischen Werte aus dem Takt geraten, die uns bekannte Welt ist eine gebrochene, sie ist voller Chaos und Ungerechtigkeit, Krieg und Schrecken, Hunger und Krankheiten. (Für

Kabbalisten wie Luria ist dennoch nicht alles verloren: Nur sieben der zehn Gefäße seien ganz zersprungen, sonst wäre die Welt wieder in den Zustand des *tohu vavohu*, der „Finsternis auf der Fläche des Abgrundes"[317] wie vor der Schöpfung zurückgeglitten. So aber existiert wenigstens der Anschein von Ordnung, wir sind nicht völlig verloren – eine tröstliche Tatsache, vor allem für einen ordnungsliebenden Schweizer.)[318] Das Zerbrechen der Gefäße gibt uns die Chance, die Führung zu übernehmen: Wir müssen sie und die Welt reparieren (*tikkun olam*).

Warum hat der allmächtige Gott den Baum der Erkenntnis Adam und Eva direkt vor die Nase gestellt? Für die chassidischen Denker hat Gott das Ganze von vornherein so geplant, weil er ihnen Willensfreiheit geben und sie zum Scheitern zwingen wollte. Aus der Ursünde dann würde sich die Menschheit zu größeren Höhen erheben. Seit den ersten Menschen wiederholt sich der Wechsel von Aufstieg und Niedergang im Lauf der Geschichte und letztlich bei jeder führenden Persönlichkeit. Deswegen heißt es in der Bibel: „ Denn ein Gerechter fällt sieben Mal und steht wieder auf, aber die Gottlosen versinken im Unglück."[319] Rabbi Schneur Salman von Liadi ergänzt: „Zwischen zwei Ebenen ist er [der Gerechte] im Niedergang von der vorigen Ebene begriffen. Doch es steht geschrieben: ‚Fällt er, so stürzt er doch nicht.'"[320] Jeder Absturz dient also einem noch höheren Aufstieg, jeder Zusammenbruch kann zum Durchbruch werden.

Wenn man das Negative wegnimmt, ist ein Zusammenbruch nicht mehr als die Lücke zwischen der Gegenwart und der erwünschten Zukunft. Diese Sicht stützt sich auf Allan Scherrs Definition des Zusammenbruchs als „Situation, in der die Umstände nicht mit den angestrebten Zielen zusammenpassen". Scherr analysierte 16 verschiedene Projekte bei IBM und fand heraus, dass Pannen alles andere als schlimm sind. Im Gegenteil, sie sind für Durchbrüche zu Produktivitätssteigerungen unentbehrlich.[321]

Scherr war nicht der Erste, der zu diesem jeder Intuition zuwiderlaufenden Ergebnis kam. Eine Langzeituntersuchung der Wettbewerbsvorteile von 16 Unternehmen 1966 bis 1986 deckte eine Gemeinsamkeit auf: Auf der Chefetage ist man stets wie besessen dahinter her, Probleme zu lösen.[322] Bahnbrechende Innovationen steigen wie der sprichwörtliche Phönix aus der Asche eines Zusammenbruchs im ursprünglichen Verfahren – von der Computertomografie bis zur Mikrowelle, von Nautilus-Fitnessgeräten bis zu FedEx, von Nike bis zum Club Mediterranée.

Klassisches Beispiel eines solchen Durchbruchs sind die Post-its. 1968 stolperte ein Erfinder von 3M, Spence Silver, über einen Klebstoff, der gut hielt, aber nicht richtig klebte. Silver klapperte sämtliche Abteilungen ab, keiner hatte eine Verwendung für seine seltsame Entdeckung. Er musste sogar darum kämpfen, dass sie überhaupt patentiert wurde, 3M ließ sich nur äußerst widerwillig dazu herab. Sechs Jahre später ließ Art Fry unfreiwillig seine Noten bei einer Chorprobe fallen und all die Zettel, die er zwischen die Seiten gelegt hatte, schwebten durch den Kirchenraum. Da hatte Fry, ein Kollege Silvers, eine sehr konkrete Idee, wofür der komische Kleber gut sein konnte. Ohne diese Panne und Silvers Hartnäckigkeit wären die Haftzettel wohl nie auf den Markt gekommen. Dabei dürfen sie heute auf keinem Schreibtisch mehr fehlen.

Das zweite Beispiel scheint in den Tagen des iPod aus grauer Vorvergangenheit zu stammen: Sony baute 1978 den tragbaren TC-D5, einen Kassettenrekorder, der eine gute Stereoqualität hatte und bei Musikliebhabern gut ankam. Doch im Grunde war das Teil zu schwer und mit 100.000 Yen auch zu teuer. Der damalige Ehrenvorsitzende nahm den TC-D5 ein paar Mal mit auf seine Reisen nach Europa und Amerika, um sich die lange Zeit an Bord zu verkürzen, fand ihn aber auch zu unhandlich, um ihn auf den Flughäfen herumzuschleppen. Er hätte höflich lächeln und ruhig sein können, keine ungewöhnliche Reaktion für einen Japaner. Doch er erklärte einem, der etwas daran ändern konnte, was für eine Pleite dieser Kassettenrekorder war. Norio Ohga war damals stellvertretender Vorsitzender und holte das Optimum aus dem Problem des Honorary Chairman heraus: Der Walkman gehört zu den erfolgreichsten Erfindungen der Unterhaltungselektronik. Allein Sony verkaufte rund 330 Millionen Stück. Und Ohga schaffte es bis an die Spitze des japanischen Konzerns.

Das vielleicht bestechendste Beispiel eines Durchbruchs nach einem Zusammenbruch ist Pfizers Entwicklungsversuche eines Herzmedikaments. In der Erprobungsphase von Sildenafil zeigten sich 1994 ungewollte Nebenwirkungen: Bei männlichen Patienten strömte vermehrt Blut in den Penis. Das Arzneimittel nutzte die muskelentspannenden Effekte von Stickstoffoxid, ein chemischer Stoff, der normalerweise bei sexueller Erregung abgegeben wird. Hätten sich die Manager bei Pfizer geschämt, hätten sie die Fehlfunktion unter dem Siegel der Verschwiegenheit behandelt, hätten die Hände in den Schoß gelegt oder nicht hartnäckig an ihrem Auftrag festgehalten, ein gut verkäufliches Produkt zu entwickeln – nichts wäre passiert. Die Forschungs- und Entwicklungsabteilung hätte viel Geld in den Sand gesetzt und ansonsten wäre alles beim Alten geblieben. Doch sie ruhten nicht, und um eine lange Geschichte kurz zu machen: Aus dem gescheiterten Herzmedikament wurde ein Welterfolg: Viagra. Schon im ersten Jahr setzte Pfizer 1 Milliarde Dollar damit um.

Tipp
Je heftiger der Zusammenbruch, der Abstand zwischen Ist-Zustand und Wunschvorstellung, desto größer der potenzielle Durchbruch.

Fehlschläge gaben schon früher Anlass zu bahnbrechenden Innovationen. Thomas Edison soll über 1000 Versuche gemacht haben, um die Glühbirne zu erfinden. Seine Zeitgenossen witzelten über die zahllosen Experimente, selbst seine Förderer rieten ihm, er solle aufgeben, die Suche nehme einigermaßen groteske Züge an. Ein junger Reporter interviewte ihn einmal und fragte geradeheraus: „Mr. Edison, warum machen Sie mit solcher Hartnäckigkeit weiter, obwohl Sie über 700 Fehlschläge hinter sich haben?" Falls Edison tatsächlich entmutigt war, ließ er es sich nicht anmerken. „Junger Mann", erwiderte er, „das sehen Sie ganz falsch. Das waren nicht 700 Fehlschläge, das waren 700 gelungene Nachweise, wie es nicht funktioniert. Eines Tages habe ich alles ausgeschlossen, was nicht funktioniert, und dann kenne ich den einzig gangbaren Weg."[323] 1879 war es so weit, Edison präsentierte die Glühbirne, aber der Kampf war längst nicht gewonnen. Die Lampe brannte, aber sie brannte nur ein paar Stunden lang. Um einen langlebigeren Glühfaden zu finden, testete Edison nicht weniger als 6000 Materialien: karbonisierte Fasern von jeder nur denkbaren Pflanze: Buchsbaum, Pekannussholz, Zedernholz, Flachs, Bambus, Tropenhölzer und so weiter und so fort. Edison feierte jeden gescheiterten Versuch und bestand darauf, dieser bringe ihn seinem Ziel näher. Und er hatte recht: Ende 1880 entstand der Prototyp einer 16-Watt-Lampe mit einem besonders behandelten Baumwollfaden und 1500 Stunden Betriebsdauer. Der Rest ist gut beleuchtete Geschichte, wir schulden seiner Vision, Hartnäckigkeit und Liebe zum Scheitern Dank.

In unserer Zeit ist Google eines der besten Unternehmen, wenn es um die Nutzung von Fehlschlägen geht. „Im Prinzip ist unsere Vorgehensweise ausschließlich experimentell", erklärte Douglas Merrill, Vice President for Engineering. „Wir müssen Daten sammeln und die brutal ehrlich durchkämmen." Neue Anwendungen wirft Google nach einem „Schnellscheitern-Verfahren" auf den Markt: Einführen, Zuhören, Bessermachen, Wiedereinführen. Google Answers musste Ende 2006 abgeschaltet werden, weil der in vier Jahren Arbeit aufgebaute Expertendienst letztlich nicht funktionierte. Merrill sieht das trotzdem nicht als Scheitern, wertvolle Kenntnisse hätten sie dabei gewonnen, sagt er. „Answers ist kein Fehlschlag, wir haben vieles von dem, was wir daraus gelernt haben, in Custom Search integriert."[324] Echte Katastrophen sind nur die, aus denen man entweder nichts lernt oder in deren Verlauf man das Handtuch wirft.

Mit dieser neuen Sichtweise müssen Sie keine Angst mehr vor Pannen haben. Statt sich davon blockieren zu lassen, verstehen Sie sie als Weckruf, disponieren Ressourcen (Zeit, Geld, Beziehungen) neu und tun, was getan werden muss, um aus dem Tiefschlag in den Höhenflug überzugehen.

Tool 9.1: Zitronenlimo in drei Schritten

Wie nutzt man im Alltag Abstürze als Sprungbrett zu Höchstleistungen? Wenn Sie 250 Millionen Dollar Jahresumsatz anstreben und im Juli gerade mal bei 80 Millionen Dollar liegen, können Sie den Mantel des Schweigens darüber breiten, anderen die Schuld in die Schuhe schieben, den Kopf in den Sand stecken oder die Umsatzvorgabe senken. Oder Sie nehmen den Königsweg (König im Sinn von Anführer!), schlagen Alarm und managen den Schlamassel. In diesem Fall sollten Sie nacheinander die folgenden drei Schritte gehen.

Erster Schritt

Machen Sie die Panne in einer Weise publik, die den Alltagstrott durchbricht; reden Sie mit den Personen, die sie beheben können. Die Bekanntmachung zwingt Sie und Ihre Kollegen, den Abgrund zwischen aktueller und gewünschter Performance zu beachten. Eine Panne erfordert in diesem Zusammenhang eine Erklärung, einen Aufruf, eine packende Rede. Das gibt Ihnen das Heft in die Hand und lenkt die Aufmerksamkeit auf die Lücke. Deswegen raten die Rabbiner: „Besprich deine Sorgen mit anderen." Aber nicht mit irgendjemand, sondern strategisch geschickt: mit anderen, die physisch eigenständig, geistig jedoch verwandt mit Ihnen sind, die sich in Sie einfühlen können. Das riet schon der dritte Lubawitscher Rebbe Temach Zedek (1789–1866).[325] Verschweigen Sie die Panne auf keinen Fall. Nur wenn Sie offen darüber sprechen, artet sie nicht zur Katastrophe aus, die auf Sie zurückschlägt.

Manchmal sind Taten eindringlicher als Worte, manche Leitfiguren weisen nonverbal auf Probleme hin. Betrachten wir einen Vorfall am 1. Dezember 1955, ein Donnerstagabend. Rosa Parks steigt nach einem langen Arbeitstag als Näherin im Kaufhaus Montgomery Fair wie immer in den Bus nach Hause. Schnell sind die 36 Sitze besetzt, 14 Weiße vorne, 22 Schwarze im hinteren Teil. Der Fahrer, J. P. Blake, sah, dass ein weißer Mann stehen musste, und rief den vier „farbigen" Passagieren in den Reihen unmittelbar hinter den letzten Weißen zu, sie sollten Platz machen und nach hinten durchgehen. Sie reagierten nicht. Blake musste seinerseits aufstehen und zu ihnen gehen: „Macht keinen Ärger und steht auf." Drei erhoben sich, eine blieb sitzen. Das war Parks. Jahre später sagte sie in einem Interview: „Ein weißer Mann musste stehen, der Fahrer bemerkte ihn und forderte uns – einen Mann und zwei weitere Frauen – auf, ihm Platz zu machen. Die anderen machten das."

Parks, das wissen wir, blieb sitzen. Sie wollte nicht mehr als Bürger zweiter Klasse behandelt werden. Als schwarze Amerikanerin hatte sie die Nase von Diskriminierung in Bussen, Geschäften, Restaurants, Kinos und an anderen öffentlichen Orten voll. Sie hatte es schon eine ganze Weile satt, gemeinsam mit ihrem Mann engagierte sie sich seit Jahren gegen die Rassentrennung, aber an diesem kalten Winterabend rastete etwas in ihr ein. Sie ertrug es nicht länger, sie wollte es nicht länger ertragen. „Der Fahrer sah, dass ich immer noch saß. Er sagte, ich soll bitte aufstehen, und ich sagte: ‚Nein, ich stehe nicht auf.' Er brüllte sie an, doch es gab kein Zurück mehr. Höflich, aber unbeugsam lehnte sie es ab aufzustehen, ganz ruhig, wäre es nicht totenstill geworden im Bus, hätte der Busfahrer ihren Widerspruch nicht hören können. „Schließlich sagte er: ‚Ich lasse Sie verhaften.' Und ich antwortete, das stehe ihm frei." Blake ging hinaus und kehrte mit einem Polizisten zurück. Parks wurde wegen Verletzung der Rassentrennungsgesetze in Gewahrsam genommen.

Rosa Parks hat nicht viel geredet, sie blieb einfach sitzen. Damit hat sie einen der wirkmächtigsten Anstöße der Geschichte gegeben und den Finger in die Wunde gelegt. Dass sie in aller Ruhe sitzen blieb, führte zu einem Aufschrei über die Kluft zwischen der überkommenen, allgemein hingenommenen, aber inakzeptablen Rassendiskriminierung einerseits und einer Zukunft in Gleichheit und wechselseitigem Respekt. Rosa Parks war nicht mehr bereit, Verhältnisse hinzunehmen, welche die Gesellschaft viel zu lange sanktioniert hatte, und sie war bereit, dafür bis zum Äußersten zu gehen. Sie stehe Dinge durch, ohne auf die Folgen zu achten, sie wolle einfach nicht aufgeben: „Hätte ich aufgegeben, hätte ich nie frei leben können."[326] Fragen Sie sich für Ihr eigenes Lebens- und Arbeitsumfeld: Was ist überholt und nicht länger akzeptabel? Hat die Zusammenarbeit mit einem Kollegen Risse bekommen, sollten Sie sich von einem Geschäftspartner trennen? Dauert es zu lange, bis Bestellungen ausgeliefert und berechnet werden? Sind die Entwicklungskosten für ein neues Produkt noch tragbar? Vielleicht sind Sie mit Ihrer Art, wie Sie Kollegen oder Familienmitgliedern zuhören, nicht mehr zufrieden, vielleicht möchten Sie, dass Ihnen Vorgesetzte besser zuhören, vielleicht wollen Sie endlich grünes Licht, um den Leiter einer Tochterfirma zur Rede zu stellen? Solche Probleme sind für sich genommen nichts Schlimmes. Wenn Sie Unzulänglichkeiten offen ansprechen, zerren Sie sie ins Rampenlicht, lenken die Aufmerksamkeit der anderen darauf und zeigen allen deutlich, dass Sie zu neuen Ufern aufbrechen, dass Sie nicht länger nur gut, sondern hervorragend sein wollen. Sie können Pannen gewissermaßen zur Qualitätssicherung nutzen, statt sich zu beklagen. Freuen Sie sich über Lücken, die Ihnen Anlass geben, auf ein höheres Niveau zu kommen. Rabbi Scholom Dow Bär Schneersohn sagte: „Ein Handgriff ist besser als tausend Seufzer … Hör auf zu stöhnen und arbeite tüchtig und Gott wird dir gnädig sein.“[327] Sie werden überrascht sein, wie schnell Sie Probleme überwinden können.

Kehren wir zu dem Eingangsbeispiel Umsatzeinbruch zurück. Das halbe Jahr ist um und statt 250 Millionen Dollar nur 80 Millionen Dollar in der Kasse – das dürfte Ihnen einige Zeit im Nacken sitzen. Stellen Sie ein Flipchart neben die Bürotür und notieren sich in Großbuchstaben:

Mir ist ganz egal, was ihr von mir denkt, aber wir sind erst bei 80 Millionen Dollar und es ist schon Juli: Was machen wir dagegen?

Zweiter Schritt

Behalten Sie das Ziel im Hinterkopf, ohne das es ja keine Lücke gäbe. Indem Sie den Finger in die Wunde legen, tun Sie öffentlich kund, dass etwas in Bezug auf ein bestimmtes Ziel nicht hinnehmbar ist. Es muss für sich genommen nicht einmal schlecht sein, nur in Bezug auf das Ziel ist es eben nicht angemessen. In unserem Beispiel sind die laufenden Umsätze nicht das Problem, sie sind eben laufende Umsätze. Erst vor dem Hintergrund, dass bis Jahresende 250 Millionen Dollar erreicht sein sollen, sind sie erschreckend niedrig. Warum haben Sie mit Ihren Leuten dieses Spiel angefangen? Was würde in Ihrem Leben, in der Organisation, gar in der Welt fehlen, wenn Sie aufgäben oder weitermachten wie bisher?

In diesem Stadium müssen Sie vielleicht wie eine Mauer sein, damit die Mitarbeiter und Mitarbeiterinnen das Ziel nicht innerlich aufgeben. Sie müssen „die Alternative killen", wie sich ein früherer Vorgesetzter und Förderer des CEO auszudrücken beliebte, wenn es einfach nicht infrage kam, das Ziel zu verfehlen. In vielerlei Hinsicht besteht der Job von Führenden darin, die Geführten an ihr ursprüngliches Engagement zu erinnern, sobald es in Vergessenheit gerät. Vor 18 Jahren leitete der CEO eine Bildungskampagne in 27 Ländern. Das mexikanische Team hatte sich ein anspruchsvolles Ziel gesetzt, das Monatsende nahte rasend schnell und sie hinkten hinterher. Der CEO rief die Teamleiterin an und erkundigte sich nach dem Stand der Dinge. Ihre Leute hätten das Ziel revidiert, sie wüssten schlicht nicht, wie es noch erreicht werden könnte. Sie war älter als er, einen Augenblick überlegte er, nichts zu sagen. Doch dann bat er sie, die Gruppe doch wieder auf ihr ursprüngliches Ziel einzuschwören: Sie wären dann für alle anderen ein leuchtendes Vorbild. Wie immer sie es angestellt hat, es klappte: Das Team schaffte sein hochgestecktes Ziel und platzte fast vor Selbstvertrauen bei allen späteren Werbekampagnen.

Dritter Schritt

Bringen Sie alle betroffenen Personen beziehungsweise Vertreter von Personengruppen an einen Tisch oder in einer Videokonferenz zusammen und überlegen Sie in großer Runde, wie der Durchbruch erreicht werden kann. Welche Aktionen außer der Reihe könnten den Abstand zwischen Status quo und Wunschziel verringern und schließen? Fragen Sie die zuständigen Kollegen, was geschieht, wenn alles weiterläuft wie bisher. (Schaffen wir dann 150 Millionen Dollar?) Wenn wir im Zeitplan lägen, wo läge die Performance zum jetzigen Zeitpunkt dann? Welche Chance könnte sich in dieser Panne verbergen? Welche neuen Pfade wären für den Endspurt denkbar? Welche Ressourcen und Möglichkeiten haben wir noch nicht genutzt? Haben Sie keine Scheu, Menschen aufzurütteln, damit sie ihren Fokus verschieben, in neuen Bahnen denken und Durchbrüche sehen, die ihnen bisher entgangen waren. Verlassen Sie unbedingt die alten, ausgetretenen Wege, vergessen Sie die üblichen Lösungsansätze, die früher vielleicht funktioniert haben, aber inzwischen zu eng gefasst sind.

Tipp

Gehen Sie nicht mit dem Kopf durch die Wand, überwinden Sie Pannen lieber mit einem größeren Engagement. Statt einem verlorenen Kunden nachzuweinen, denken Sie über den kommerziellen Durchbruch nach, der sich mit den frei gewordenen Ressourcen und Zeitfenstern anstreben lässt. Wenn die Zusammenarbeit mit jemandem nicht klappt, entwickeln Sie gemeinsam eine Vision, die groß genug ist, um Ihren Widersacher einzubeziehen und zum Vehikel einer neuen Art von Arbeitsbeziehung zu werden.

Jack Welch definierte Führung so: „Der Realität direkt ins Gesicht sehen und so schnell wie möglich danach handeln."[328] Klingt einfach, aber die wenigsten haben den Mut dazu. Und keiner kann es mit sämtlichen Problemen in seiner Umgebung aufnehmen. Man sollte das Schlachtfeld also sorgfältig auswählen. Überlegen Sie genau, welche Pannen zum Weckruf taugen. Vernachlässigen Sie die anderen, zumindest für den Augenblick. Was immer Sie tun, denken Sie daran: Ein echter Führer sieht eher offene als verschlossene Türen, das Positive in jedem Problem, das Licht am Ende des Tunnels und dass in einen Kuchen saure Äpfel gehören. Eine kleine Blickverschiebung – und nichts kann Sie stoppen!

Tipp

Irgendwann wird es Ihnen in Fleisch und Blut übergehen, sich bei Pannen richtig zu verhalten, aber bis dahin könnten Sie beispielsweise jeden Mittwoch drei wichtige Pannen ermitteln, bearbeiten und in Durchbrüche zu mehr Geld, Qualität oder Geschwindigkeit verwandeln.

Unterm Strich

- Der Weg von führenden Persönlichkeiten – von Adam und Eva bis zu Moses, von Josef bis zu Hiob, von Churchill bis zu Rosa Parks, von Intel bis zu Pfizer – ist mit Pannen gepflastert. Ohne Pannen wären Führungskräfte überflüssig, dann würde eine Verwaltungskraft oder ein Aufseher genügen.
- Führende bauen auf Pannen, weil sie hier das Rohmaterial für Durchbrüche finden. Wer Vorteile aus Widrigkeiten macht, ist unschlagbar.
- Wenn die Dinge nicht nach unseren Vorstellungen laufen, lauern vier Fallen, in die wir typischerweise tappen: 1. Wir schämen uns, fühlen uns hundeelend, tun aber so, als wäre alles in Butter. 2. Wir beschuldigen uns oder andere (die Umstände, die Kollegen …). 3. Wir stecken den Kopf in den Sand und hoffen, dass die Sache sich wieder einrenkt. 4. Wir kneifen (setzen uns beispielsweise ein weniger ambitioniertes Ziel). Solche Reaktionen sind sehr verständlich, aber auch ziemlich schädlich.
- Wir müssen eine andere Herangehensweise für das Scheitern entwickeln, verstehen, dass es in Wirklichkeit der Katalysator für Durchbrüche in Produktivität und Innovation ist (oder mit einem chassidischen Sprichwort: „Für jeden Absturz ein noch höherer Aufstieg").[329] Kommerzielle Durchbrüche vom Post-it bis zu Viagra waren erst mal Rohrkrepierer, die dann wie Phönix aus der Asche stiegen.
- Um Widrigkeiten in Vorteile umzukehren, sind drei Schritte nötig: 1. Sie reden über eine Panne, ein Versagen, ein Versäumnis mit den Beteiligten, die daran etwas ändern können. Sie lassen keinen Zweifel daran, dass in diesem Punkt gehandelt werden muss. 2. Sie rufen sich das ursprüngliche Ziel in Erinnerung (etwa das Gelobte Land finden oder eine Glühbirne erfinden) und verinnerlichen es erneut. 3. Sie überlegen gemeinsam mit anderen neue Wege, wie sich das Ziel noch erreichen lässt, erklären den Durchbruch und unternehmen vor allem ohne Zögern entschiedene Schritte außer der Reihe. (Sie teilen das Rote Meer, besiegen die Nazis oder holen eine peinliche Neben-

wirkung Ihres Herzmedikaments aus dem Kleingedruckten und bringen sie als Hauptwirkung auf den Markt, fertig ist das Lifestyle-Produkt Viagra.)

Zehntes Kapitel

Das zehnte Gebot: Nicht andere beneiden, sondern sich in sie hineinversetzen

Um einen Menschen aus dem Dreck zu ziehen, reicht es nicht,
ihm aus sicherem Abstand die helfende Hand hinzuhalten.
Man muss selbst ganz hinunter, muss durch den Dreck waten,
und erst dann kann man ihn (und sich)
mit starken Armen aufrichten und ins Helle hinausführen.

nach Martin Buber

Sich abseits halten ist keine Lösung, sondern feige.

Eleanor Roosevelt

Das zehnte Gebot: „Du sollst keine Begierde haben nach dem Hause deines Nächsten, du sollst keine Begierde haben nach deines Nächsten Weib, nach seinem Sklaven, nach seiner Sklavin, nach seinem Ochsen, nach seinem Esel oder nach allem, was dein Nächster besitzt." Neid ist allgegenwärtig. Wir sehen das Leben anderer Menschen von außen und das Gras in Nachbars Garten sieht immer grüner aus als der eigene Rasen. Aber wir sollen nicht eifersüchtig die Besitztümer und Erfolge unserer Mitmenschen beäugen. Viel effektiver ist es, wenn wir uns in sie einfühlen und die Welt aus ihrem Blickwinkel betrachten. Mit der wachsenden Bedeutung globaler Märkte, Outsourcing, Auslagerung in Drittländer, virtueller Teams wird es immer wichtiger, sich in Vertragspartner, Verhandlungspartner, Wettbewerber und sogar in Feinde hineinzuversetzen. Empathie ist zur unverzichtbaren strategischen Kompetenz avanciert. In diesem letzten Kapitel lernen Sie den Gipfel der Führungskompetenz: Wie Sie die Einstellung von Menschen mit anderen Wertvorstellungen entschlüsseln und als Weltbürger in (beziehungsweise mit) jeder Kultur arbeiten können.

König Salomon, einer der größten Führer aller Zeiten, konnte seine sprichwörtlich salomonischen Urteile nur fällen, weil er sich in andere hineindenken konnte. In einem berühmten Fall stritten zwei Frauen, beide im ältesten Gewerbe der Welt tätig, um ein Neugeborenes. Kurz nacheinander waren sie mit einem Knaben niedergekommen, eins der beiden Kinder wurde von der Mutter fahrlässig getötet. Jede der Frauen behauptete, der noch lebende Junge sei ihr Baby.

Und die eine Frau sprach: Ach mein Herr, ich und diese Frau wohnten in einem Hause und ich gebar bei ihr im Hause. Und drei Tage, nachdem ich geboren hatte, gebar auch sie. Und wir waren beieinander und kein Fremder war mit uns im Hause, nur wir beide. Und der Sohn dieser Frau starb in der Nacht; denn sie hatte ihn im Schlaf erdrückt. Und sie stand in der Nacht auf und nahm meinen Sohn von meiner Seite, als deine Magd schlief, und legte ihn in ihren Arm und ihren toten Sohn legte sie in meinen Arm. Und als ich des Morgens aufstand, um meinen Sohn zu stillen, siehe, da war er tot. Aber am Morgen sah ich ihn genau an, und siehe, es war nicht mein Sohn, den ich geboren hatte.
Die andere Frau sprach: Nein, mein Sohn lebt, doch dein Sohn ist tot. Jene aber sprach: Nein, dein Sohn ist tot, doch mein Sohn lebt. Und so redeten sie vor dem König.
Salomon brachte sie zum Schweigen und verkündete:
Diese spricht: Mein Sohn lebt, doch dein Sohn ist tot. Jene spricht: Nein, dein Sohn ist tot, doch mein Sohn lebt.
Und der König sprach: Holt mir mein Schwert! Und als das Schwert vor den König gebracht wurde, sprach der König: Teilt das lebendige Kind in zwei Teile und gebt dieser die Hälfte und jener die Hälfte.
Da sagte die Frau, deren Sohn lebte, zum König – denn ihr mütter-

liches Herz entbrannte in Liebe für ihren Sohn – und sprach: Ach, mein Herr, gebt ihr das Kind lebendig und tötet es nicht! Jene aber sprach: Es sei weder mein noch dein, lasst es teilen!
Da antwortete der König und sprach: Gebt dieser das Kind lebendig und tötet's nicht; die ist seine Mutter.[330]

Das ist das erste Gerichtsurteil der Geschichte der Jurisprudenz und zugleich ein Beispiel für psychologischen Tiefsinn. Indem er drohte, den Säugling in Stücke zu hauen, zwang er die wahre Mutter, ihre selbstlose Liebe und damit auch die Wahrheit zu zeigen. Nur eine Mutter liebt ihr Baby so sehr, dass sie es lieber einer anderen überlässt, als tot zu wissen.

(Eine moderne Version handelt von zwei Schwiegermüttern und einem jungen Mann. Jede behauptet, es sei ihr Schwiegersohn. König Salomon befiehlt, ihn in Stücke zu hauen. Die eine Schwiegermutter jubelt: „Ja, bringt ihn um!" Die andere bettelt: „Bitte nicht!" Salomon entscheidet: „Die Erste ist die wahre Schwiegermutter.")

Jetzt schließt sich der Kreis. Das erste Kapitel handelte von der Selbstbeherrschung und dem Mut, zu sich selbst zu stehen. Jetzt, im letzten Kapitel, kehren wir zum Anfangsthema zurück, doch auf wesentlich höherem Niveau. Neid gehört zu den schlimmsten, zerstörerischsten Sünden. Wenn Sie sich mit anderen vergleichen, wenn Sie denken, warum hat der so viel Geld geerbt oder verdient, eine bessere Schulbildung genossen, eine schönere Frau geheiratet und nicht ich, dann verlieren Sie all Ihre Macht, denn Sie betrachten den anderen von außen. In Wahrheit haben Sie keine Ahnung von dessen Leben. Es mag paradox klingen, aber die höchste Kompetenz ist, sich in den anderen hineinversetzen zu können und die Welt mit seinen Augen zu sehen.

Alle Religionen der Welt haben daher eine goldene Regel aufgestellt, jede in ihrer Formulierung, und im Alten Testament (das gleichzeitig die Torah ist) liest sie sich so: „Du sollst dich nicht rächen, auch nicht Zorn halten gegen die Kinder deines Volkes, liebe deinen Nächsten, wie du dich selbst liebst."[331] Im Talmud findet sich die Geschichte, vor zwei Jahrtausenden, zur Zeit der Herrschaft von Herodes, sei ein Heide zu dem bedeutenden jüdischen Gelehrten Schammai nach Jerusalem gekommen und wollte zum Judentum übertreten, wenn Schammai ihm auf einem Bein stehend das ganze Wissen der Torah vermitteln könne. Der Gelehrte wurde zornrot – was für eine Frechheit! – und jagte den Mann mit dem Zollstock hinaus. Der, nicht faul, ging zu Schammais größten Rivalen, Hillel, um eine zweite Meinung einzuholen. Hillel ist einer der Titanen unter den Rabbinern, er wird mit der Entstehung des Talmud in Verbindung gebracht und lebte zur Zeit des Kaiser Augustus in Jerusalem. Dem Heiden gab er ein Beispiel seiner knapp formulierten Sentenzen, für die er berühmt ist: „Was du nicht angetan bekommen willst, sollst du keinem anderen zufügen. Das ist die ganze Torah, alles andere ist Kommentar, geh hin und lerne."[332] (Hillel gelang auch das Kunststück, die ganze jüdische Philosophie und Überlegenheit in einem Einzeiler zusammenzufassen: „Wenn ich nicht für mich bin, wer dann? Wenn ich aber nur für mich bin, wer bin ich dann? Und wenn nicht jetzt, wann dann?"[333])

In „deren" Haut schlüpfen

Das Schlüsselwort ist Empathie: sich mit der Lage, den Gefühlen und Motiven eines Mitmenschen identifizieren. Ohne Einfühlungsvermögen ist es nicht möglich, alle Perspektiven zu sehen, wichtige Informationen fehlen, jedes Urteil bleibt gefärbt und von Voreingenommenheit geprägt, Entscheidungen fallen nicht im besten Interesse aller Betroffenen. Sie müssen Ihre Empathie nicht so zu Markte tragen wie Bill Clinton mit seinem Ausspruch „I feel your pain" (Ich fühle Ihren Schmerz; nach seinem Besuch in Indien sagten viele Landbewohner, nie sei ihnen mit so großer Aufmerksamkeit zugehört worden). Aber jeder, der Ihnen von seinen Nöten und Versuchungen erzählt, sollte Ihr Herz erreichen. Rabbi Schmuel, der vierte Rebbe von Lubawitsch, wurde einmal gefragt, warum er in seinen Sprechstunden so stark schwitze. „Wenn ich jemanden gut beraten will", antwortete er, „muss ich seine Sorgen so erleben wie er selbst, ich muss mich meiner eigenen Kleidung entledigen und in seine schlüpfen, und danach ziehe ich wieder meine eigene an. Und beim nächsten Ratsuchenden ist es genauso. Für jeden, der meinen Rat sucht, muss ich mich aus- und anziehen."[334] Der Rebbe wusste, dass er in die Haut eines Ratsuchenden schlüpfen musste, wenn er ihm wirklich helfen wollte. Deswegen schwitzte er so stark und musste alle Stunde das Hemd wechseln.

Schmuels Söhne, Schalom Dow Bär und Salman Aharon, spielten als Jugendliche, lange bevor sie selbst berühmte Rabbiner wurden, oft ein Spiel:" Rebbe und Chasside" hieß es, Salman spielte den Rabbi, Schalom besuchte ihn als Chasside und bat um Rat: Wie konnte er einen bestimmten Fehler wiedergutmachen? Salman erteilte einen objektiven Rat. Schalom meinte: „Du bist kein Rebbe, ein Rebbe hört sich alles an und schluchzt und seufzt und ruft ‚Oi wei' und fühlt den ganzen Schmerz seines Mitmenschen und das hast du nicht gemacht." Später wurde Salman Aharon zwar Rabbiner, aber nicht der Rebbe, also der Führer der Lubawitsch-Bewegung, sondern das wurde sein Bruder Schalom Dow Bär.

Selbst Jack Welch, der nicht im engeren Sinn für einen einfühlsamen Führungsstil bekannt ist (seine gnadenlosen Entlassungswellen in den 1980er-Jahren trugen ihm den Spitznamen „Neutronen-Jack" ein: „Wir haben nicht Leute, sondern Positionen gestrichen, und die Leute mussten gehen"[335]), wurde nach seinem Rückzug ins Privatleben etwas milder und schrieb Wirtschaftsführern ins Stammbuch: „Beim Management geht es nicht um den Manager, sondern um die anderen … Anfangs, wenn man als Einzelperson zum Unternehmen geht, geht es um einen selbst. Aber sobald man in eine Führungsposition aufsteigt, geht es sehr schnell um die anderen. Man muss gute Leute einstellen, die andere begeistern können und ein gutes Licht auf einen werfen und das Unternehmen zum Sieg führen. Es geht sehr schnell nur noch um die anderen. Je höher man aufsteigt, desto weniger geht es um einen selbst. Es geht um die anderen."[336] Also müssen Sie zu den anderen stehen oder büßen Ihre wertvollsten Assets ein.

Doch in seiner Zeit an der Spitze von GE putzte Welch selbst seine Leute gern wie Schuljungen und -mädchen herunter (wie bereits im sechsten Kapitel erwähnt) und pflegte einen aggressiven Ton. Sein Nachfolger ab 2001, Jeffrey Immelt, brachte einen leiseren, diplomatischeren

Stil in die Chefetage von GE, der besser ins 21. Jahrhundert und zu einer globalen Unternehmenskultur mit dauerhafter Performance auf hohem Niveau passt. Für Immelt steht ein Grundsatz weit oben auf seiner Zehn-Punkte-Führungscheckliste: Menschen mögen. „Heute arbeitet man freiwillig; hier ist keiner, der nicht hier sein will. Deswegen kommt es darauf an, Menschen zu verstehen, sie stets gerecht zu behandeln und ihr Bestes zu wollen.“[337] Den Mitarbeitern und Mitarbeiterinnen das Beste entlocken und es nicht aus ihnen (im übertragenen Sinn) herauszuprügeln – vertrauen statt hauen –, das schafft auf lange Sicht eine Kultur gemeinsamer Verantwortung, in der alle mitdenken und handeln, als wäre es ihr Unternehmen.

Wer sein Ego in Schach halten kann, ist also deutlich besser für einen diplomatischen Führungsstil geeignet. Walter Shipley ist ein gutes Beispiel. Als Chairman und CEO hat er gleich zwei gelungene Fusionen von Kreditinstituten in Folge begleitet (selten genug, da zwei Drittel aller Fusionen scheitern) und stand schließlich an der Spitze der so entstandenen Chase Manhattan Bank. Wie lautet sein Geheimnis? „Manche Leute glauben, sie könnten nur gewinnen, wenn andere verlieren“, sagte er. „Wir glauben, nur wenn sich beide Seiten als Gewinner sehen, entsteht etwas Gutes.“ Obwohl mit seinen gut zwei Metern Körpergröße hoch aufgeschossen, hatte er nie die Aura eines Stars wie Jack Welch oder Sandy Weill. Denn er ist bescheiden und verleugnet sich bis zur Selbstaufgabe; er kann Macht abgeben. „Walter war der richtige Mann für die Zusammenschlüsse, weil er kein überbordendes Ego hat“, sagte Larry Bossidy, der frühere Chef von Allied Signal. Beim Zusammengehen von Chemical Bank und Manufacturer's Hanover im Jahr 1991 überließ Shipley, damals CEO der Chemical Bank, dem Leiter von Manufacturer's Hanover, John MacGillicuddy, die Leitung des vereinten Instituts und begnügte sich mit dem Posten des President, der eher die Funktion eines Aufsichtsratsvorsitzenden hat. Die Bescheidenheit hat sich ausgezahlt. 1994 trat er die Nachfolge von McGillicuddy an und fädelte ein Jahr später den Riesendeal mit der Chase Manhattan ein. Der Coup sicherte seinem Institut einen Platz unter den Großen der Branche. Und obwohl die Chemical

Bank die Chase Manhattan Bank schluckte und nicht umgekehrt, optierte Shipley für deren Namen und gab sich alle Mühe, deren CEO Thomas Labrecque nicht abzudrängen: Sie seien gleichberechtigt, betonte er.[338]

Lost in Translation

Ein ganz anderes Kaliber als Immelt und Shipley ist Jürgen Schrempp, der geschasste Chef von DaimlerChrysler. 1998 kaufte der deutsche Luxuskarossen- und Präzisionstriebwerkshersteller Daimler den traditionsreichen US-Autokonzern Chrysler – rein von den Zahlen betrachtet tatsächlich die „Hochzeit im Himmel", als die die Fusion gefeiert wurde. Daimler hatte damals einen Börsenwert von 48 Milliarden Dollar und finanzierte die Akquisition mit einer Kapitalerhöhung um 36 Milliarden Dollar.

Die Probleme ließen nicht lange auf sich warten. Nicht ohne Schadenfreude erinnert der CEO an seine Prognose aus dem Jahr 1999, dass die Fusion mit einer Bauchlandung enden würde. Die Zeichen standen auf Sturm: Bereits im Vorfeld hatte Schrempp eine Einladung des Chrysler-Board ausgeschlagen. „Wir hätten gern ein paar Fragen geklärt und wollten ein gutes Gefühl bekommen für die Fusion", erinnerte sich Chrysler-Director John Neff. „Aber das hat er wohl nicht für nötig gehalten. Für mich war es pure Arroganz."[339]

Zehn Monate nach der Fusion warf der amerikanische Spitzenmanager das Handtuch, der in Stuttgart die Integration mit Auburn Hills betreute. Chrysler-President Bob Lutz hatte Anfang der 1990er-Jahre Chrysler mit trendigen Designs bei knappem Budget neues Leben eingehaucht. Aber 1998 gab ihm Chairman Bob Eaton keinen Posten im vereinten Unternehmen. Lutz wurde gegangen, ihm folgte ein Dutzend weiterer Führungskräfte aus der Chrysler-Spitze – ein herber Aderlass. „Die Männer, welche die Seele von Chrysler verkörperten, gingen von Bord", sagte der altgediente Autoanalyst Maryann Keller.[340]

DaimlerChrysler wurde zwar als „Fusion unter Gleichen" gepriesen, faktisch dominierten jedoch die Europäer von Anfang an. Schrempp saß als

Vorstandsvorsitzender am Steuer, drängte bis auf zwei sämtliche Amerikaner aus der Führungsspitze und berief 2000 seinen Vertrauten Dieter Zetsche zum Geschäftsführer. Der feuerte prompt drei weitere US-Topmanager.

Der Gipfel jedoch war, dass Schrempp, der Multinationalist, nach der Beobachtung von *Newsweek* offenbar „deutsche und amerikanische Unternehmenskultur verwechselte."[341] Schrempp sah die großen kulturellen Differenzen nicht. In Deutschland hatte Daimler nur die Deutsche Bank als größten Einzelaktionär zu fürchten, in den USA müssen Aktiengesellschaften alle Großaktionäre im Blick behalten, vor allem übernahmehungrige Magnaten wie Kirk Kerkorian, der extra nach Berlin kam, um Schrempp zu treffen. Doch der sagte die Begegnung ab und flog stattdessen auf sein Anwesen in Südafrika. Kerkorian verklagte ihn wegen 2 Milliarden Dollar.

Letztlich trug Schrempps Unfähigkeit, sich in andere Menschen hineinzuversetzen, erheblich zu den großen Problemen nach der Fusion bei: 37.000 Stellen wurden abgebaut, Milliarden verbrannt, der Shareholder Value sackte ab und das Ende wurde hässlich. In der globalisierten Welt grenzüberschreitender Zusammenarbeit und freier Handelspartner gehören mangelndes Einfühlungsvermögen und fehlende Diplomatie zu den Todsünden.

Was wäre die genaueste Definition der Globalisierung?
Der Tod von Prinzessin Diana.
Wie das?
Eine englische Prinzessin, die von einem amerikanischen Arzt mit brasilianischen Medikamenten behandelt wird, und ihr ägyptischer Freund verunglücken in einem französischen Tunnel mit einem deutschen Auto, in das ein niederländischer Motor eingebaut wurde, und einem belgischen Chauffeur, der sich mit schottischem Whiskey betrunken hat, verfolgt von italienischen Paparazzi auf japanischen Motorrädern.
Das schickt dir ein Neuseeländer aus Australien mit der Yankee-Technologie des Bill Gates und du liest das vielleicht auf einem Com-

puter mit in Taiwan hergestellten Chips auf einem koreanischen Bildschirm, der von Bangladeschis in Singapur zusammengebaut und mit indischen Lastwagen abtransportiert, in Indonesien gekapert, von serbischen Hafenarbeitern ausgeladen und von vietnamesischen Illegalen zu dir geschafft wurde ...
Das, meine Freunde, ist Globalisierung.[342]

Einst, so steht in der Torah, „war auf der ganzen Erde einerlei Sprache und Redensarten." Die Menschen verstanden sich mühelos, aber sie wurden hoffärtig und bauten den Turm in Babel. Gott fackelte nicht lange: Er fuhr hernieder und verwirrte ihre Sprache, „damit einer die Sprache des andern nicht verstehe", und „zerstreute sie von da weg, auf die Oberfläche der ganzen Erde."[343] Seither kostet es Mühe, den anderen zu verstehen, nicht nur sprachlich. Wer es mit hochgebildeten Mitarbeitern und Mitarbeiterinnen zu tun hat, die oft in großer Entfernung voneinander arbeiten (in virtuellen Teams, bei Zulieferfirmen oder im Ausland), kann sich nicht auf schlichte Anweisungen beschränken, man muss ihr Wertesystem verstehen, damit die Zusammenarbeit klappt. Dafür sind die wenigsten ausgebildet. Laut der internationalen ECA-Studie „Trends in Managing Mobility 2007" prüfen lediglich 25 Prozent der Unternehmen „weiche" Faktoren wie interkulturelle Managementfähigkeiten, obwohl immer mehr Beschäftigte ins Ausland geschickt werden.[344]

Das gilt nicht nur für Mitarbeiter und Mitarbeiterinnen, sondern auch für Kunden und Kundinnen. Wie wollen Sie in einer Welt, in der immer mehr Hürden abgebaut werden, selbstbewusste Interessenten bedienen, die nicht einfach passiv Ihr Produkt kaufen, sondern Einfluss auf dessen Gestaltung nehmen wollen? Wie gehen Ärzte mit Patienten um, die ihre Behandlungsansätze ablehnen, weil sie im Internet anders lautende Informationen gefunden haben? Wie erfahren Sie, worauf Menschen in anderen Erdteilen Wert legen? Welchen Eindruck gewinnen Interessenten aus China oder Indien, Brasilien oder Russland (die vier Schwellenländer mit einer Mittelklasse, die weit größer ist als in Europa und den USA), wenn sie Ihre Webseite besuchen?

Wie behandeln Sie Wettbewerber oder gar Feinde? Wie geht eine Führungskraft bei Google mit jemand um, der bei Microsoft arbeitet, wie ein US-Offizier mit einem Al-Kaida-Kämpfer? Woher weiß man, was der andere als Nächstes plant?

Ein Loblied auf Feinde

Um diese Fragen zu beantworten, müssen Sie interkulturelles Wissen erwerben. Die Zusammenarbeit mit Menschen aus anderen Kulturkreisen bedeutet, „Unterschiede zu verstehen und nach Gemeinsamkeiten zu handeln", wie es John Marks präzise formuliert hat. Marks hat Search for Common Ground gegründet, eine gemeinnützige Organisation für Konfliktlösungen, die in kriegszerstörten Ländern wie Ruanda und im Nahen Osten wechselseitiges Verständnis zwischen den verfeindeten Gruppen aufbauen will.[345] Moderne Weltbürger brauchen eine Einstellung wie der biblische Krieger Jefta, der von seinen Halbbrüdern verjagt wurde, weil seine Mutter eine Hure war, und trotzdem Befehlshaber, Richter und der vermutlich erste Diplomat der Welt wurde. Warum? Jefta verhandelte erst, bevor er sich auf einen Krieg einließ, denn er war sehr offen (sein Name kommt von dem Wort *poteach* für offen). Er fragte den Aggressor beispielsweise: „Was hast du mit mir zu schaffen, dass du zu mir kommst, um gegen mein Land zu kämpfen?" Anschließend erst legte er die Interessen seines Volkes dar.[346]

Geht das nicht zu weit? Wie sollen wir mit Terroristen Mitgefühl haben, die unsere Art zu leben vernichten wollen? Läuft das nicht auf eine Neuauflage der Politik des Appeasement, haben wie nicht in den 1930er-Jahren gesehen, dass Hitler deswegen halb Europa erobern konnte? Nein, Empathie heißt nicht automatisch moralische Billigung. Nicht jeder hat recht, es gibt richtig und falsch. Doch wer nur seine Freunde versteht und sich weigert, sich in seine Feinde hineinzuversetzen, der versteht weder deren Werte noch kann er vorhersehen, was sie vorhaben, geschweige denn, sie besiegen. Deswegen sang König David, der den Riesen Goliath bezwang: „Du machst mich mit deinem Gebot weiser, als meine Feinde sind."[347]

Selbst die Army hat diese Lektion gelernt. Einige Tage nach den Anschlägen auf das Pentagon und das World Trade Center bekam der CEO einen Anruf aus West Point von der dortigen Militärakademie. Der Anrufer, Colonel und Leiter des Leadership Program, fasste sich kurz: „Tom, wir brauchen dich, wann hast du Zeit?" Der CEO bekam ein gutes Mittagessen in Gesellschaft mehrerer Offiziere und dachte, anschließend würde er sich mit dem Colonel zurückziehen, um über eventuelle gemeinsame Projekte zu reden. Doch der Colonel verkündete: „Die ganze Fakultät ist da, um deinen Vortrag zu hören." Vortrag? Welcher Vortrag? Der CEO hatte nichts vorbereitet. In Bruchteilen einer Sekunde fiel der Entschluss: Er würde den Professoren einen Mini-Workshop „Interkulturelles Management" geben. Manche seiner Argumente waren recht gewagt, etwa: „Die amerikanische Regierung hat es doch kommen sehen." Oder: „Seien wir ehrlich, unsere Regierung ist ethnozentrisch und blind!" Einige Fakultätsmitglieder hörten reserviert und mit verschränkten Armen zu, es schmeckte ihnen offensichtlich nicht, sich solche aufrüttelnden Dinge vom einem Amerikaner Schweizer Abstammung anhören zu müssen, der nicht einmal in den USA geboren und nie beim Militär war. Doch der CEO dachte: „Sie müssen die Wahrheit hören", und ging aufs Ganze.

Der Einsatz hat sich gelohnt. Wie sich herausstellte, hat die Armeeführung begriffen, dass Offiziere nicht nur in Kampftechniken ausgebildet werden müssen, sondern auch als geschickte Diplomaten. Es geht nicht darum, nett zu Al Kaida zu sein; die strategische Vernunft gebietet, islamistische Terroristen zu verstehen, um ihre nächsten Schritte zu antizipieren. Die Generäle haben damit etwas verstanden, das sich vielen Firmen noch nicht erschlossen hat: Empathie ist keine rein zwischenmenschliche Fähigkeit, die in der Personalabteilung gut aufgehoben ist. Empathie ist eine strategische Fähigkeit. Der CEO wies darauf hin, dass die Kadetten in West Point den Koran, die Geschichte des Islam und die Weltgeschichte aus islamischer Perspektive studieren sollten, um Al Kaida zu begreifen. (Einer der Professoren fragte: „Und wenn ihnen der Koran dann besser gefällt als unsere Verfassung?" Der CEO schoss mit einer fast schon jüdischen Gegenfrage zurück: „Wie viel Vertrauen haben Sie in unsere Verfassung?") Am Ende wurde der CEO von West Point gebeten, die Akademie bei der Integration globaler Fähigkeiten in den Lehrplan zu unterstützen. Inzwischen haben alle Führungskurse eine interkulturelle Komponente.

Es kann eine Generation dauern, bevor dieses Spektrum an Fähigkeiten Fuß fasst und auf dem Schlachtfeld Auswirkungen zeigt. Doch es ist ein entscheidendes Skillset, weil die USA nicht länger gegen Nationen, sondern gegen Netzwerke kämpfen. Im Militärslang ist vom Net War die Rede, ein asymmetrischer Kampf, in dem die traditionellen Streitkräfte mit ihrer starren Hierarchie vom Generalstab bis zu einfachen Soldaten und Soldatinnen gegen weitverzweigte, autarke, äußerst bewegliche Netzwerke mit flachen Kommandostrukturen antreten, die improvisieren können. Um deren strategische Winkelzüge rechtzeitig zu erkennen, müssen sich westliche Militärs in deren Herzen und Köpfe versetzen, sie müssen ernsthaft verstehen, was jene denken, wie sie denken und woher diese Art zu denken kommt.

Wenn das für die Verteidigung des Landes gilt, dann erst recht für den Wettbewerb in der Wirtschaft. Um Google-Pläne zu durchkreuzen, müssen sich die Strategen von Microsoft in den Konkurrenten hineindenken. Der Rabbi fragte Joseph Steinberg mal nach seinen größten Fehlern. Steinberg – er ist President und COO von Leucadia, eine Holding, die oft Mini Berkshire Hathaway genannt wird – lachte kurz und trocken: „Die kann ich nicht verraten." Einen Tiefschlag verriet dann aber doch: Die Leucadia hatte von Pepsi die Russlandlizenz gekauft, nur leider konnte man den Russen damals keine kalten Getränke verkaufen und deshalb war dieses Geschäft ein dickes Minusgeschäft. Steinberg verglich es mit dem sprichwörtlichen Versuch, den Eskimos Eis zu verkaufen: „Man muss den Leuten beibringen, wie sie Eiswürfel machen, bevor man ihnen beibringt, Pepsi zu trinken." Leucadia musste die Lizenz mit einem Verlust von 60 Millionen Dollar an Pepsi zurückgeben. Die Moral von der Geschicht: Schau dir die Welt mit den Augen deines Kunden an.

Hesekiel, der Prophet, sah Engel mit vier Gesichtern, die sich nicht umdrehen mussten, wollten sie in eine der vier Himmelsrichtungen gehen (Hesekiel 1,5-12). Das wäre das Richtige für Führungskräfte, die international agieren und Vielfalt beherrschen können müssen. Sie brauchen mehrere Perspektiven, müssen Wettbewerber, Kunden, Lieferanten und Probleme aus verschiedenen Blickwinkeln betrachten. Im Zweiten Weltkrieg war Chinue Sugihara (wahrscheinlich ein Verwandter des Verlegers Kenzi Sugihara) japanischer Konsul in Litauen. Als die Deutschen im Juli 1940 auf Vilnius vorrückten, blieben nur Sugihara und der niederländische Konsul. Es war praktisch unmöglich, ein Visum zu ergattern und das Land zu verlassen, deswegen wandten sich verzweifelte litauische Juden an den japanischen Konsul, dessen Regierung mit den Deutschen verbündet war. Sugihara wusste nicht so recht, wie er auf die Bitte reagieren sollte, und fragte: „Warum hassen euch die Deutschen so?" Die Antwort war ein Geniestreich: „Weil wir Asiaten sind." Mit dem schlichten Satz hatten sich die jüdischen Bittsteller sowohl in die Deutschen wie auch in den Japaner hineinversetzt. Sie retteten ihren Kopf, weil sie die Probleme der anderen Seiten sahen und wussten, auf welche Knöpfe sie bei einem Japaner drücken mussten. Entgegen den strikten Anweisungen der eigenen Vorgesetzten in Tokio fertigten der Konsul und seine Frau vier Wochen lang handschriftlich Visa aus. Selbst als das Konsulat bereits geschlossen war und er seinen Posten verlassen musste, schrieben sie nach Augenzeugenberichten im Hotelzimmer weiter und warfen sie bei der Abreise aus dem Fenster ihres Eisenbahncoupés in eine Gruppe verzweifelter Flüchtlinge, als der Zug aus dem Bahnhof von Vilnius rollte. Gut 6000 Juden konnten sich mit Sugiharas Visa retten, fast alle überlebten den Krieg in Japan. Darunter waren auch einige Lehrer des Rabbi, die im japanisch besetzten Schanghai Zuflucht fanden. Sugiharas Bescheidenheit hinderte ihn noch lange nach Kriegsende daran, über seine mutige Tat zu sprechen. 1985, ein Jahr vor seinem Tod, verlieh ihm Israel den Ehrentitel „Gerechter unter den Völkern". Aber richtig bekannt wurde die Heldentat erst danach.

Tool 10.1: Theaterspielen

Weniger dramatisch, aber ebenfalls effektiv war ein Workshop nahe London für die Zulieferer beim Bau der Zugverbindung unter dem Ärmelkanal zwischen Großbritannien und Frankreich. Die Firmen sollten sowohl auf französischer wie auf englischer Seite ein einheitliches System verwenden und natürlich prallten da Welten aufeinander. Die Briten nannten die Dinge nicht so direkt beim Wort wie die Franzosen, hielten die Franzmänner aber für unzuverlässig, die Franzosen begriffen nicht, warum sich die Briten vor festen Terminzusagen und Vereinbarungen drückten, während die Briten die Franzosen als Paragrafenreiter und Drängler empfanden, um nur einige der wechselseitigen Verdächtigungen zu nennen. Die Leiter des Workshops teilten Franzosen und Briten nach Nationalität in zwei Gruppen, stellten jeder ein Flipchart hin und baten um Antwort auf drei Fragen: Welche Bedenken (oder Beschwerden) hätten Sie gegenüber der anderen Seite? Was erwarten Sie von ihr? Was versprechen Sie ihr?

Die in den Gruppen gefundenen Antworten verschafften einige Klarheit. Doch dann sollten die Teilnehmer die Seiten tauschen und sich in die Lage der anderen Gruppe versetzen. Frisches Papier, dieselben Fragen, für die andere Seite beantwortet. Durch die Augen der Partner schauen: Welche Bedenken, Erwartungen und Versprechen haben sie? Es fiel ihnen wie Schuppen von den Augen. Sie kamen in den Plenarsaal zurück und sagten: „Jetzt verstehe ich endlich die blöden Witzeleien über lausige Qualität, nicht eingehaltene Termine, mangelnde Flexibilität …"

Es ist wie bei Schauspielern: Man muss die Person werden, die man verkörpert. Stellen Sie sich die Welt vor, wenn Sie eine Mörderin wären, ein Bäcker, ein General. Eine internationale Bank hatte nach mehreren Fusionen Probleme mit der Integration von klassischem Banking und Investmentabteilung. Die Mitarbeiterinnen und Mitarbeiter des Privatkundengeschäfts waren (auch wenn sie dies niemals zugegeben hätten) tendenziell konservativer, stärker auf Korrektheit und Sicherheit bedacht und in hierarchischen Strukturen verhaftet, bei den Investmentbankern hingegen ging es lässiger, kollegialer und hektischer zu und es war viel mehr Testosteron im Spiel. Erst nachdem sich die Verantwortlichen beider Bereiche jeweils in die Lage der anderen Seite hineinversetzt hatten, konnten sie sich auf Regeln – was im laufenden Betrieb zu tun und zu lassen war – einigen, mit denen alle zurechtkamen. Und weil danach alle an einem Strang zogen, stieg die Produktivität innerhalb weniger Monate dramatisch an.

Die Technik funktioniert auch, wenn mehrere Gruppen im Spiel sind. Die australische Tochterfirma eines schweizerischen Pharmakonzerns wollte den Absatz in asiatischen Ländern beleben, von Indien über China bis nach Südkorea geschäftliche Kontakte intensivieren, hatte aber zusätzlich gewaltige Verständigungsprobleme mit der Konzernmutter. Der Gesamtvorstand, überwiegend mit Schweizern besetzt, hatte gewisse Annahmen nie an der Realität überprüft (zum Beispiel dass Australier notorisch faul und ständig in Urlaub sind und der Markt „down under" sowieso stagniert). Keiner der Vorstände war je in Australien gewesen. Der australische Geschäftsführer (ein gebürtiger Brite) stellte die Schweizer zunächst aus australischer Perspektive dar. Dann spielte er die Schweizer Perspektive und sagte Sachen wie: „Die Regeln werden hier gemacht, ihr habt euch daran zu halten …" Die Teilnehmer der „Gegenseite" fielen fast vom Stuhl vor Lachen, weil er dabei ein ganz sauertöpfisches Gesicht zog und seine Stimme sehr bürokratisch-korrekt wurde. Neun Monate später galt die australische Tochter als Spitzenperformer im Konzern.

Tool 10.2 Zwiebeln schälen[348]

Wie schaut man anderen in den Kopf? Je besser Sie die Weltanschauung Ihrer Mitmenschen entschlüsseln und damit auch beeinflussen können, desto mehr Macht haben Sie über deren Handeln und Leistungen. Die einfachsten Mittel dazu stammen aus der Kulturanthropologie. Das Zwiebelmodell differenziert drei kulturelle Schichten:

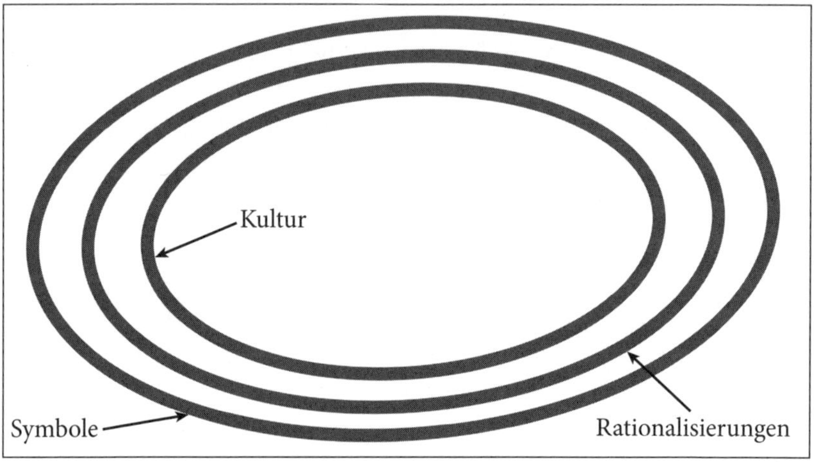

Abbildung 10.1: Zwiebelmodell (nach Vijay Sathe 1985)

Die äußere Schicht, die der Symbole, ist leicht zu sehen und besteht aus gewachsenen, trivialen Dingen: Vorkommnisse, Verhaltensweisen, Firmenlogos, Kleidung, Redeweise, Essgewohnheiten. Beobachtet man beispielsweise Schweizer in Konfliktsituationen, dann vermeiden sie es meistens, Partei zu ergreifen, und tatsächlich blieb die Schweiz im Zweiten Weltkrieg neutral. Die zweite Schicht, die der Rationalisierungen, sind die Erklärungen, welche die Menschen für ihre äußere Schicht abgeben: „Das ist so, weil …“ Unsere Neutralität, könnten Schweizer beispielsweise argumentieren, die uns von den Großmächten beim Wiener Kongress 1815 zugesagt wurde, ist für kleine Länder gut, die von übermächtigen Nachbarn umzingelt sind, man kann mit allen gute Geschäfte machen, unabhängig von der politischen Einstellung der Geschäftspartner.

Die dritte, innerste Schicht, die der Kultur, besteht aus Meinungen, Verhaltensweisen und früheren Entscheidungen, die so stark automatisiert wurden, dass sie unsichtbar und wahrscheinlich auch unbewusst geworden sind. Sie beinhaltet also kurz gesagt die Weltanschauung. Woraus besteht nun das, von dem die Leute nicht einmal mehr wissen, dass sie es nicht wissen? Die blinden Flecke nennen wir Kultur (das sich vom lateinischen *colere*, pflügen oder ackern, herleitet) und sie ist die eigentliche Quelle, aus der sich die Handlungen, Vorkommnisse und Unternehmungen auf der Symbolebene speisen. Wenn Sie gerade einen PC in der Nähe haben, schauen Sie sich doch mal die Tastatur an. Ist der Buchstabe A an der effizientesten Stelle untergebracht, gemessen an der Häufigkeit, mit der wir ihn brauchen? Nein. Doch die Tastaturbelegung wurde standardisiert, ohne dass man sich heute groß fragt, warum so und nicht anders. Tja, sie stammt aber noch aus einer Zeit, in der sich die Hebel der Schreibmaschinen verhedderten, wenn man zu schnell tippte, und deswegen sollte die Anordnung QWERTZ das Tippen verlangsamen. Das Ganze wurde 1874 patentiert und war damals ziemlich sinnvoll. Mit dem Aufkommen elektrischer Schreibmaschinen und dann der Computer verlor die Anordnung ihren Sinn, aber trotz aller Änderungsvorschläge wurde sie nicht mehr geändert. Wir alle beackern entschleunigte Tastaturen – ein sinnfälliges Beispiel für Kultur im Kontext des Zwiebelmodells. Wie dekodiert man diese innerste, unsichtbare Einstellung? Vier Facetten bieten den elegantesten Zugang: Gründer, Helden, Landstreicher und historische Augenblicke.

Wer hat's gegründet?

Ein paar Bauern aus der Innerschweiz trafen sich 1291 am Rütli (eine Wiese am Vierwaldstätter See) und leisteten einen kollektiven Eid, bekannt als „Rütlischwur", dass sie die ausländischen Unterdrücker fortjagen und für die Unabhängigkeit kämpfen würden. Sie legten allergrößten Wert auf ihre Autonomie, sie glaubten an die Gewaltenteilung (was wahrscheinlich zu der Schweizer Besonderheit einer siebenköpfigen Staatsführung statt eines einzelnen Staatsoberhaupts geführt hat), und sie waren stur.

Um die US-amerikanische Kultur zu verstehen, könnten Sie die Gründungsväter des Landes lesen, die ihre Werte – das Streben nach Freiheit und persönlichem Glück – in der Unabhängigkeitserklärung verankerten. (Kein europäisches Gründungsdokument und am allerwenigsten das der Schweizer enthält ein solches Grundrecht auf Glück. Als Schweizer tut man seine Pflicht und dann stirbt man – und das war's.)

Wer wird verehrt?

Der Mythos Wilhelm Tell, der mit seiner Armbrust den habsburgerischen Vasallen Hermann Gessler angriff und damit der Vertreibung der Habsburger und der Gründung der Schweiz die entscheidende Dynamik gab, ist für das Verständnis des schweizerischen Unabhängigkeitsstrebens grundlegend. So sehr hängen die Schweizer an ihrer nationalen Souveränität, dass sie 50 Jahre warteten, bevor sie den Vereinten Nationen beitraten, und sich immer noch halsstarrig weigern, sich der Europäischen Union anzuschließen. Ein moderner Held der Schweizer ist Roger Federer, der die nationalen Tugenden Neutralität und Diplomatie (nie hat er ein schlechtes Wort über einen Kontrahenten fallen lassen, während er sie in aller Ruhe zur Irrelevanz verdammt), Spitzenqualität und Präzisionsarbeit (er spielt Tennis wie ein Uhrwerk), Hartnäckigkeit und Ausdauer (die Schweiz wurde vor rund 700 Jahren gegründet) verkörpert.

Amerikanische Helden von heute sind Männer wie Steve Jobs (ein Pionier modernen Zuschnitts, der für Innovation, Kreativität, Unternehmergeist und eine geradezu unverschämte Zuversicht stand) oder Warren Buffett (die Verkörperung von Geschäftssinn, harter Arbeit, Philanthropie, Leutseligkeit und geradezu unverschämtem Reichtum). Beide sind Selfmademen. (In anderen Kulturen werden Unternehmer weit weniger verehrt, eher misstrauisch beäugt, was vielleicht erklärt, warum die Europäische Union beispielsweise der Monopolbildung engere Grenzen setzt als die USA.[349])

Wer wird verachtet?

Will man eine Kultur verstehen, muss man auch die Antihelden begreifen: Wer wird zum Taugenichts, wer fällt durchs Raster? Welche Verhaltensweisen werden nicht toleriert, gelten in der dominanten Kultur als Tabu? In der Schweiz sind Unruhestifter nicht gern gesehen. In Kuba gilt der Macho als Held und entsprechend wird der Homosexuelle verfolgt und ausgegrenzt. In den Vereinigten Staaten sind Kommunisten und Raucher des Teufels. Atheisten werden toleriert, sind aber eindeutig jenseits des

Mainstreams und leicht anrüchig. Der Abgeordnete Pete Stark aus Kalifornien zog im März 2007 als erster bekennender Atheist in den Kongress ein; ob sich unter den 435 Mitgliedern des Hauses oder im 100-köpfigen Senat ein weiterer Ungläubiger findet, ist ungewiss, zumindest steht niemand dazu. Selten gewinnt ein US-Politiker ein Mandat, der nicht zuvor nachdrücklichst seinen Glauben an Gott bekräftigt hätte – in anderen Ländern ist das weit weniger der Fall.

Welche Ereignisse gelten als entscheidende Momente?

Kriege, überhaupt Krisen (auch Wirtschaftskrisen) können eine Kultur entscheidend prägen, wenn eine größere Gemeinschaft kollektiv beschließt: „Nie wieder …" (wie Deutschland und Japan nach dem Zweiten Weltkrieg mit ihrem Beschluss, nie mehr andere Länder militärisch anzugreifen). Für die Schweizer war vermutlich der 30-jährige Krieg 1618 bis 1648 der Augenblick der Erkenntnis: Sie konnten mit den europäischen Großmächten, allen voran dem französischen König, dem absolutistisch regierenden Ludwig XIV., nicht mithalten.

Im Selbstverständnis der USA waren die beiden Weltkriege prägend: Amerikaner sind die guten Jungs, welche die Welt retten. Präsident Wilson begründete den Kriegseintritt der Vereinigten Staaten damit, die Welt für Demokratien sicher zu machen. Wenige Jahrzehnte später verhinderte der Kriegseintritt der USA Hitlers Weltherrschaft. Beide Kriege setzten der isolationistischen Neutralitätspolitik des Landes ein Ende, die seit der Monroe-Doktrin 1823 galt. 1941 übernahmen die USA eine neue Rolle: Sie wollen die Welt retten, erst vor den Nazis, dann vor den Kommunisten und jetzt vor islamistischen Terroristen. Das Land sieht sich als wohlwollende Hegemonialmacht, die Deutschland und Japan die Demokratie aufzwang, in Korea, Vietnam und am Persischen Golf Krieg führte, die Vereinten Nationen mitträgt, Wahlen in Sambia beobachtet und so weiter.

Dieser Edelmut hatte segensreiche Auswirkungen: Der Marshall-Plan, mit dem die USA den Wiederaufbau Europas nach dem Zweiten Weltkrieg unterstützten, oder die Tatsache, dass die USA ein Viertel des Haushalts der Vereinten Nationen bezahlen, sind Beispiele dafür. Doch gleichzeitig hat er die Vereinigten Staaten von Amerika in die Rolle des Weltpolizisten gedrängt und jene gegen sie aufgebracht, die den amerikanischen Einfluss als unzulässige Einmischung in die inneren Angelegenheiten fremder Länder ansehen. Im Guten wie im Schlechten ist die Einstellung: „Wir wissen, was gut für dich ist" zur unhinterfragten kulturellen Attitüde nicht nur der amerikanischen Außenpolitik, sondern auch der US-Konzerne geworden.

Das Leben ist vielfältig

Wurden Sie schon mal von einer Stewardess (zum Beispiel) falsch angefasst? Willkommen im Klub. Als Anfängerübung in Sachen Empathie versetzen Sie sich doch – nur für einen Augenblick – in die Lage eines Flugbegleiters. (Ob Sie es glauben oder nicht, das fliegende Personal muss bei den Sicherheitskontrollen wie alle Passagiere die Schuhe ausziehen.) „Wenn wir mit unseren Wagen kommen und Getränkewünsche entgegennehmen, lassen sich Fluggäste oft genug zwei und drei Mal bitten, bevor sie ihre Kopfhörer abnehmen und ‚Hä?' machen. Viele sind total unhöflich. Es fühlt sich wie Folter an und deswegen bin ich nett, weil ich nett sein muss, aber auf keinen Fall netter als nötig." Das erzählte Robert Ward, Steward mit Wohnsitz in San Francisco. Alan Boswell, einer seiner Kollegen bei US Airways, kennt die ständigen Abfuhren ebenfalls: „Normalerweise habe ich dreizehn Leute bedient, bevor ich das erste Danke oder Bitte höre. Alle vier Reihen ein Dankeschön, mehr ist es nicht."[350]

Peanuts im Vergleich zu Mary Sutphens Geschichte. Auf einem Flug von New York nach Amsterdam fluchte ein Passagier hinter ihr her, weil er keinen weiteren Whiskey bekam, dann trat er ihr ans Schienbein und schließlich urinierte er auf ihren Jump Seat, um Aufmerksamkeit zu bekommen. Er wurde beim Verlassen des Flugzeugs in Gewahrsam genommen. „Ich werde nie begreifen, was in den Leuten vorgeht, wenn sie ins Flugzeug steigen", sagte Sutphen. „Manche geben anscheinend ihr Gehirn mit dem Gepäck ab."[351]

Wenn man in einem geschlossenen Raum sitzt, etwa einem Flugzeug, verengt sich der Blick schnell auf die eigenen Interessen. Man hat in dieser Atmosphäre des „Ich oder die" das Gefühl, sich abschotten und das Maximum für sich herausholen zu müssen. Für die Dauer des Fluges ist man mit den anderen auf Gedeih und Verderb eingesperrt, und deswegen sind Flüge regelrechte Laboratorien, um interkulturelle Empathie zu entwickeln. Wir sind (vor allem wenn wir Economy fliegen) eingekeilt bei begrenzten Ressourcen, stets von den Ellbogen der Nachbarn, brüllenden Babys, überfüllten Gepäckablagen über dem Kopf, verschütteten Heißgetränken (wahlweise auf den Schoß oder den offenen Laptop) bedroht – ein wahrer Mikrokosmos des Lebens.

In solchen Augenblicken kommt die jüdische Philosophie wie gerufen (oder buchstäblich von Gott gesandt). Das hebräische Wort für Leben, *chajim*, ist ein Pluralwort (die Endsilbe *-im* markiert es als Mehrzahl männlich). Ohne das *minjan* (ein Quorum von zehn jüdischen Männern) kann kein *kaddisch* (das jüdische Totengebet) gebetet und die Torah nicht öffentlich gelesen werden; kein Jude, so mächtig er sonst sein mag, darf das. Diese uralte Regel fördert den Gemeinsinn, getreu dem jüdischen Sprichwort, dass es besser ist, wenn zwei Leute zusammensitzen, als wenn der beste Mensch allein dasitzt. Leben findet nicht als individuelle Existenz statt und selbst der kluge Albert Einstein stellte fest, dass jeder Mensch Teil jenes Ganzen sei, das wir „Universum" nennen, und zwar ein in Raum und Zeit begrenzter Teil, der sein Sein, seine Gedanken und Gefühle als eigenständig erfahre und damit einer Art optischen Täuschung des Bewusstseins erliege, einer Täuschung, die wie ein Gefängnis wirke, weil sie unsere persönlichen Wünsche und Gefühle auf einige wenige Menschen in unserem unmittelbaren Umfeld begrenze. Wir müssen nach Einsteins Meinung aus diesem Gefängnis ausbrechen und unser Mitgefühl auf alle lebenden Geschöpfe und die ganze Natur ausdehnen. Hundert Mal am Tag, notierte der berühmte Physiker, erinnere er sich daran, dass sein inneres wie äußeres Leben auf der Arbeit anderer Menschen, toter wie lebender, beruhe – er wollte zurückzugeben, was er bekam.[352]

Denken Sie über Ihr Leben nach: Alles, was Sie tun, hängt von anderen ab. Sie werden nichts finden, das Sie ohne jedwede Hilfe bekommen könnten. Hundertprozentige Autonomie ist unmöglich: Kleider, Möbel, Mobiltelefon, Lesebrille – nichts davon hätten Sie, wären Sie völlig isoliert und auf sich selbst gestellt. Sie würden nicht einmal existieren. Es gibt kein Ich ohne Du, denn wir hängen in hohem Maße voneinander ab. Eine Schulfreundin des CEO, Eva Staehelin, und ihr verstorbener Mann, Gary Ellis, entschieden sich für ein Leben fernab jeder Zivilisation im australischen Busch. Sie bauten ein Farmhaus mit eigenen Händen, ernährten sich von eigenem Vieh und dem, was sie selbst anbauten, sammelten Regenwasser in Zisternen, unterrichteten die Töchter zu Hause. Näher kann man der Autarkie nicht kommen. Doch selbst sie waren für ein Minimum an Komfort auf ihre Mitmenschen angewiesen: einen Jeep, um in die Stadt zu fahren, eine Nagelfeile und Seife, Streichhölzer für die Kerzen und das Herdfeuer.

Die Anerkennung des Ich, des Individuums, hat uns weit gebracht, hat uns aus dem Status bloßer Untertanen befreit, uns zu Menschen mit Rechten und Freiheiten gemacht, die allgemeinen Menschenrechte hervorgebracht. Doch gleichzeitig sorgte sie für die Illusion, dass ich und du getrennt sind. Im Wirtschaftsleben hat dieses Phänomen zu CEOs geführt, die sich mit Armeen von Assistenten und Sekretärinnen gegen die Belegschaft des Unternehmens abschotten. Der CEO kennt ein deutsches Unternehmen, in dem Abteilungsleiter jahrzehntelang im zweiten Stock arbeiteten, ohne je auf der dritten Etage im Vorstandsbüro gewesen zu sein. Durch die Abschottung berauben sich Unternehmensleiter strategisch wichtiger Informationen, die sie nur von denen bekommen können, welche die Kunden bedienen. Und da ein Führer per definitionem nichts ist ohne jene, die ihm folgen (und auch nicht ohne jene, die sich mit ihm die Führung teilen), kann Isolation teuer werden und sich negativ auf Produktivität, Loyalität und Betriebsklima auswirken.

Der Individualismus treibt seltsame Blüten: 45-jährige Männer, die allein in einem SUV sitzen, Unmengen an Sprit verfahren und die Energieunabhängigkeit der Vereinigten Staaten torpedieren; krasser noch eine

Bierwerbung, gezeigt während der Basketballmeisterschaft 2007 (dem Super Bowl): Stein, Papier, Schere wird gespielt. Einer nimmt einen richtigen Stein, zieht ihn seinem Kumpel über, um ans letzte Bier zu kommen, der sinkt leblos zu Boden und die anderen trampeln über ihn. Es sollte witzig sein und die Hemmungslosigkeit parodieren, die Heroinsüchtigen nachgesagt wird. Aber es war reichlich finster. Diese Art Individualismus gründet auf dem Prinzip „Ich oder du", auf der Annahme, das Leben sei ein Nullsummenspiel: Je mehr ich kriege, desto weniger bleibt für dich. Es ist eine Haltung, die wohl zum größten Hindernis für unseren Lebensweg geworden ist. Wir verbauen uns die Zukunft, wir beschneiden selbst unsere Chancen als Führer.

Wenn Menschen ihre wechselseitige Abhängigkeit anerkennen, geschehen erstaunliche Dinge. Am Weihnachtsabend 1914, fünf Monate nach Ausbruch des Ersten Weltkriegs, erlebte Major Kenneth Henderson vom Britsh Expeditionary Corps im französischen Armentières den Albtraum jedes Offiziers: „Im ganzen Niemandsland hatte sich eine Menschenmenge versammelt: Unsere Leute und die Deutschen, alle bunt gemischt, unterhielten sich friedlich miteinander."[353] Seit Anfang November hatten sich die Parteien trotz Schnee und Schlamm erbittert bekriegt, um jeden Zentimeter Land gerungen – und nun war das Unvorstellbare geschehen. Sächsische Truppenmitglieder hatten am Tag vor Heiligabend eine ungewöhnliche Bombe im hohen Bogen an die gegenüberliegende Front geschleudert: keine Granate, ein gut verpackter Schokoladenkuchen. Die Briten fanden einen Zettel dabei: Ob es möglich wäre, von 19:30 bis 20:30 Uhr die Waffen ruhen zu lassen? Die Briten stimmten zu und die englischen Soldaten erhoben sich in ihren Schützengräben, hörten die Deutschen Musik machen und applaudierten sogar.

Leutnant Kurt Zehmisch, im zivilen Leben Studienrat, wies seine Soldaten an, keinen Schuss während der Weihnachtstage abzugeben, sofern es sich vermeiden ließ. Und bei den Briten blieb auch alles still. Zehmisch sprach ein bisschen Englisch und fing mit dem Gegner ein Gespräch an, zwischen den Fronten lagen ja kaum hundert Meter. „Soldat Möckel von meinem Zug, der mehrere Jahre in England war, und ich riefen die Engländer auf Englisch an und bald hatte sich zwischen uns eine ganz spaßige Unterhaltung entwickelt", gab Zehmisch zu Protokoll. Die Feinde vereinbarten, sich auf halber Strecke zwischen den Schützengräben zu treffen. Zwei deutsche Soldaten kletterten durch die Drahtverhaue auf ihrer Seite, alle hielten den Atem an, es hätte sie das Leben kosten können. Doch schließlich kroch ein Engländer von der anderen Seite durch die Sperren. Er hielt beide Arme hoch, in einer Hand eine Kappe mit englischen Zigaretten und Tabak. Er schüttelte den Deutschen die Hand und wünschte „Merry Christmas". Und die beiden wünschten ihm auch „a Merry Christmas". Die Soldaten in ihren Gräben klatschten Beifall und riefen „Bravo" und dann begann ein allgemeines – friedliches – Gebrüll aus beiden Gräben.

Jetzt kamen alle zusammen, rauchten und aßen gemeinsam, spielten Fußball und schnitten sich sogar die Haare. Es war nur eine kurze Episode – wie ein schöner Traum. Aber es hat stattgefunden. Josef Wenzl schrieb am 28. Dezember 1914 seinen Eltern: „Es klingt kaum glaubhaft, was ich euch jetzt berichte, ist aber die pure Wahrheit … Weihnachten 1914 wird mir unvergesslich bleiben." Wenzl fiel am 6. Mai 1917.[354]

Tipp
Wenn Sie sich nicht zwischen zwei Optionen entscheiden können, wählen Sie die großmütigere.

Gruppe, Einheit, Ausrichtung

Phil Jackson (siehe sechstes Kapitel) hat sein Gefühl der Verbundenheit auf das Basketballspielfeld getragen. Sein Vorbild waren die Indianer: Für die Lakota Sioux war selbst der Feind heilig. Wenn Sie und Ihr Gegner demselben System angehören, kann die Beziehung zu den eigenen Teamkollegen viel tiefer werden. Und diese Einheit lässt Unmögliches möglich werden. Jackson wusste, dass der Kern von Teamwork im Einfühlungsvermögen liegt – im Sinne des Gandhi zugeschriebenen Zitats: „Eine kleine

Gruppe entschlossener Geister, angefeuert durch einen unerschütterlichen Glauben an ihre Mission, kann den Lauf der Geschichte verändern." Ein Team, das eng zusammenhält, wird viel erreichen, aber wie schafft man diese enge Verbundenheit?

In einem der seltenen Interviews, die er jenseits rein sportlicher Themen gegeben hat, sagte Jackson: „Die meisten Führer sehen Teamwork als eine Frage des Social Engineering: Man nehme Gruppe x, bearbeite sie mit Motivationstechnik y und erhält z. In Wirklichkeit muss man an das Bedürfnis der Beteiligten appellieren, mit einem größeren Ganzen verbunden zu sein." Für Jackson ist die Kraft des „Wir" allemal größer als die des „Ich", Siege sind in seinen Augen nur möglich, wenn sich das Ich in den Dienst des Wir stellt.

Halbwegs sicher gewinnen kann man nur, wenn jeder – vom ersten auf dem Spielfeld bis zum letzten auf der Bank – eine wichtige Rolle hat im Team. Alle müssen wissen, was vorgeht, auch wenn ein anderer im Rampenlicht steht. Als Trainer habe ich gemerkt, dass es das Team verändert, wenn man Probleme mit Mitgefühl löst, etwa wenn sich ein Spieler verletzt hat. Der Spieler hat weniger Angst, er fühlt sich verstanden und gut aufgehoben und die Gruppe geht insgesamt freundlicher und hilfsbereiter miteinander um.

1990 konnte man sehen, was kollektive Empathie bewirken kann. Scottie Pippens Vater starb mitten im Playoff der Bulls gegen die 76ers aus Philadelphia. Pippen ließ Game 4 sausen und fuhr zur Beerdigung. Vor dem nächsten Spiel war er nicht gut drauf. „Ich fand es wichtig fürs Team, dass sie wegen Scottie Bescheid wussten und ihn unterstützten", erinnerte sich Jackson. „Wir nahmen ihn in der Umkleide in unsere Mitte, bildeten einen Kreis um ihn und beteten ein Vaterunser. Wir sind nicht seine Familie, natürlich, aber wir stehen ihm sehr nahe. Er machte eine schwere Zeit durch. Wir sollten ihm zeigen, wie sehr wir ihn mögen und dass uns sein Verlust nicht kaltlässt. Das habe ich den Jungs gesagt."[355]

In der Basketballliga geht es rau zu, es braucht Mut, in einem solchen Umfeld Wörter wie Mitgefühl und Liebe zu verwenden oder diese Gefühle gar zu zeigen. Jackson hatte sich nicht verrechnet: Pippen war sichtlich gerührt. Er hatte einen Wahnsinnslauf im anschließenden Spiel und die 76ers wurden haushoch geschlagen.[356] Ist sich eine Gruppe wirklich einig, dann ist das Ganze mehr als die Summe seiner Teile: Nicht mehr eine Ansammlung von Individuen, die gemeinsam arbeiten, sondern eine neue Einheit, eine vereinte Kraft, eine Hand mit vielen Fingern. Diese Einheit negiert nicht die Individualität des Einzelnen, sie würdigt seine Talente. Und weil jeder den göttlichen Funken in sich trägt, etwas ganz Besonderes und Einmaliges zum Ganzen beiträgt, vereinen sich diese Funken zu einem Feuer, das die verborgenen Potenziale aller Beteiligten zum Vorschein bringt.

Um des lieben Friedens willen können Sie die Wahrheit beugen

Aaron, Moses' Bruder, konnte beide Seiten eines Konfliktes sehen. Gerieten etwa zwei Kaufleute in Streit, ging Aaron zu beiden Parteien in einer Art antiker Shuttle-Diplomatie. Die Bedeutung der Aufrichtigkeit kann gar nicht genug betont werden, wie im siebten Kapitel besprochen, doch im Dienst der Konfliktlösung hat es Aaron schon mal nicht so genau mit der Wahrheit genommen. Er versicherte Kaufmann A, Kaufmann B habe Verständnis geäußert und seine Bereitschaft, den Streit beizulegen. War Kaufmann A dann bereit, sich mit Kaufmann B zusammenzusetzen, eilte Aaron zu Kaufmann B und sagte ihm, Kaufmann A sei bereit zu einer friedlichen Lösung bereit. Später hießen auch die Gelehrten sein Vorgehen gut: „Im Dienst des Friedens darf man [die Wahrheit] ändern."[357] (Aaron log nicht, das war im jüdischen Glauben immer verboten, er hat nur nicht die ganze Wahrheit gesagt.) Aaron war ein beliebter Diplomat und auch als Eheberater geschätzt. So wie er zwischen Geschäftspartnern Frieden stiftete, so stiftete er auch Frieden zwischen Mann und Frau. Halb Israel soll geweint haben, als Moses starb – alle Männer hatten mit ihm studiert. Als Aaron starb, trauerten Frauen und Männer. (Um gerecht zu sein: Moses musste als Mittler zwischen Gott und den Juden ebenfalls eine Brücke und ein Integrator sein, er konnte sich nicht der Illusion hingeben, seine Sichtweise sei die einzig denkbare.)

1919 versetzten sich ein arabischer Führer und ein jüdischer Führer jeweils an die Stelle des anderen, und das im schwierigsten Umfeld überhaupt: dem Nahen Osten. Emir Faisal, dessen Vater Hussein ibn Ali, des Scherifen von Mekka, die arabische Halbinsel in den Ersten Weltkrieg geführt und das Königreich Hedschas bei der Friedenskonferenz vertreten hatte, empfing Chaim Weizmann, der später Präsident der Zionistischen Weltorganisation wurde. Sie trafen im jordanischen Akaba zusammen, später auch in Paris, und unterzeichneten ein Abkommen, nach dem die Einwanderung der Juden nach Palästina im großen Maßstab gefördert worden wäre.[358] In einem späteren Brief schrieb Faisal an Weizman:

> *Wir glauben, dass Araber und Juden wie Cousins sind, ähnliche Unterdrückung durch Kräfte erlebt haben, die stärker waren als sie. Sie waren durch einen glücklichen Umstand in der Lage, den ersten Schritt zur Erreichung ihrer nationalen Ideale gemeinsam zu gehen … Wir Araber, insbesondere die gebildeten unter uns, schauen mit tiefster Sympathie auf die zionistische Bewegung … wir heißen die Juden auf das Herzlichste willkommen … Wir arbeiten zusammen an einem erneuerten, reformierten Nahen Osten und unsere beiden Bewegungen werden sich ergänzen. Die jüdische Bewegung ist national und nicht imperialistisch. Unsere Bewegung ist national und nicht imperialistisch und in Syrien ist Raum für uns beide. Ich glaube, dass keiner wirklich Erfolg haben kann ohne den anderen.*[359]

Dieser Brief ist kaum ein Jahrhundert alt und doch sind eine solche Partnerschaft und solches Mitgefühl zwischen Muslimen und Juden buchstäblich undenkbar geworden. Wenige sind bereit, sich auch nur zu entschuldigen. Doch wie viel könnte sich bewegen, wenn sich die Menschen in die Lage der anderen versetzen würden, wenn sie den Mut dazu hätten, wenn sie die Fähigkeit dazu hätten. Das gilt für den Nahen Osten genauso wie für Fusionen wie die von Daimler Benz und Chrysler.

Möglich ist es. André Azoulay, ein jüdischer Berater des marokkanischen Königs, scherzt gern, er sei Mitglied eines sehr elitären Klubs von jüdischen Beratern für muslimische Herrscher. Der Klub hat exakt ein Mitglied – Azoulay – und er ist bislang der einzige Jude in einer solchen Position. Das sei sehr frustrierend, sagt Azoulay und meint es diesmal völlig ernst. Er hat sein Leben dem Frieden zwischen Arabern und Juden gewidmet, er fühlt sich gleichermaßen als Jude und als Araber. „Ich bin Araber, weil ich in einem arabischen Land geboren bin, ich bin Araber, weil ich die arabische Kultur verinnerlicht habe, und ich bin Araber, weil ich in einem arabischen Umfeld lebe", sagte Azoulay in einem Interview vor der Verleihung der Ehrendoktorwürde der Ben-Gurion Universität in Beer Scheva. „Wenn ich nur Frieden zwischen Juden und Muslimen stiften könnte, hätte ich meinen Lebenstraum erfüllt."[360]

Welchen Lebenstraum haben Sie? Verwirklichen Sie ihn. W. H. Murray, der als Erster den Mount Everest bezwang, was ihm nur zusammen mit seinem Kollegen Sherpa Tenzing gelang, sagte:

> *Bevor es vollbracht ist, gibt es Zögern, die Möglichkeit eines Rückziehers, Ineffektivität. Es gilt für alle Initiativen (und Schöpfungen) eine grundlegende Wahrheit, deren Unkenntnis zahllose Ideen und glänzende Pläne vernichtet: In dem Augenblick, in dem man sich seiner Idee verschreibt, bewegt sich auch die Vorsehung. Ein ganzer Strom von Ereignissen beginnt mit der Entscheidung zu fließen und bewegt alle möglichen unvorhergesehenen Vorfälle, Begegnungen und materielle Unterstützung zu den eigenen Gunsten – schöner als ein Traum.*[361]

Sind Sie bereit, die Welt zu verbessern? Wollen Sie heute so leben, als sei die ruhmreiche Zukunft bereits Realität? Wie Gott Adam in der Genesis fragt: „Wo bist du?"

Unterm Strich

- Die besten Führer einer globalisierten Welt können sich in andere hineinversetzen, sie sind kulturell kompetent und sehen Probleme aus der Sicht anderer Betroffener, und sei das der Feind oder Konkurrent (dann vielleicht besonders).
- Das hebräische Wort für Leben ist ein Pluralwort, *chajim*. Jeder Mensch ist ein Individuum, aber das Leben ist nicht individuell, es geschieht nur in Gemeinschaft mit anderen. Wir sind alle voneinander abhängig. Auch Sie haben nichts völlig aus eigener Kraft erreicht.
- Ein eingebauter Ethnozentrismus hält uns davon ab, die Welt mit den Augen anderer Kulturen und Personen zu sehen. Diese Unfähigkeit ist der häufigste Fehler in Verhandlungen.
- Wenn wir die Perspektive einer anderen Person oder Kultur einnehmen, handeln wir wie Schauspieler: Wie sieht ein Mörder, eine Bäckerin, ein General die Welt?
- Die Entschlüsselung einer Kultur (einschließlich der eigenen) ähnelt dem Schälen einer Zwiebel: Zunächst sehen, hören und berühren Sie die Oberfläche (die Symbole), dann erfahren Sie, wie die kulturelle Mehrheit diese Merkmale rechtfertigt (die Rationalisierungen), und schließlich gelangen Sie an das, was ins Unbewusste abgesunken ist (die blinden Flecke). Um an diesen Kern zu kommen, betrachten Sie die Gründer, Helden, Versager und historischen Ereignisse einer Kultur.
- Empathie und Mitgefühl sind die zentralen Zutaten beim Aufbau eines Teams, so wie Gandhi gesagt hat: „Eine kleine Gruppe entschlossener Geister, angefeuert durch einen unerschütterlichen Glauben an ihre Mission, kann den Lauf der Geschichte verändern." Dank Trainer Phil Jackson schlugen die Bulls die 76er mit Einigkeit und Liebe. In der Gemeinschaft ist buchstäblich alles erreichbar.

Anmerkungen

1 Thomas D. Zweifel: International Organizations and Democracy. Accountability, Politics, and Power. Boulder: Lynne Rienner Publishers 2005, S. 59–60, hier S. 74

2 „Just Making an Honest Buck?“ *Business Week*, 19. September 2005, http://www.businessweek.com/magazine/content/05_38/b3951020.htm

3 Lynn Zinser: „Drug Testing: Pound Builds And Badgers In His Battle Against Doping“, *New York Times*, 8. August 2006

4 Peter Drucker: „Managing Oneself“, *Harvard Business Review*, März/April 1999, S. 65–74

5 Bruce Nussbaum: „Are Designers the Enemy of Design?“ *Business Week*, 18. März 2007, http://www.businessweek.com/innovate/NussbaumOnDesign/archives/2007/03/ are_designers_t.html

6 Eric von Hippel: Democratizing Innovation. Cambridge: MIT Press 2005, S. 1–3. Vgl. auch http://web.mit.edu/evhippel/www/

7 Burson-Marsteller: „Who Wants to Be CEO? Understanding CEO Capital“, 2005. http://www.ceogo.com/documents/2005CEOCapitalBrochure.pdf. 51 Prozent der Führungskräfte im asiatischen Raum gaben an, den höchsten Posten innerhalb des Unternehmens haben zu wollen, und nur 27 Prozent der in Lateinamerika befragten Manager wollten ihn nicht.

8 Emily Brandon: „Talk About a Hard Act to Follow“, *U.S. News & World Report*, 29. Juli 2007

9 Herb Kelleher: „Building a People-Focused Culture“ (Vortrag, World Business Forum, New York, 10./11. Oktober 2007

10 Das *schofar* ist ein Widderhorn, das an den jüdischen Feiertagen Rosch Haschanna und Jom Kipur als Musikintrument verwendet wird, die *tefillin* sind zwei schwarze Lederkapseln, in denen Pergamentrollen mit Bibelversen stecken, auch Phylakterien genannt. (Das deutsche Wort, Gebetsriemen, achtet mehr auf die Befestigung – schwarze Lederriemen – als auf das, was damit festgebunden wird. AdÜ) Praktizierende Juden tragen die Tefillin zum Morgengebet innerhalb der Woche als Symbol für ihre Verbundenheit mit Gott und die Befreiung aus Ägypten.

11 Tagebucheintrag vom 3. September 1897. Das Zitat von William Penn wurde nach dem gescannten und ins Internet gestellten zeitgenössischen Druck von „No Cross No Crone“ (Teil II, § XXXIII) ins Deutsche übertragen. [AdÜ]

12 Im englischen Original steht: „I am Hashem …“ statt „Ich bin der Herr“ (so die

Lutherübersetzung des Alten Testaments) bzw. „Ich bin der Ewige, dein Gott" (so Moses Mendelssohns Übersetzung derselben Stelle); *hashem* bedeutet der Name und ist in diesem Zusammenhang ein Metonym für Gott. Gottes Eigenname, geschrieben Jod-He-Waw-He (das Tetragammaton), ist unaussprechlich und nur im Gebet zulässig. Würde man „Gott" aussprechen, so würde man das unendliche Göttliche in eine Person oder ein Ding verwandeln und sich der Idolatrie schuldig machen; deswegen sagen viele Juden lieber *hashem* (der Name) oder *en sof* (ohne Ende, unendlich).

Die zehn Gebote werden – der besseren Lesbarkeit wegen in modernisierter Orthografie und Zeichensetzung – nach Exodus 20,2-17 sowie der Übersetzung von Moses Mendelssohn wiedergegeben: Die fünf Bücher Mose, übersetzt von Moses Mendelssohn. Für Bibelfreunde aller Konfessionen und zunächst für Israeliten bestimmt. Herausgegeben von D. Fränkel und von M. H. Bock. Dessau/Berlin 1815, S. 154f. Künftig kurz MM plus Seitenzahl. Zitiert nach den Seitenabbildungen in Google Books. AdÜ

13 Vgl. Eve Tahmincioglu: „Executive Life: The Boss; The Reality Classroom", *New York Times*, 18. Januar 2004

14 Vgl. Patricia Bellew Gray: „Don't Mess With Gert", *Your Company*, Juni/Juli 1998, 29–38; sowie Tahmincioglu, a.a.O

15 Der griechische Geschichtsschreiber Strabo (ca. 63 v.Chr.–24 n.Chr.) nennt Moses einen ägyptischen Priester, der „lehrte, es beruhe auf einer falschen Vorstellung, wenn die Ägypter und Libyer die Gottheit in Gestalt wilder und zahmer Tiere abbildeten" (Geographika XVI 2, 35; Übersetzung S. L. Radt S. 341, zitiert nach Google Books). Der römisch-jüdische Historiker Flavius Josephus vermerkt, Moses habe einen ägyptischen Feldzug gegen die Äthiopier angeführt.

16 Rainer Maria Rilke: Über Kunst. In ders.: Sämtliche Werke. Band 1–6, Band 5, Wiesbaden und Frankfurt a.M. 1955–1966, S. 431. Zitiert nach http://www.zeno.org/nid/20005537428

17 Yitzchak Ginsburgh: Awakening the Spark Within. Teachings of the Kabbalah. Jerusalem: Linda Pinsky Publications 2001, S. 152

18 Exodus 3,11; 4,1; 4,10; 4,13. MM 116ff.

19 Exodus 6,6f. MM 122

20 Kotzk (heute Kock) liegt 120 Kilometer südöstlich von Warschau. Das Wort Rebbe kommt von Rabbi und bedeutet Meister, Lehrer, Mentor und bezieht sich häufig auf den Leiter einer chassidischen Gemeinde. Der Kotzker Rebbe Menachem Mendel (1787–1859) begründete die Kotzker Dynastie und war für seine scharfsinnigen Sprüche und seine bodenständige Philosophie bekannt. Für falsche Frömmigkeit und Dummheit brachte er offenbar keine Geduld auf. In den letzten 20 Lebensjahren lebte er fast wie ein Einsiedler.

21 Martin Buber: Der Weg des Menschen nach der chassidischen Lehre, in ders.: Werke Band 3: Schriften zum Chassidismus. München/Heidelberg 1963, S. 713–738, hier S. 720

22 Vgl. ebenda S. 719

23 Filmzitate aus Martin Scorsese: Bob Dylan – No Direction Home. Paramount 2005

24 Dylan hat zumindest vorübergehend mit der jüdischen Orthodoxie geliebäugelt. In den 1980er-Jahren hat Michael Behrman, ein Freund der Autoren dieses Buches, an einem religiösen Feiertag einen anderen Freund besucht. Auf sein Klopfen wurde die Haustür geöffnet, der Gastgeber streckte seinen Kopf heraus, flüsterte: „Komm schnell rein" und führte Behrman ins Wohnzimmer. Dort saß Bob Dylan mit einigen aufgeregten Lubawitschern zusammen. Und 2007 besuchte Dylan in Atlanta, Georgia, die Synagoge zu Jom Kippur. Mit Skimütze und Gebetsmantel wohnte er dem morgendlichen Gottesdienst bei und wurde mit seinem hebräischen Namen Zushe ben Avraham gerufen. Der berühmte Singer-Songwriter verhaspelte sich bei den hebräischen Segenssprüchen nicht ein einziges Mal, berichtet Rabbi Yossi Lew unter http://www.chabad.org/news/article_cdo/aid/573406/jewish/SingerSongwriter-Bob-Dylan-Joins-Yom-Kippur-Services-in-Atlanta.htm

25 Wie Anm. 23

26 Vgl. Tana Devei Elijahu, Kap. 14; Bereschit Rabba 1,4

27 Herb Kelleher: „Building a People-Focused Culture" (Vortrag, World Business Forum, New York, 10./11. Oktober 2007

28 Vgl. George Bernard Shaw: Frau Warrens Beruf. Übersetzt von Martin Walser. Frankfurt/Main: Suhrkamp1990 (Urspr. Mrs. Warren's Profession 1893)

29 Vgl. Brachot 17a; Gebet „Schemone Esrei" (Friede), in: Nosson Sherman (Hg.): The Complete Artscroll Siddur. Brooklyn: Mesorah Publications 1984, S. 118

30 Arnie Gotfryd: „A Tanya for Professor Wheeler" unter http://www.chabad.org/library/ article_cdo/aid/81944/jewish/A-Tanya-for-Professor-Wheeler.htm

31 Bereschit/Genesis 18,27-30. MM 31f.

32 Das ist nicht das einzige Beispiel, wie brutal Gott handeln konnte. Auch kurz bevor Moses mit den beiden Tafeln, auf denen die zehn Gebote standen, vom Berg Sinai abstieg, sprach Gott zu ihm, sein Volk hätte in der Zwischenzeit begonnen, ein goldenes Kalb anzubeten: „Ich habe dieses Volk wahrgenommen, es ist ein hartnäckiges Volk (das heißt: widerspenstig, unbändig). Lass also ab, ferner für sie zu bitten, dass mein Zorn über sie entbrenne und ich sie aufreibe, so will ich dich zu einer großen Nation machen." Exodus 32,9-10. MM 184

33 Pirke Avot 2,16; Michael Krupp: Der Talmud. Eine Einführung in die Grundschrift des Judentums mit ausgewählten Texten. Gütersloh: Gütersloher Verlags-

haus 1995, S. 115, übersetzt: „Du mußt die Arbeit nicht beenden, du bist aber nicht frei, sie zu lassen."

34 Rabbi Schneur Salman von Liadi (1745–1812), genannt Alter Rebbe, begründete Chabad, einen Zweig des chassidischen Judentums. Er verfasste zahlreiche Bücher, am bekanntesten wurde *Das Buch Tanja* (ursprünglich 1797, Übersetzung von Levi Sternglanz. Wien: Kehot Publication Society 2000, http://www.de.chabad.org/library/article_cdo/aid/583061/jewish/Das-Buch-Tanja.htm) sowie *Schulchan Aruch HaRav*, ein halachisches, also die Gesetze betreffendes Werk.

35 Ein Zaddik ist ein anständiger Mensch, ein Gerechter, der in der chassidischen Tradition auch als Führer gilt.

36 Die Geschichte in englischer Übersetzung können Sie bei Rabbi Shlomo Yosef Zevin: A Treasury of Chasidic Tales on the Torah, übersetzt von Uri Kaploun. Jerusalam: Mesorah Publications 1989, S. 30 nachlesen. Ein Kommentar dazu findet sich bei Buber: Weg des Menschen, a.a.O.

37 Fritz J. Roethlisberger und William J. Dickson: Management and the worker. An Account of a Research Program conducted by the Western electric Company, Hawthorne Works, Chicago. Reprint der Erstausgabe 1939. London usw.: Routledge 2003, S. 14–18

38 Baba Shiv, Hilke Plassmann, Antonio Rangel und John O'Doherty: „Marketing Actions Can Modulate Neural Representations of Experienced Pleasantness", 14. Januar 2008, Proceedings of the National Academy of Sciences. http://www.gsb. stanford.edu/news/research/baba_wine.html

39 Erwiderung auf eine kritische Bemerkung, er habe während der Weltwirtschaftskrise seine Ansichten bezüglich der Geldpolitik geändert, zitiert in Alfred L. Malabre: Ungehörte Propheten. Eine Insider-Geschichte der modernen Ökonomie. Übersetzt von Wolfgang F. Müller. Stuttgart: Schäffer-Poeschel 1994

40 Richard P. Feynman: The Meaning of It All. Thoughts of a Citizen-Scientist. Reading: Perseus Books 1987, S. 28

41 Zitiert nach Michael J. Mahoney: Scientist as Subject. The Psychological Imperative. Cambridge: Ballinger 1976, S. 28

42 Richard Paul und Linda Elder: The Miniature Guide to Critical Thinking: Concepts and Tools. Dillon Beach: The Foundation for Critical Thinking 2006, S. 9

43 Tom Leonhard: „Leona Helmsley", *Telegraph*, 24. August 2007

44 Joseph B. Treaster: „Polar Opposites? Not Where It Counts. Warren Buffett Gets All the Attention, But Hank Greenberg Is Posting Better Returns", *New York Times*, 23. Juli 2000

45 Ebenda

46 Joseph B. Treaster: „Broker Accused of Rigging Bids for Insurance", *New York Times*, 15. Oktober 2004

47 Ich und Ego werden z.B. vom Duden als Synonyme behandelt.

48 Schmot/Exodus 19,6. MM 152

49 Morris Mandel (Hg.): Stories for Public Speakers. New York: Jonathan David Publishers 1996, S. 236

50 Menachem Mendel Schneerson: Likutei Sichos (Gesammelte Gespräche), Bde. 13,30; 17,1

51 Sprichwörter 25,6 (hier in der Fassung der Elberfelder Bibel)

52 Yitzchak Ginsburgh: Kabbalah. Vortrag, Chabad, New York, 16. Dezember 2003

53 wie Anm. 23

54 Kohelet 3,20 (Einheitsübersetzung, zitiert nach http://www.uibk.ac.at/theol/leseraum/bibel/koh3.html)

55 Bamidbar/Numeri 12,3. MM 308

56 Bamidbar/Numeri 27,15-18. MM 345

57 Dennis Overbye: „Ideas & Trends; Unbreakable. He's Still Ready for His Close-Up", *New York Times*, 12. Mai 2002

58 Brian Greene: „One Hundred Years of Uncertainty", *New York Times*, 8. April 2005

59 Ben Ratliff: „Listening to CD's With Sonny Rollins. Free Spirit Steeped in Legends", New York Times, 30. September 2005

60 Ron Grossman: „Lesson in Decency from an Age of Shame. How a Gentle Man Clung to His Values and His Children Amid the Horrors of the Holocaust", *Chicago Tribune*, 30. April 2000

61 Suzanne Daley: „Beloved Country Repays Mandela in Kind", *New York Times*, 23. März 1999

62 John Markoff: „Bill Gates's Brain Cells, Dressed Down for Action; Pressed to Innovate, Microsoft Relies Again on an Inner Circle", *New York Times*, 25. März 2001

63 Justin Fox: „Nokia's Secret Code", *Fortune*, 1. Mai 2000, S. 164

64 Richard F. Vancil: Passing the Baton. Managing the Process of CEO Succession. Boston: Harvard Business School Press 1987

65 Barry A. Macy und Hiroaki Izumi: „Organizational Change, Design, and Work Innovation. A Meta-Analysis of 131 North American Field Studies 1961–91", in R. Woodman und W. Pasmore (Hg.): Research in Organizational Design and Development, Band 7. Greenwich: JAI Press 1993, S. 235–313

66 Das hebräische Wort für Gott, JHWH, bedeutet „Ich bin da", den Gott schafft die Gegenwart in jedem Moment neu, ähnlich dem lateinischen *esse*, sein, das im Wort Essenz oder Wesenheit steckt (um diese Ähnlichkeit zu sehen, müsste man im Deutschen die etwas seltsame Umschreibung „Ich wese an" für „Ich bin da" wählen, AdÜ).

[67] Dwarim/Deuteronomium 34,10–12. MM 447

[68] Jean M. Twenge, S. Konrath, J. D. Foster, W. K. Campbell und B. J. Bushman: „Egos Inflating Over Time", San Diego State University 2007

[69] Gene I. Maeroff: „Study Finds Fewer Freshmen in College Look Into Teaching", *New York Times*, 29. Januar 1983

[70] Warren Bennis und Burt Nanus: Führungskräfte. Die 4 Schlüsselstrategien erfolgreichen Führens. Übersetzt von Brigitte Stein. Frankfurt usw.: Campus Verlag 1992

[71] Tanach ist die hebräische Bibel, bestehend aus drei Teilen mit insgesamt 24 Büchern. Am Anfang stehen die fünf Bücher Mose, welche die Torah bilden, dann folgen die Nevi'im, die Prophetenbücher (Josua, Richter, 1. und 2. Salomon, 1. und 2. Könige, Jesaja, Jeremia, Hesekiel, Zwölfprophetenbuch) und zum Schluss kommen die Ketuvim, die 13 Schriften mit dem Psalter, Hiob, Buch der Sprichwörter (oder Sprüche, je nach Übersetzung), Kohelet und Nehemia bis zu den beiden Chroniken.

[72] Jesaja 3,12, zitiert nach der Lutherbibel

[73] Jesaja 2,4, ebenfalls nach der Lutherbibel zitiert

[74] Vgl. Talmud, Traktat Megilla 14a, in: Rabbinische Kommentare zum Buch Ester. Band 1. Übersetzt von Dagmar Börner-Klein und Elisabeth Hollender. Leiden usw.: Brill 2000, S. 189

[75] Bamidbar/Numeri 11,29. MM 307

[76] Kenneth Labich und Charles A. Riley: „The Big Comeback at British Airways", *Fortune*, 5. Dezember 1988

[77] Vgl. William Bridges: „Getting Them Through the Wilderness. A Leader's Guide to Transition", *New Management*, 1987, S. 50–55

[78] Vgl. Sprichwörter 29,18

[79] David Brooks: On Paradise Drive. How We Live Now (and Always Have) in the Future Tense. New York: Simon & Schuster 2004, S. 42f.

[80] „Bush to invoke Vietnam in arguing against Iraq Pullout", CNN.com, 22. August 2007, http://www.cnn.com/2007/POLITICS/08/21/bush.iraq.speech/

[81] Ginsburgh: Awakening, a.a.O., S. 138. Ein Jahrtausend vor Rabbi Saadia Gaon empfahl Rabbi Elieser in den *Pirke Avot*, deutsch in etwa *Sprüche der Väter*: „Kehre um einen Tag vor deinem Tode!" Einer seiner Schüler protestierte: Ein Mensch könne doch nicht wissen, an welchem Tag er stirbt. Darauf Elieser: „Natürlich solltest du heute damit anfangen, denn du könntest morgen schon sterben, alle deine Tagen seien voll *teschuwa*." Vgl. Talmud, Traktat Schabbat 153a; sowie Leo Baeck Institut, Jerusalem (Hg.): Sechzig Jahre gegen den Strom. Ernst A. Simon. Briefe von 1917–1984. Tübingen: Mohr Siebeck 1998, S. 149. Auch hier eine zweite Übersetzung: „Tue Buße einen Tag vor deinem Tod". Krupp: Talmud, a.a.O., S. 114

82 Nach einem Gespräch des CEO 1988 mit Joan Holmes, 1977 bis 2008 President und CEO von The Hunger Project und Jurymitglied für den Africa Prize for Leadership
Bureau of Land Management: „The South Canyon Fire Investigation, Executive Summary", US-Innenministerium, September 1998. http://www.blm.gov/co/st/en/fo/gsfo/fire_and_fuels/south_canyon.html

83 Bureau of Land Management: „The South Canyon Fire Investigation, Executive Summary", US-Innenministerium, September 1998. http://www.blm.gov/co/st/en/fo/gsfo/fire_and_fuels/south_canyon.html

84 US-Forsterverwaltung: Mann Gulch Transcript, Anhang 5; Report of the South Canyon Fire Accident Investigation Team, 17. August 1994. Zitiert nach Karl E. Weick: „Drop Your Tools. An Allegory for Organizational Studies", *Administrative Science Quarterly*, 41/1996, S. 301–313

85 Alice Calaprice (Hg.): The Expanded Quotable Einstein. Princeton: Princeton University Press 2000

86 Schmot/Exodus 3,3. MM 115

87 Vgl. I. Samuel 17,38f.

88 H.W. Brands: Masters of Enterprise. Giants of American Business from John Jacob Astor and J. P. Morgan to Bill Gates and Oprah Winfrey. New York: The Free Press 1999, S. 308

89 Moses Maimonides, Mischne Torah, Kapitel 9 § 3

90 Devaki Jain: „Panchayat Raj. Women Changing Governance", UN Development Programme, Gender in Development, September 1996. http://www.sdnp.undp.org/gender/re- sources/mono5.html; sowie Rashme Segals Interview mit dem zuständigen indischen Minister, Mani Shankar Aiyar, im Juli 2004 unter http://www.infochangeindia.org/analysis29.jsp

91 Geraldine Fabrikant: „The Deal for MCA", *New York Times*, 27. November 1990

92 Vgl. Michel W. Potts: „Arun Gandhi Shares the Mahatma's Message", in *India-West*, San Leandro, 1. Februar 2002, XXVII/13, S. A34

93 Mischna Tamid 32A

94 George Santayana: „Ultimate Religion", in The Works of George Santayana, Triton Edition, Band X. New York: Charles Scribner Sons 1937, S. 245

95 Schmot/Exodus 14,21. MM 143

96 Martin Luther King: „I've Been to the Mountaintop", Rede, 3. April 1968, Mason Temple der Church of God in Christ, Memphis, Tennessee

97 Walter Mischel, Yuichi Shoda und Monica L. Rodriguez: „Delay of Gratification in Children", *Science* 244/1989, S. 933–938

98 Sprichwörter 29,18

99 Ginsburgh, Awakening, a.a.O., S. 22

[100] Schmot/Exodus 12,37; 14,11f. MM 138, 142

[101] „Time to Cut Out Your ‚Management Speak'?" *Investors in People* Nr. 18, 7. Februar 2007. http://64.233.169.104/search?q=cache:IaeKLtoBJBAJ:www.investorsinpeople.co.uk/Documents/Raising%2520The%2520Standard/RTS18.pdf+yougov+survey+ducks+in +a+row&hl=en&ct=clnk&cd=5&gl=us.

[102] George Orwell: Politik und Sprache / Politics and the English Language. Bremen: Faksimile-Versand 1981 (zweisprachig)

[103] Thomas D. Zweifel: Communicate or Die. Getting Results Through Speaking and Listening. New York: SelectBooks 2003, S. 64–71 (Deutsche Fassung: Thomas D. Zweifel: Communicate or Die. Mit effektiver Kommunikation außergewöhnliche Ergebnisse erzielen. Übersetzt von Andreas C. Bernhard. Wiesbaden: Gabler 2004)

[104] Ken Auletta: Gates vor Gericht. World War 3.0 – Microsoft und seine Feinde. Übersetzt von Helmut Dierlamm und Norbert Juraschitz. Hamburg usw.: Europa-Verlag 2001; John Heilemann: Der Angriff. Bill Gates und die Zerschlagung von Microsoft. Übersetzt von Stephanie Dreißkaus. Stuttgart usw.: Deutsche Verlagsanstalt 2001

[105] John Heilemann: „The Truth, The Whole Truth, and Nothing But The Truth", *Wired*.11. November 2000

[106] United States of America gegen Microsoft Corporation, Verhandlungsprotokoll vom 15. Dezember 1998

[107] Eric Pfanner: „Europeans Threaten More Fines For Microsoft", *New York Times*, 2. März 2007

[108] Meredith Levine: „Tell the Doctor All Your Problems, But Keep It to Less Than a Minute", *New York Times*, 1. Juni 2004, sowie Benedict Carey: „New Therapy On Depression Finds Phone Is Effective", *New York Times*, 25. August 2004

[109] Ebenda

[110] Lawrence Dyche und Deborah Swiderski: „The Effect of Physician Solicitation Approaches on Ability to Identify Patient Concerns", *Journal of General Internal Medicine*, 3. März 2005, S. 267–270

[111] Gina Kolata: „When the Doctor Is In, but You Wish He Wasn't", *New York Times*, 30. November 2005

[112] Ebenda

[113] Ebenda

[114] Bereschit/Genesis 1,26. MM 2

[115] Morgendliche Lithurgie für Werktage, Baruch Sche'amar, Sheman: Siddur, a.a.O., S. 58; deutsche Fassung nach http://www.maschiach.de/content/view/744/87/

[116] Kommentar des Saadia ben Josef Gaon zum *Sefer Jezira* (der Genesis) aus dem 10. Jahrhundert, zugänglich in neueren englischen und französischen Über-

setzungen, vgl. Arieh Kaplan (Hg.): Sa'adiah ben Yosef Gaon, Sefer Yetzirah. Newburyport: Weiser 1997; Michael Linetsky (Hg.): Rabbi Saadiah Gaon's commentary on the Book of creation. Northvale: Aronson 2002; Saadia Gaon: Commentaire sur le Séfer Yetzira. Übersetzt aus dem Arabischen und Hebräischen von Lambert Mayer. Paris: Verdier 2001

117 Rabbi Menachem M. Schneerson: Hayom Yom. Brooklyn: Kehot Publications Society 1988, Tishrei 29'; http://www.chabad.org/library/article_cdo/aid/5958/jewish/Tishrei-29.html

118 Zweifel: Communicate, a.a.O., S. 12f.

119 Shaw: Warren, a.a.O.

120 Interview in *MarketWatch*, 27. September 2006

121 Leslie A. Perlow: When You Say Yes But Mean No. How Silencing Conflict Wrecks Relationships and Companies … and What You Can Do About It. New York: Crown Business 2003

122 Claudia H. Deutsch: „At Lunch With Leslie A. Perlow; Corporate Silence Has a Vocal Opponent", *New York Times*, 3. August 2003

123 Vgl. Rabbi Schneur Zalman: Tanya. Brooklyn: Kehot Publications Society 1966; in Kapitel 32 zitiert er das Sefer Haredim.

124 Schneerson: Hayom, a.a.O., Elul 22; http://www.chabad.org/library/article_cdo/aid/5921/jewish/Elul-22.htm

125 Rabbenu Tam: Sefer Hajaschar, Berlin 1858 und öfter, jedoch meist auf Hebräisch, Pforte 13, Frage 69A

126 Schneerson: Hayom, a.a.O., Sivan 12; http://www.chabad.org/library/article_cdo/aid/5793/jewish/Sivan-12.htm

127 Gary Rivlin: „Keeping Your Enemies Close", *New York Times*, 12. November 2006

128 Psalm 119,98 (Lutherbibel)

129 Alison Maitland: „Stakeholders: Listening puts you on fast track to credibility", Financial Times, 25. November 2005

130 Nigel Nicholson: „How Hardwired Is Human Behavior?", *Harvard Business Review*, Juli/August 1998, S. 134–147

131 Don Cohen und Laurence Prusak: In Good Company. How Social Capital Makes Organizations Work. Cambridge: Harvard Business School Press 2001, S. 104

132 Talmud, Traktat Erchin 15b, vgl. auch Schneerson: Hayom, Cheshvan 16; http://www.chabad.org/library/article_cdo/aid/5976/jewish/Cheshvan-16.htm

133 Talmud, Traktat Sota 42a

134 Vgl. Bamidbar/Numeri 16

135 Erchin 15b

[136] „Russian mayor bans excuse making", BBC News, 1. September 2007; http://news.bbc.co.uk/2/hi/6974216.stm

[137] Michael Wex: Born to Kvetch. Yiddish Language and Culture in All of Its Moods. New York: St. Martin's Press 2005

[138] Schmot/Exodus 14,15. MM 142

[139] Friedrich Nietzsche: Genealogie der Moral, in ders.: Werke in drei Bänden, Band 2. München 1954, S. 799, zitiert nach http://www.zeno.org/nid/20009255974; vgl. auch Martin Buber: Das Problem des Menschen. Heidelberg: Lambert Schneider 1982, S. 65

[140] Felix Müller: „Den Leuten die Angst nehmen" (Interview mit Thomas D. Zweifel), *Tages-Anzeiger*, 13. Oktober 2004; Felix Müller: „ZKB legt Messlatte höher", *Tages-Anzeiger*, 15. Oktober 2004

[141] Bamidbar/Numeri 30,3 MM 350f.

[142] Zweifel: Communicate, a.a.O., S. 33–41

[143] Friedemann Schulz von Thun: Miteinander reden 1. Störungen und Klärungen. Allgemeine Psychologie der Kommunikation. Reinbek bei Hamburg: Rowohlt 1981, S. 112

[144] Matt Richtel: „Tethered; It Don't Mean a Thing if You Ain't Got That Ping", N*ew York Times*, 22. April 2007

[145] Richard Waters: „Blackberry addiction cure is in your hands", Financial Times, 3. Dezember 2005

[146] Tina Kelley: „Only Disconnect (For a While, Anyway)", *New York Times*, 25. Juni 1998

[147] Lee Rainie und Deborah Fallows: „The CAN-SPAM Act has not helped most email users so far. A PIP Data Memo", Pew Internet & American Life Project, 10. April 2005; sowie The Harris Poll #75: „The Many Sources of Stress and the Hassles of Daily Life", Harris Interactive, 6. Oktober 2006

[148] Viele weitere Beispiele für das rastlose Leben in James Gleick: Schneller! Eine Gesellschaft auf der Suche nach der verlorenen Zeit. Übersetzt von Michaela Adelberger. Bergisch Gladbach: Bastei Lübbe 2001

[149] Zitiert nach Sol Stein: Stein on Writing. A Master Editor of Some of the Most Successful Writers of Our Century Shares His Craft, Techniques and Strategies. London: Macmillan 1995, S. 46

[150] Glenn H. Snyder und Paul Diesing: Conflict Among Nations. Princeton: Princeton University Press 1977

[151] Lesya Y. Ganushchak und Niels O. Schiller: „Effects of Time Pressure on Verbal Self-Monitoring. An ERP Study", *Brain Research*, 1125/1, 13. Dezember 2006, S. 104–115; George Usdansky und Loren J. Chapman: „Schizophrenic-like Response in Normal Subjects under Time Pressures", *Journal of Abnormal and Social Psychology* 60/1960, S. 143–146

[152] Larry Collins und Dominique Lapierre: Gandhi – um Mitternacht die Freiheit. Übersetzt von Christian Spiel. München: Goldmann 1984
[153] Marcia Barinaga: „Buddhism and Neuroscience: Studying the Well-Trained Mind", *Science*, 302/5642 S. 44–46
[154] Sari Botton: „God help us: If you think He can keep you will, you may be right", *Time Out New York*, 16.–23. Oktober 2003, S. 65f
[155] Peter Spang: Zennis. Verbessern Sie Ihr Tennis-Spiel. Übersetzt von Frank Janowitz. München: Goldmann 1999
[156] Interview mit Omega Institute: „Coach Phil Jackson on Meditation", *Conscious Choice*. http://consciouschoice.com/2004/cc1704/ch_philjackson1704.html
[157] Tina Kelley: „Only Disconnect (For a While, Anyway)", *New York Times*, 25. Juni 1998
[158] Jim White: „Do nothing, save the world: it's the only option", *Telegraph*, 13. November 1998
[159] 2. Samuel 11,1 f.
[160] Ginsburgh: Awakening, a.a.O., S. 86
[161] Abraham J. Heschel: Sabbat. Seine Bedeutung für den heutigen Menschen. Übersetzt von Ruth Olmesdahl. Neukirchen-Vluyn: Neukirchener Verlag 1990
[162] Vgl. Schmot/Exodus 23,10f.; Wajikra/Levithicus 25,1-7; Dwarim/Deuteronomium 31,10-13; Nehemiah 10,32
[163] Claudia Dreifus: „The Dalai Lama", *New York Times Magazine*, 28. November 1993, S. 52–55.
[164] Sohar, Band II, 49a
[165] Søren Kierkegaard: Die Reinheit des Herzens. Gelegenheitsrede aus Anlass einer Beichte. 1847. Zitiert nach Gerhard Krause und Gerhard Müller (Hg.): Theologische Realenzyklopädie. Berlin/New York: de Gruyter 1980, Bd. 5, S. 439 in Google Books
[166] Andrew Carnegie über geschäftliche Verhandlungen, Kapitel XII in ders.: Geschichte meines Lebens. Die Autobiografie. Übersetzt von J. A. Sauter. Leipzig: Deltus 2006
[167] Taylor Branch: Parting the Waters. America in the King Years 1954–63. New York: Simon & Schuster 1989, S. 195
[168] Schmot/Exodus 18,17-23. MM 151f.
[169] Timothy Ferriss: „The 4-Hour Workweek", *Fortune Small Business*, Mai 2007, S. 47f.
[170] Collins, Lapierre: Gandhi, a.a.O.
[171] Jörg Donner: Ingmar Bergman – Über Leben und Arbeit. Dokumentarfilm Schweden 1998

[172] Patricia Cohen: „An Eye for Patterns In the Social Fabric. Patriarch of Sociology Sees His Insights Become Just What Everyone Knows", *New York Times*, 31. Oktober 1998

[173] Der sechste Lubawitscher Rebbe (1880–1950), jiddisch auch Frierdiker (der vorherige) Rebbe genannt.

[174] Vgl. Martin Heidegger, Was heißt Denken? Vorlesung Wintersemester 1951/52

[175] Talmud, Traktat Brachot 60b

[176] Der Protagonist von Jonathan Safran Foers Roman *Everything Is Illuminated* (New York: Houghton Mifflin 2002) erwähnt (auf S. 60) vierhundert Synonyme für *schmuck*, doch das ist vermutlich eine Übertreibung.

[177] Morgengebet (Tehillat Haschem)

[178] Richard Schickel: Scorsese on Scorsese. Fernsehdokumentation Turner Classical Movies, 2004

[179] Schneerson: Hayom, a.a.O., 2, Adar 1

[180] Talmud, Baba Batra 110a

[181] Rabbi Schneur Salman: Das Buch Tanja. Teil V: Kuntres Acharon, Abhandlung 6, 160A,B. Übersetzt von Levi Sternglanz. http://www.de.chabad.org/library/article_cdo/aid/583641/jewish/Abhandlung-6.htm

[182] Warren Commission Hearings, 10. März 1964

[183] Atul Gawande: „Annals of Medicine: The Checklist", *The New Yorker*, 10. Dezember 2007.

[184] Peter Pronovost et al.: „An Intervention to Decrease Catheter-Related Bloodstream Infections in the ICU", *New England Journal of Medicine*, 355/26, S. 2725–2732

[185] Jane E. Brody: „A Basic Hospital To-Do List Saves Lives", *New York Times*, 22. Januar 2008

[186] Henry W. Brands: Masters of Enterprise. New York: Free Press, 1999), S. 322

[187] Peter Lauria: „Yahoo! Blues: Big-Picture Semel Faces Season of Discontent", *New York Post*, 2. Oktober 2006

[188] Paul R. La Monica: „Despite Yahoo's down year, Semel gets a big bonus", CNNMoney.com, 2. März 2007

[189] Harry Maurer: „By Terry, Hi Jerry", *BusinessWeek*, 2. Juli 2007

[190] Robert Lowenstein: „Alone At the Top", *The New York Times Magazine*, 27. August 2000

[191] Ebenda

[192] Ebenda

[193] Schemot Rabba 2,2, zitiert nach Der Midrasch, das ist die haggadische Auslegung des zweiten Buches Mose. Übersetzt von August Wünsche. Leipzig: Otto Schulze 1882, S. 31, http://www.archive.org/stream/bibliothecarabbi02wn#page/30/mode/2up)

194 Bamidbar/Numeri 1,2. MM 276

195 J. W. Elphinstone: „Monday water cooler. The Gatekeeper, Office runway, Life's rewards", *Pittsburgh Post-Gazette*, 18. September 2006

196 Vgl. Bereschit Rabba 61,3; Jebamot 62b

197 Vgl. Hyman Goldin (Hg.): Ethics of the Fathers. New York: Hebrew Publishing Company 1962; Talmud, Schabbat 97a, 127b

198 Sprichwörter 26,24 f.

199 Pirke Avot 4,1, zitiert nach http://www.dalank.de/archiv/p_aboth.html

200 David Barboza: „Enron's Many Strands. Fallen Star; From Enron Fast Track To Total Derailment", *New York Times*, 3. Oktober 2002

201 Alan Feuer: „The Former Don As a Pen Pal. Sweet and Kind; Somehow, a Michigan Woman and John Gotti Just Got Along", *New York Times*, 15. Juni 2002

202 Michael Bonsignore, op-ed, *Financial Times*, 17. Oktober 2001

203 Jovi Tañada Yam: „Enter: ‚Super Mario'", *Business World Online*, 15. November 2001, http://itmatters.com.ph/column/yam_11222001.html

204 Jim Collins: Der Weg zu den Besten. Die sieben Management-Prinzipien für dauerhaften Unternehmenserfolg. Übersetzt von Martin Baltes und Fritz Böhler. Stuttgart/München: Deutsche Verlags-Anstalt 2001, S. 166–168

205 Peter Sanders: „Anger Management in the News", 29. Februar 2004, http://www.andersonservices.com/resourcesnews-2.html

206 Rebecca Speer: „Can Workplace Violence Be Prevented?", *Occupational Hazards*, August 1998

207 Partnership for Prevention (Hg.): *Domestic Violence and the Workplace Study*. Washington 2002

208 Vgl. Schmot/Exodus 2,11-16

209 Vgl. Schmot/Exodus 16,20; 24,12-15. MM 317 f.; Midrasch Rabba, Schemot 25,10

210 Vgl. Schmot/Exodus 24,12-15; 24,25; Midrasch Tanchuma, Kora 3

211 Lizette Alvarez: „Helsinki Journal; A Word to Finns: ‚For Your Own Good, Blow Your Top'", *New York Times*, 11. März 2004

212 „Angry voicemail from Baldwin goes public", *Associated Press*, 20. April 2007, www.youtube.com/watch?v=oZf2D57o8Kg

213 „Fighting surgeons leave patient in the lurch", Reuters, 21. Februar 2007

214 Vgl. Rabbi Schneur Salman: Das Buch Tanja. Teil III: Iggeret HaTeschuva, Kap. 2: „Für Zorn beispielsweise – 151 Fasttage, etc. pp." (Übersetzung Levi Sternglanz, http://www.de.chabad.org/library/article_cdo/aid/583426/jewish/Kapitel-2.htm)

215 Del Jones: „Helping bring corporate jets to the masses", *USA Today*, 8. März 2004

[216] Brands: Masters, a.a.O., S. 321

[217] Joseph Nocera und Alynda Wheat: „I Remember Microsoft", *Fortune*, 10. Juli 2000

[218] Ina Fried: „Court docs: Ballmer vowed to ‚kill' Google", CNET News.com, 2. September 2005

[219] Margaret Kemeny: „Healing and the Mind: Emotions and the Immune System", The Mann Family Resource Center, UCLA, 2000

[220] Seth Mnookin: „How Harvey Weintein Survived His Midlife Crisis (For Now)", *New York*, 4. Oktober 2004

[221] Edward O. Welles: „Phil Jackson: Inc. talks to the world-champion coach of the Chicago Bulls about the abuse of anger and the handling of key employees", Inc., September 1996. http://www.inc.com/magazine/19960901/1799.html

[222] Nicholas Bakalar: „Ugly Children May Get Parental Short Thrift", *New York Times*, 3. Mai 2005

[223] Bereschit/Genesis 37,5-20. MM 78 f.

[224] Vgl. Bereschit/Genesis 39,1-23; 41,1-41. MM 88

[225] Samuel J. Mann: „Joseph and His Brothers: A Biblical Paradigm for the Optimal Handling of Traumatic Stress", *Journal of Religion and Health*, 40/2001, S. 335–342

[226] Bereschit/Genesis 45,5-7. MM 98

[227] Bereschit/Genesis 50,20. MM 110

[228] Schneerson: Hayom, a.a.O., Sivan 12

[229] Bill Moyers' Interview mit Nelson Mandela: Beyond Hate. PBS/Mystic Fire Video 1991

[230] Rabbi Dovid Shraga Polter: Chassidic Soul Remedies. Inspirational Insights for Life's Daily Challenges. Brooklyn: Sichot in English 2004, S. 20

[231] Vgl. Stanley Bing: „Bing!", *Fortune*, 12. Januar 1998, S. 57 f.

[232] Vgl. Erich Fromm: Anatomie der menschlichen Destruktivität. Reinbek bei Hamburg: Rowohlt 2008

[233] Baal Shem Tov, Kesser Shem Tov: Hotafot #119 und #127. 1794. Nachdruck Brooklyn: Kehot Publications Society 1998. Der Anfang des 18. Jahrhunderts von Rabbi Israel ben Elieser, genannt Baal Schem Tow, verbreitete Begriff *haschgacha protis* bedeutet, dass Gott alles, was in der Welt geschieht, nach einem universellen Plan lenkt und verursacht, und sei es, dass sich ein Grashalm im Wind nach rechts neigt.

[234] Maimonides's Laws of Daos. Übersetzt von Rabbi Eliyahu Touger. New York: Moznaim Publications 1989, Kap. 2 § 3

[235] Manche jüdische Theologen sehen zwischen der Prädestination einerseits und dem freien Willen andererseits einen Widerspruch, doch beide – und darin liegt

die Schönheit des jüdischen Denkens – können in einem Satz koexistieren: „Alles ist vorherbestimmt, aber die Willensfreiheit ist gegeben." Pirke Avot 3,14

236 Rabbi Schneur Salman: Das Buch Tanja. Teil: Iggeret HaKodesch, Brief 25. Übersetzt von Levi Sternglanz. http://www.de.chabad.org/library/article_cdo/aid/583579/jewish/Brief-25.htm

237 Stefan Klein: „Die Macht des Zufalls", *Der Spiegel*, 9. August 2004, S. 104, http://www.spiegel.de/spiegel/print/d-31759291.html

238 Anatol France: Le Jardin d'Epicure. Paris: Calmann-Lévy 1895 u.ö. (die Übersetzung von Olga Sigall wurde nicht für die Fassung hier herangezogen, AdÜ. Vgl. Anatol France: Der Garten des Epikur. Übersetzt von Olga Sigall. Minden: J. C. C. Bruns 1906)

239 Harold S. Kushner: Wenn guten Menschen Böses widerfährt. Übersetzt von Ulla Galm-Frieboes. Bearbeitet von Hans Sponsel. Gütersloh: Gütersloher Verlagshaus, 10. überarbeitete Auflage 2010

240 Menachem Mendel Schneerson: Mind over matter. The Lubavitcher Rebbe on science, technology and medicine. Hebräische Ausgabe hgg. von Joseph Ginsburg und Herman Branover, ins Englische übersetzt von Arnie Gotfryd. Jerusalem: Shamir 2003, S. 15

241 Marc Gunther: „God and Business", *Fortune*, 9. Juli 2001

242 Vgl. Maimonides, Mischne Torah, Kap. 7 § 5

243 Mickey Meece: „Management; The Very Model of Conciliation", *New York Times*, 6. September 2000

244 „Wenn Brüder zusammen wohnen und einer von ihnen stirbt, ohne einen Sohn zu hinterlassen, so soll die Frau des Verstorbenen keinen Fremden außerhalb der Familie heirathen, ihr Schwager soll ihr beiwohnen, sie zum Weibe nehmen und die Bruderehe vollziehen. Der erste Sohn, den sie gebärt, soll den Namen des verstorbenen Bruders beibehalten, damit dessen Name nicht in Israel untergehe." Dwarim/Deuteronomium 25,5f. MM 423 Diese *jibbum* oder „levitische Heirat" genannte Vorschrift wird bei einigen jüdisch-orthodoxen Gemeinden bis heute befolgt.

245 Vgl. Bereschit/Genesis 38,9-26. MM 82

246 Sukka 52a, zitiert nach Hermann L. Strack und Paul Billerbeck: Exkurse zu einzelnen Stellen des Neuen Testaments. Kommentar zum Neuen Testament aus Talmud und Midrasch Bd. 4. München: C. H. Beck 1997, S. 472 in Goolgle Books. Gemäß jüdischem Denken hat Gott den bösen Trieb geschaffen, aber auch die Torah, um ihn auszuräuchern.

247 Vgl. 2. Samuel 11,2–15

248 Taylor Branch: Parting the Waters. America in the King Years 1954–63. New York: Simon & Schuster 1989; Seymour M. Hersh: Kennedy. Das Ende einer Legende. Übersetzt von Markus Schurr. Hamburg: Hoffmann und Campe 1998

[249] Chris Newmarker: „Toll Records Trip Up Philanderers“, *ABC News*, 10. August 2007

[250] Phil Stewart: „Lying about your lover is ‚self-defense‘ in Italy“, Reuters, 7. März 2008

[251] Catherine Price: „Having an affair? New you've got an alibi“, *Salon*, 14. September 2007. http://www.alibila.com

[252] David Margolick: „His Last Name Is Scheme“, *New York Times Book Review*, 10. April 2005

[253] Amanda Lenhart und Mary Madden: „Teens, Privacy and Online Social Networks“, Pew Internet and American Life Project, Pew Charitable Trusts, 18. April 2007, S. 18

[254] Po Bronson: „Learning to Lie“, *New York*, 10. Februar 2008

[255] „Sharon son jailed for corruption“, *BBC News*, 14. Februar 2006

[256] David Barboza: „A Chineses Reformer Betrays His Cause, and Pays“, New York Times, 13. Juli 2007

[257] Abraham J. Heschel: No Time for Neutrality, in Susannah Heschel (Hg.): Moral Grandeur and Spiritual Audacity. Essays. New York: Farrar, Straus & Giroux 1997, S. 131

[258] Ebenda

[259] Hazel Rowley: Tête-à-tête. Leben und Lieben von Simone de Beauvoir und Jean-Paul Sartre. Übersetzt von Michael Haupt. Berlin: Parthas Verlag 2007

[260] Heschel: Neutrality, a.a.O., S. 140, 131

[261] Vgl. Buber: Weg des Menschen, a.a.O. In der Torah folgt Gottes Strafe stets unmittelbar auf das Vergehen: Er schickt Seuchen und zerstört ganze Städte – sofort, nicht später.

[262] „Spitzer Resigns“, NY1 News, 12. März 2008

[263] Ralph Blumenthal: „A Zealous Prosecutor of Drug Criminals Becomes One Himself“, *New York Times*, 15. Februar 2005

[264] Rick Lyman: „A Tobacco Whistle-Blower's Mind Is Transformed“, *New York Times*, 15. Oktober 1999

[265] Rabbi Moshe Chaim Luzzatto (RaMChaL): Sefer mesilat yesharim. Der Weg der Frommen. Übersetzt von J. Wohlgemuth. München: Machsike Hadas 1979 (Nachdruck von „Pfad der Aufrechten“ der Ausgabe Berlin: Verlag Louis Lamm 1906), Kapitel III

[266] Martha Sherrill: „The Buddha Of Detroit“, *New York Times Magazine*, 26. November 2000. *New York Times*, 28. März 2002

[267] Danny Hakim: „Talking Green vs. Making Green“, *New York Times*, 28. März 2002

[268] Mark Bowden: „The Dark Art of Interrogation“, *Atlantic Monthly*, Oktober 2003

269 Adam Cohen: „What Google Should Roll Out Next: A Privacy Upgrade", *New York Times*, 28. November 2005

270 Peter Fleischer und Nicole Wong: „Taking steps to further improve our privacy practices", 14. März 2007, http:// googleblog.blogspot.com/2007/03/taking-steps-to-further-improve-our.html.

271 Warren Buffett: „An Owner's Manual", Berkshire Hathaway, Juni 1996; Grundsatz 12

272 Timothy L. O'Brien: „The Oracle of Omaha's Latest Riddle", *New York Times*, 10. April 2005

273 Der gesamte Wortlaut unter http://www.jnj.com/our_company/our_credo/

274 Stephen J. Greyser: „Johnson & Johnson: The Tylenol Tragedy", Harvard Business School Fall Nr. 583043, 1982

275 „Johnson & Johnson and Tylenol", *Economist*, 28. September 2002

276 Jeffrey L. Seglin: „The Right Thing; Corporate Values Trickle Down From the Top", *New York Times*, 21. Juli 2002

277 Jeffrey L. Seglin: „The Right Thing; Corporate Values Trickle Down From the Top", *New York Times*, 21. Juli 2002

278 Buber: Weg des Menschen, a.a.O.

279 „La propriété, c'est le vol!" („Eigentum ist Diebstahl"), vgl. Pierre-Joseph Proudhon: Qu'est-ce-que la propriété? ou Recherches sur le principe du droit et du gouvernement. Paris 1840. Deutsch: Was ist Eigentum? Erste Denkschrift. Untersuchungen über den Ursprung und die Grundlagen des Rechts und der Herrschaft. Übersetzt von F. Meyer. Bern 1844

280 Bereschit/Genesis 18,19. MM 31

281 Bereschit/Genesis 18,2,8. MM 30

282 Schneerson: Hayom Yom, a.a.O. Iyar 6, vgl. auch Cheshvan 22

283 „Jitzchack säete in diesem Lande, und erwarb in demselben Jahre den Anschlag hundertfach." Bereschit/Genesis 26,12 MM 50; vgl. auch Bereschit/Genesis 28,22; Dwarim/Deuteronomium 14,22. „Alle drei Jahre sollst du den Zehnten deines Einkommens in demselben Jahre absondern und in deinen Toren lassen. Der Lewi, der keinen Teil und kein Erbe bei dir bekommt, der Fremde, der Waise und die Witwe, die in deinen Toren sind, sollen dieses verzehren und sich sättigen, damit der Ewige, dein Gott, dich bei aller Arbeit, die du vorhast, segnen möge." Dwarim/Deuteronomium 14,28f. MM 403

284 Andrew Carnegie: Das Evangelium des Reichtums und andere Zeit- und Streitfragen. Übersetzt von Paul Leonhard Heubner. Leipzig: von Salscha-Ehrenfeld 1908

285 Rabbi Moshe Bogomilsky, Vedibarta Bam: And You Shall Speak of Them. Bd. II: Shemot. Brooklyn: Moshe Bogomilsky 2003, S. 209

[286] Howard Jonas: On a Roll. From Hot-Dog Buns to High-Tech Billions. New York: Viking 1998, S. 1

[287] Pirke Avot 2,7; erste Übersetzung http://www.dalank.de/archiv/p_aboth.html#2 (unter der Nummer 2,8), zweite Übersetzung aus Krupp: Talmud, a.a.O., S. 112

[288] Chanah Zuber Scharfstein: „The Mirror", Chabad.org Stories, http://www.chabad.org/library/article_cdo/aid/3252/jewish/The-Mirror.htm

[289] Sprichwörter 19,17

[290] Midrasch Ruth Rabba 2,14

[291] Talmud Baba Batra 9A, vgl. auch Tanja S. 178

[292] Dwarim/Deuteronomium 24,19-20. MM 422

[293] Rick Bragg: „Oseola McCarty, a Washerwoman Who Gave All She Had to Help Others, Dies at 91", *New York Times*, 28. September 1999

[294] Jeffrey Swartz: „The Moral Responsibility of Corporations", *The United Synagogue Review*, Frühjahr 2000, S. 20 f.

[295] Jennifer Reingold: „Walking the Walk", *Fast Company*, November 2005, S. 80

[296] Stephanie Strom: „Make Money, Save the World", *New York Times*, 6. Mai 2007

[297] Ebenda

[298] Pirke Avot 5,13

[299] The Hunger Project: „What Does It Mean to Be an Investor?" Juni 1999 Investor Newsletter.

[300] Maimonides, Mischne Torah, Kapitel 10, § 7, zitiert nach: Auszüge aus dem Buche Jad-Haghasakkah, die starke Hand, Handbuch der Religion, Nach dem Thalmud zusammengestellt von Rabbi Mosche-ben-Maimon, gen. Moses Maimonides … Zweiter Theil Zum Unterricht in den Ebräischen Schulen zweiten Ranges bestimmt. St. Petersburg: Buchdruckerei der Kaiserlichen Akademie der Wissenschaften 1830, S. 601; digitalisiert in Google Books

[301] Talmud Baba Batra 10a

[302] Graham Bowley: „Goal! He Spends It on Beckham", *New York Times*, 22. April 2007

[303] Oliver Burkeman: „Ted's Tears", *The Guardian*, 18. Juni 2002

[304] Vgl. William Manchester: Winston Churchill. Übersetzt von Hans-Jürgen Baron von Koskull. 2 Bände. München: Bertelsmann 1989 f.

[305] Rede in Harrow am 29. Oktober 1941

[306] Bereschit/Genesis 29,26 f. MM 58 f.

[307] David T. Kearns und David A. Nadler: Xerox aus der Asche. Niedergang und Wiederaufstieg einer Weltfirma. Übersetzt von Wilfried Hof. Frankfurt usw.: Campus 1993

[308] Ebenda

[309] Daniel Eisenberg: „An Image Problem At Xerox", *Time*, 30. Oktober 2000

[310] Hiob 1,2 f.

[311] Hiob 1,13–20. Hiob wurde so schwer gestraft, weil er seinen Mund gehalten hatte, als der Pharao seine Berater fragte, wie er mit den Juden verfahren sollte. Jethro hingegen hatte für die Juden gesprochen; er wurde der Schwiegervater von Moses.

[312] Hiob 3,10 f.

[313] Ram Charan und Geoffrey Colvin: „Why CEOs Fail“, *Fortune*, 21. Juni 1999

[314] Ebenda

[315] Bamidbar/Numeri 13,18-31. MM 310 f.

[316] Bamidbar/Numeri 14,1-4. MM 311

[317] Bereschit/Genesis 1,2. MM 1

[318] Jacob Immanuel Schochet: Mystical Concepts in Chassidism. An Introduction to Kabbalistic concepts and doctrines. 3. revidierte Auflage, New York: Kehot Publication Society 1988, Kap. 7

[319] Sprichwörter 24,16

[320] Psalm 37,24. Vgl. Rabbi Schneur Zalman, Shaar Hayichud, Chinuch Katan: Likutei Amarim Tanja, Teil 2

[321] Allan L. Scherr: „Managing for Breakthroughs in Productivity“, *Human Resource Management* 28/3 (Herbst 1989), S. 403–424

[322] John M. Ketteringham und P. Ranganath Nayak: Senkrechtstarter. Große Produktideen und ihre Durchsetzung. Übersetzt von Ursel Reinike. Düsseldorf: Econ Taschenbuch-Verlag 1989

[323] Association of American Railroads, Car Service Division: „Proceedings of the Regular Meeting“, 1924, S. 23

[324] Tom McNichol: „A Startup's Best Friend? Failure“, *Fortune Small Business*, April 2007

[325] Schneerson: Hayom, a.a.O., Sivan 25

[326] Rosa Parks Antwort auf Schülerfragen 1997, http://teacher.scholastic.com/rosa/arrested.htm

[327] Schneerson: Hayom, a.a.O., Adar Sheni 8

[328] Carol Loomis: „Dinosaurs?“ Fortune, 3. Mai 1993

[329] Rabbi Menachem M. Schneerson: Likutei Sichot. Brooklyn: Kehot Publications Society 1962, Bd. 20, S. 528

[330] Könige 3,16-27

[331] Wajikra/Levithicus 19,18. MM 252

[332] Schabbat 31a

[333] Pirke Avot 1,14; Krupp: Talmud, a.a.O., S. 109 übersetzt: Hillel „pflegte zu sagen: Wenn nicht Ich (für mich) ist, wer ist für mich? Und wenn ich für mich allein bin, was bin ich? Und wenn nicht jetzt, wann?“, und merkt zu dem ersten „ich“

an: „Doppelsinnig. Mit der Großschreibung will ich auf die Möglichkeit hinweisen, daß mit dem ‚ich' mehr gemeint sein kann: das göttliche ‚Ich' der Mystiker, *Ich bin der Herr, dein Gott* (2. Mose 20,2)."

334 Rabbi Shlomo Yosef Zevin: A Treasury of Chassidic Tales. A collection of inspirational cassidic stories relevant to the weekly Torah readings. Ins Englische übersetzt von Uri Kaploun. Brooklyn: Mesorah Publications 1980, S. 322

335 Jack Welch: Was zählt. Die Autobiografie des besten Managers der Welt. Übersetzt von Stephan Gebauer und Ulrike Zehetmayr. Berlin: Ullstein 2006

336 William J. Holstein: „The View's Still Great From the Corner Office", *New York Times*, 8. Mai 2005

337 Jahresbericht General Electric Corp., 2001

338 Timothy O'Brien: „The Friendly Merger Banker", *New York Times*, 23. Juni 1999

339 „A Mess of a Merger", *Newsweek*, 25. Januar 2008

340 Ebenda

341 „A Deal for the History Books", *Newsweek*, 11. Dezember 2000

342 http://forum.ebaumsworld.com/showthread.php?t=227972

343 Bereschit/Genesis 11,1-9. MM 19

344 ECA International: Trends in Managing Mobility 2007, http://www.eca-inter national.com

345 http://www.sfcg.org

346 Richter 11,1-33

347 Psalm 119,98

348 Geert Hofstede: Lokales Denken, globales Handeln. Interkulturelle Zusammenarbeit und globales Management. München: Deutscher Taschenbuch-Verlag 2006

349 Thomas D. Zweifel: Democratic Deficit? Intitutions and Regulation in the European Union, Switzerland and the United States. Lanham: Lexington Books 2002

350 Francine Parnes: „For Flight Attendants, Stress Comes With the Job", *New York Times*, 12. August 2003

351 Ebenda

352 Vgl. Thomas Bührke (Hg.): Einstein. A Portrait. De Moines: Oxmoor House 1984, S. 44

353 Michael Jürgs: „Singen mit dem Feind", *Der Spiegel*, 3. November 2003, http://www.spiegel.de/spiegel/print/d-29054291.html. Vgl. auch ders.: Der kleine Frieden im Großen Krieg. Westfront 1914: Als Deutsche, Franzosen und Briten gemeinsam Weihnachten feierten. München: C. Bertelsmann Verlag 2003

354 Ebenda

355 Brian S. Moskal: „Running With the Bulls", *Industry Week*, 8. Januar 1996

356 Ebenda

357 Jebamot 65B; vgl. auch Avot D'Rab Natan 12,4, sowie Raschi über Moses Rabbenu, 20,29; Schneerson: Mind over matter, a.a.O., S. LVI

358 Feisal Hussein und Chaim Weitzmann, Arabisch-jüdische Vereinbarung über jüdisches Heimatland, 3. Januar 1919

359 Walter Laqueur und Barry Rubin (Hg.): The Israel-Arab Reader. A documentary history of the Middle East conflict. New York: Penguin 2001, S. 19

360 Orly Halpern: „Moroccon king's Jewish advisor fights for the Palestinian cause. ‚It makes me a full Jew'", *Jerusalem Post*, 31. Mai 2006

361 W.H. Murray: The Scottish Himalayan Expedition. London: J. M. Dent & Sons Ltd. 1951, S. 206

362 Rabbi Shlomo Yosef Zevin (Hg.): Encyclopedia Talmudit. Jerusalem: Talmudic Encyclopedia Publ. Ltd., Bd. 3, S. 357

Anhang

Die Zehn Gebote

Sodann redete der Ewige alle diese Worte, wie folgt: Ich bin der Ewige, dein Gott, der ich dich aus dem Lande Mizrajim geführt habe, aus dem Hause der Sklaven. Du sollst keine anderen Götter haben, vor meinem Angesicht. Du sollst dir kein Götzenbild machen, auch keine ähnliche Gestalt, von dem was oben im Himmel oder unten auf der Erde oder im Wasser unter der Erde ist. Du sollst dich vor ihnen nicht bücken, auch sie nicht gottesdienstlich verehren, denn ich der Ewige, dein Gott, bin ein eifervoller Gott (der keinen andern neben sich leiden kann), der das Verbrechen der Väter ahndet an Kindern, Enkeln, und Urenkeln, nämlich bei denen, die mich hassen. Der aber Gnade erzeigt bis in das tausendste Geschlecht denen die mich lieben und meine Gebote halten. Du sollst den Namen des Ewigen, deines Gottes, nicht vergeblich aussprechen, denn der Ewige wird nicht ungestraft lassen denjenigen, welcher seinen Namen vergeblich aussprechen wird. Erinnere dich stets des Ruhetages, um ihn zu heiligen. Sechs Tage kannst du arbeiten und all dein Geschäft verrichten; der siebente Tag aber ist ein Ruhetag, dem Ewigen, deinem Gotte, zu Ehren; du sollst kein Handwerk verrichten, weder du selbst noch dein Sohn oder deine Tochter, dein Sklave, deine Sklavin, auch nicht durch dein Vieh oder durch einen Fremden, der sich in deinen Toren aufhält. Denn in sechs Tagen hat der Ewige Himmel, Erde und Meer, nebst allem, was darin ist, verfertigt und am siebenten Tage geruht; darum hat der Ewige den Tag der Ruhe gesegnet (er hat ihm wichtige Vorzüge gegeben) und ihn heilig erklärt. Ehre deinen Vater und deine Mutter, damit du lange lebest auf dem Erdreich, welches der Ewige, dein Gott, dir eingeben wird. Du sollst nicht morden, du sollst nicht ehebrechen, du sollst nicht stehlen, du sollst wider deinen Nächsten nichts aussagen als ein falscher Zeuge. Du sollst keine Begierde haben nach dem Hause deines Nächsten, du sollst keine Begierde haben nach deines Nächsten Weib, nach seinem Sklaven, nach seiner Sklavin, nach seinem Ochsen, nach seinem Esel oder nach allem, was dein Nächster besitzt. (Schmot/Exodus 20,1-14, MM 154 f.)

Die sieben universalen Gesetze Noahs

Die noachitischen Gebote sind sieben moralische Imperative, die Gott dem Talmud zufolge Noah als verbindlichen Moralkodex der Menschheit mitgegeben hat (Bereschit/Genesis 9,4-6). Jeder Nicht-Jude, der nach diesen Gesetzen lebt, gilt im Judentum als nobler Mensch, der einen Platz in der kommenden Welt haben wird.

1. Verbot der Idolatrie: Du sollst dir kein Götzenbild machen.
2. Verbot des Mordes: Du sollst nicht töten.
3. Verbot des Diebstahls: Du sollst nicht stehlen.
4. Verbot der Promiskuität: Du sollst nicht ehebrechen.
5. Verbot der Blasphemie: Du sollst nicht Gott lästern.
6. Verbot der Grausamkeit gegen Tiere: Du sollst nicht das Fleisch lebender Tiere essen.
7. Notwendigkeit gerechter Gesetze: Du sollst eine Regierung einrichten, die die Einhaltung der genannten sechs Gesetze sicherstellt.

Außerdem „gibt es jene, denen zufolge den Söhnen Noahs befohlen ist, Mildtätigkeit zu üben".[362]

Die 13 Glaubensartikel

Der Rabbiner, Arzt, Philosoph und Weltbürger des 12. Jahrhunderts Moses Maimonides schlug 13 Glaubensartikel vor, die zunächst Widerspruch erregten und dann mehrere Jahrhunderte lang in Vergessenheit gerieten. Später wurden sie zu einem von vielen Juden akzeptierten Glaubensbekenntnis:

1. Ich glaube mit vollkommenem Vertrauen, dass Gott Schöpfer und Herrscher aller Dinge ist. Er allein hat alle Dinge gemacht, macht alle Dinge und wird alle Dinge machen.

2. Ich glaube mit vollkommenem Vertrauen, dass Gott Einer ist. Keine Einheit ähnelt seiner Einheit. Er allein ist unser Gott. Er war, ist und wird sein.
3. Ich glaube mit vollkommenem Vertrauen, dass Gott keinen Leib hat. Körperliche Vorstellungen treffen nicht auf ihn zu. Nichts auf dieser Welt ähnelt ihm.
4. Ich glaube mit vollkommenem Vertrauen, dass Gott der Erste und der Letzte ist.
5. Ich glaube mit vollkommenem Vertrauen, dass man nur zu Gott beten darf, zu nichts und niemand anderem.
6. Ich glaube mit vollkommenem Vertrauen, dass alle Worte der Propheten wahr sind.
7. Ich glaube mit vollkommenem Vertrauen, dass Mose Prophezeiungen unbedingt wahr sind. Er ist der Größte aller Propheten vor und nach ihm.
8. Ich glaube mit vollkommenem Vertrauen, dass die ganze Torah, so wie wir sie jetzt haben, Moses gegeben wurde.
9. Ich glaube mit vollkommenem Vertrauen, dass die Torah nicht verändert wird und dass Gott niemals eine andere Torah verheißen wird.
10. Ich glaube mit vollkommenem Vertrauen, dass Gott die Taten und Gedanken jedes Menschen kennt. Deswegen steht geschrieben: „Er lenkt ihnen allen das Herz, er gibt Acht auf alle ihre Werke." (Psalm 33,15)
11. Ich glaube mit vollkommenem Vertrauen, dass Gott jene belohnt, die sich an seine Gebote halten, und bestraft, wer sie übertritt.
12. Ich glaube mit vollkommenem Vertrauen an die Ankuft des Messias. So lange es dauern mag, solange warte ich auf jeden Tag auf sein Kommen.
13. Ich glaube mit vollkommenem Vertrauen, dass die Toten ins Leben zurückgebracht werden, wenn es Gottes Wille ist.

Die Autoren

Thomas D. Zweifel coacht seit 1984 Spitzenmanager aus großen Unternehmen und kleinen Start-ups, Behörden und UNO-Organisationen, NGOs und Militär und hilft ihnen, Führungskompetenzen aufzubauen, die bahnbrechende Ergebnisse zeitigen. Er ist Unternehmensberater bei Insigniam Performance und ehemaliger CEO der Swiss Consulting Group, die 1998 als „Fast Company" vom *Fast Company Magazine* ausgezeichnet wurde. Er unterrichtet seit 2000 Leadership an der Columbia University und an Business Schools in Australien, Israel, der Schweiz und den USA, und er ist Verfasser von fünf Büchern, unter anderem *Communicate or Die, Culture Clash* und *International Organizations: Accountability, Politics, and Power.*

Dr. Zweifel wurde in Paris geboren und wuchs in der Schweiz, Deutschland und den USA auf. Seine Eltern nannten ihn Thomas und wollten ihn taufen lassen, doch die Drohung der Großmutter, ihn zu enterben, wenn sie das täten und ihm nicht zumindest einen jüdischen Zweitnamen gäben, führte zu einer Meinungsänderung. Er wurde zusätzlich nach seinem Großvater Dr. David Strauss benannt, einem Züricher Rabbiner, der am ersten zionistischen Kongress 1897 teilgenommen hat.

Dr. Zweifel und seine Bücher wurden in ABC, CNN, NY1 und Bloomberg TV besprochen. Als Redner von Vistage und Mitglied des International Speakers Bureau (www.internationalspeakers.com) tritt er oft vor CEOs und leitenden Führungskräften als Redner auf. Zudem sitzt er in verschiedenen Aufsichtsräten und Boards. 1996 verwirklichte er seinen Traum und lief den New York Marathon, 1997 nannte ihn das *Wall Street Journal* „den ersten CEO, der im New York City Marathon das Ziel erreichte". Er lebt mit seiner Frau und zwei Töchtern in Zürich.

Aaron L. Raskin stammt aus einer alten Rabbinerfamilie. Alle seine Onkel waren Rabbiner, sein Großvater Rabbi Jacob J. Hecht war der offizielle Dolmetscher für den Lubawitscher Rebbe Menachem M. Schneerson, Mitglied des Ethik-Ausschusses unter Präsident George H. W. Bush und im Ethik-Ausschuss des Gouverneurs von New York Mario Cuomo.

Geboren in Brooklyn, New York, erhielt er seine Ausbildung an der United Lubavitcher Yeshiva und dem Rabbinical College of America. Ordiniert wurde er an der Tomchie Timimim Lubavitch in Brooklyn. Als Abgesandter (*schliach*) des Lubawitscher Rebbe in Großbritannien besuchte er das Oberhaus als Vertreter jüdischer Führerschaft. Er ist auch *schliach* des Lubawitscher Rebbe in Downtown Brooklyn sowie Gründer und geistlicher Führer der Kongregation B'nai Avraham, der einzigen orthodoxen Synagoge in Brooklyn Heights. In diesen Funktionen gibt er den Gemeindemitgliedern, zu denen viele prominente Unternehmensführer und Politiker gehören, moralische und geistliche Anstöße.

Rabbi Raskin hat eine Serie von 200 Hörbüchern veröffentlicht, die sich mit Themen von der Kabbala über medizinische Ethik bis zum Umgang mit Zorn, Stress und Frauen beschäftigen. Über seine Arbeit wurde in *New York Times, Daily News, Jewish Week, Jewish Press, Jerusalem Post,* 1010 WINS, NY1, ABC und CBS berichtet. Dank seiner Talkshow im Radio während der 1990er Jahre unter dem Titel *The Spirit of Law* (Der Geist des Gesetzes; ausgestrahlt von dem zu Forward gehörenden Sender WEVD, heute ESPN) ist er auch als „The Judges Rabbi" (der Rabbi der Richter) bekannt. Sein Buch *Letters of Light* (Buchstaben des Lichts) befasst sich mit der Essenz des Hebräischen Alphabets. Mit seiner Frau Shternie (die die erste Mikwe in Brooklyn Heights anregte und eine jüdische Vorschule gründete) und ihren fünf Kindern lebt er in Brooklyn Heights.

Literaturempfehlungen

Alter, Robert. 2004. The Five Books of Moses. A translation with commentary. New York: W.W. Norton 2004

Argyris, Chris: Teaching Smart People How to Learn. *Harvard Business Review*, Mai/Juni 1991, S. 99–109

Bennis, Warren, und Burt Nanus: Führungskräfte. Die 4 Schlüsselstrategien erfolgreichen Führens. Übersetzt von Brigitte Stein. Frankfurt usw.: Campus Verlag 1992

Berne, Eric: Spiele der Erwachsenen. Psychologie der menschlichen Beziehungen. Aus dem Amerikan. übers. von Wolfram Wagmuth. Reinbek bei Hamburg: Rowohlt 2010

Bonder, Nilton. 1999. Yiddishe Kop: Creative Problem Solving in Jewish Learning, Lore and Humor. Ins Englische übersetzt von Diane Grosklaus. Halifax: Shambhala 1999

Taylor Branch: Parting the Waters. America in the King Years 1954–63. New York: Simon & Schuster 1989

Brands, H. W.: Masters of Enterprise. Giants of American Business from John Jacob Astor and J. P. Morgan to Bill Gates and Oprah Winfrey. New York: The Free Press 1999

Buber, Martin: Ich und du. Stuttgart: Reclam 2011

–: Der Weg des Menschen nach der chassidischen Lehre, in ders.: Werke Band 3: Schriften zum Chassidismus. München/Heidelberg 1963, S. 713–738

–: Das Problem des Menschen. Heidelberg: Lambert Schneider 1982

Collins, Jim: Der Weg zu den Besten. Die sieben Management-Prinzipien für dauerhaften Unternehmenserfolg. Übersetzt von Martin Baltes und Fritz Böhler. Stuttgart/München: Deutsche Verlags-Anstalt 2001

Covey, Stephen R.: Die effektive Führungspersönlichkeit. Prinzipienorientiert managen. Übersetzt von Maria Beck. Frankfurt usw.: Campus 2008

Drucker, Peter F. 1988. The Coming of the New Organization. *Harvard Business Review*, Januar-Februar 1988, S. 45–53

–: Managing Oneself. *Harvard Business Review*, März/April 1999, S. 65–74

–: Was ist Management? Das Beste aus 50 Jahren. Übersetzt von Stephan Gebauer. München: Econ 2010

Erhard, Werner, Michael C. Jensen und Steve Zaffron. 2007. Integrity: a Positive Model that Incorporates the Normative Phenomena of Morality, Ethics and Legality. Harvard NOM Working Paper No. 06-11 2007

Flaherty, James. 1999. Coaching: Evoking Excellence in Others. Boston: Butterworth-Heinemann 1999

Flores, Fernando, und Terry Winograd: Erkenntnis – Maschinen – Verstehen. Zur Neugestaltung von Computersystemen. Übersetzt von Ludwig Voet. Berlin: Rotbuch 1989

Gandhi, Mohandas Karamchand; Fritz Kraus und Rolf Hinder: Eine Autobiographie. Die Geschichte meiner Experimente mit der Wahrheit. Gladenbach: Hinder + Deelmann 2005 und als Band 1 der Ausgewählten Werke in der Bearbeitung von Wolfgang Sternstein Göttingen: Wallstein 2011

Ginsburgh, Yitzchak. 1995. The Dynamic Corporation. Involvement, Quality, and Flow. Rechovot, Israel: Gal Einai Publications 1995

–: Awakening the Spark Within. Teachings of the Kabbalah. Jerusalem: Linda Pinsky Publications 2001

Goldberg, Florian, und Michael Haensch: Auf Welche Gipfel Wollen Sie? Berlin: Lardon Media AG 2004

Goldin, Hyman (Hg.): Ethics of the Fathers. Ins Englische übersetzt von Hyman Goldin. New York: Hebrew Publishing Company 1962

Goleman, Daniel: Emotionale Intelligenz. Übersetzt von Friedrich Griese. München: Deutscher Taschenbuch-Verlag 2010

–: What Makes a Leader? *Harvard Business Review*, Januar 2004, S. 82–91

Goodwin, Doris Kearns: Team of Rivals. The Political Genius of Abraham Lincoln. New York: Simon & Schuster 2006

Goss, Tracy, Richard Pascale und Anthony Athos: The Reinvention Roller Coaster: Risking the Present for a Powerful Future. Harvard Business Review Reprint 1993, #93603

Halewi, Aharon [13. Jh.]: 1958. Sefer ha-Chinuch [Buch der Erziehung]. Jerusalem: Eshkol Publishing 1958

Hamel, Gary: Strategy as Revolution. *Harvard Business Review*, Juli/August 1996, S. 69–82

– und C.K. Prahalad: Strategic Intent. *Harvard Business Review*, Mai/Juni 1989, S. 63–76

Handy, Charles: Trust and the Virtual Organization. *Harvard Business Review*, Mai/Juni 1995, S. 40–50

Hargrove, Robert: Masterful Coaching. San Francisco: Jossey-Bass/Pfeiffer 2002

Heidegger, Martin: Was heißt Denken? in ders.: Gesamtausgabe Bd. 8, Abt. 1, hg. von Paola-Ludovika Coriando. Frankfurt/Main: Klostermann 2002

Heschel, Abraham Joshua: Sabbat. Seine Bedeutung für den heutigen Menschen. Übersetzt von Ruth Olmesdahl. Neukirchen-Vluyn: Neukirchener Verlag 1990
Hofstede, Geert H.: Interkulturelle Zusammenarbeit. Kulturen – Organisationen – Management. Wiesbaden: Gabler 1993
Jackson, Phil: Sacred Hoops. Spiritual Lessons of a Hardwood Warrior. New York: Hyperion 1998
Jacobson, Simon: Die Weisheit des Rabbi Schneerson. Einfache Wahrheiten für eine schwierige Welt. Übersetzt von Wulfing von Rohr. Gütersloh: Gütersloher Verlagshaus 2007
Kabat-Zinn, Jon: Im Alltag Ruhe finden. Meditationen für ein gelassenes Leben. Übersetzt von Theo Kierdorf. München: Knaur-Taschenbuch 2010
Katzenbach, Jon R., Douglas K. Smith: Teams. Der Schlüssel zur Hochleistungsorganisation. Übersetzt von Annemarie Pumpernig u.a. Frankfurt/Main: Redline Wirtschaft bei Verlag Moderne Industrie 2003
Kotter, John P.: Abschied vom Erbsenzähler. Leadership: A force for change. Übersetzt von Angelika Bardeleben. Düsseldorf usw.: Econ Verlag 1991
– und James K. Leahy: Changing the Culture at British Airways. Harvard Business School Case 1993 #9-419-009
Liadi, Schneur Salman von: Das Buch Tanja [ursprünglich 1797]. Übersetzt von Levi Sternglanz. Wien: Kehot Publication Society 2000
Machiavelli, Niccolò: Der Fürst. Übersetzt von Friedrich von Oppeln-Bronikowski. Berlin: Insel-Verlag 2011
Manchester, William: Winston Churchill. Übersetzt von Hans-Jürgen Baron von Koskull. 2 Bände. München: Bertelsmann 1989 f.
Mandela, Nelson: Der lange Weg zur Freiheit. Autobiografie. Übersetzt von Günter Panske. Hamburg: Spiegel-Verlag 2006
Matt, Daniel Chanan (Hg.): Zohar. Mit Anmerkungen und Erklärungen. Englisch. Woodstock: Skylight Paths Publishing 2002
Maturana, Humberto, und Francisco Varela: The Tree of Knowledge: The Biological Roots of Human Understanding. Boston: Shambhala 1987
Messick, David M., und Max H. Bazerman: Ethical Leadership and the Psychology of Decision Making. *Sloan Management Review*, Winter 1996
Müller, Ernst: Der Sohar. Kreuzlingen/München: Hugendubel 2005
Northouse, Peter G.: Leadership: Theory and Practice. Thousand Oaks: Sage 1997
Orwell, George: Politik und Sprache / Politics and the English Language. Bremen: Faksimile-Versand 1981 (zweisprachig)
Perlow, Leslie A.: When You Say Yes But Mean No. How Silencing Conflict Wrecks Relationships and Companies…and What You Can Do About It. New York: Crown Business 2003

Prahalad, C. K.: Ideen gegen Armut. Der Reichtum der Dritten Welt. Übersetzt von Susanne Schindler und Cosima Grun. München: Redline-Verlag 2010

– und Kenneth Lieberthal: The End of Corporate Imperialism. Harvard Business Review, Juli/August 1998, S. 69–79.

Rahman, Anisur: People's Self-Development. Perspectives on Participatory Action Research. London: Zed Books 1993

Raskin, Aaron: Letters of Light. A Mystical Journey Through the Hebrew Alphabet. Brooklyn: Sichot in English 2003 Sathe, Vijay: How to Decipher and Change Organizational Culture. In Ralph H. Kilman, Mary J. Saxton und Roy Serpa (Hg.): Gaining Control of the Corporate Culture, S. 230–261. San Francisco: Jossey-Bass 1985

Scherman, Nosson (Hg.): The Chumash, Stone Edition. Brooklyn: Mesorah Publications 1998

Scherr, Allan L.: Managing for Breakthroughs in Productivity. Barbados Group Working Paper 2005 No. 1-05

Schneerson, Menachem Mendel: Likutei Sichos [Gesammelte Gespräche]. Brooklyn: Kehot Publication Society 1964

–: Hayom Yom. Brooklyn: Kehot Publication Society 1995

Schulz von Thun, Friedemann: Miteinander reden: 1 Störungen und Klärungen. Allgemeine Psychologie der Kommunikation. Reinbek bei Hamburg: Rowohlt 1981

Senge, Peter: The Leader's New Work. Building Learning Organizations. *Sloan Management Review*, Herbst 1990 Reprint #3211.

Solomon, Robert C., und Fernando Flores: Building Trust. In Business, Politics, Relationships, and Life. Oxford, England: Oxford University Press 2001

Spang, Peter: Zennis. Verbessern Sie Ihr Tennisspiel mit Zen. Übersetzt von Frank Janowitz. München: Goldmann 1999

Steinsaltz, Adin: Essential Talmud. Übersetzt von Chaya Galai. New York: Basic Book 2006

Sun-Tzu: Über die Kunst des Krieges. Die älteste militärische Abhandlung der Welt. Hg. von Gitta Peyn. Neuenkirchen: Phänomen-Verlag 2004 [Weitere deutsche Ausgaben: in der Übersetzung von Klaus Leibnitz, Darmstadt: Wissenschaftliche Buchgesellschaft 2008; in der Übersetzung von Volker Klöpsch, Franfurt/Main: Insel-Verlag 2009; in der Übersetzung von Ronny Gehmlich, Stuttgart: Gehmlich, on demand 2003; hg. von James Clavell, München: Knaur 2008]

The Hunger Project: Unleashing the Human Spirit: Principles and Methodology of The Hunger Project 1996

Tichy, Noel M., Ram Charan: The CEO As Coach. An Interview with AlliedSignal's Lawrence A. Bossidy. *Harvard Business Review*, April 1995, S. 69–78

Twist, Lynne: Die Seele des Geldes. Verwandle deine Beziehung zum Geld und zum Leben. Übersetzt von Jan Pohl. Dornach: Verlag am Goetheanum 2005

Varela, Francisco: Ethical Know-How. Action, Wisdom and Cognition. Palo Alto: Stanford University Press 1999

Von Foerster, Heinz: Understanding Understanding. Essays on Cybernetics and Cognition. New York: Springer Verlag 2003

Watzlawick, Paul: Invented Reality. How Do We Know What We Believe We Know? (Contributions to constructivism). New York: W. W. Norton 1984

Weber, Max: Bureaucracy [1946]. In H. H. Gerth und C. Wright Mills (Hg.): From Max Weber. Essays in Sociology. Oxford, England: Oxford University Press 1958, S. 196–244

Weinstein, Simcha: Up, Up, and Oy Vey! How Jewish History, Culture and Values Shaped the Comic Book Superhero. Baltimore: Leviathan Press 2006

Wineberg, Yosef, Sholom Wineberg und Levi Wineberg: Lessons in Tanya. Brooklyn: Merkos L'Inyonei Chinuch 1998

Wouk, Herman: Das ist mein Gott. Glaube und Leben der Juden. Übersetzt von Ruth Machow-Huth. München: Goldmann 1986

Zaleznik, Abraham: Managers and Leaders. Are They Different? *Harvard Business Review*, März/April 1992 S. 126-138

Zweifel, Thomas D.: Democratic Deficit? Institutions and Regulation in the European Union, Switzerland and the United States. Lanham, MD: Lexington Books 2002

–: Communicate or Die. Mit effektiver Kommunikation außergewöhnliche Ergebnisse erzielen. Übersetzt von Andreas C. Bernhard. Wiesbaden: Gabler 2004

–: Culture Clash. Managing the Global High-Performance Team. New York: SelectBooks 2003

–: International Organizations and Democracy: Accountability, Politics, and Power. Boulder: Lynne Rienner Publishers 2005

Stichwortverzeichnis